高等职业教育系列教材

机器人应用技术
第 2 版

董春利　编著

机械工业出版社

本书根据高等职业教育的特点，以职业岗位核心能力为目标，精选教学内容，力求内容新颖、叙述简练、应用灵活、学用结合。

本书以机器人应用的实用性技术为主线编写，主要内容包括机器人应用技术概论、机器人的运动学和动力学基础、机器人的机械结构系统、机器人的驱动系统、机器人的控制系统、机器人的传感系统、机器人的语言系统、工业机器人及其应用、其他机器人及其应用、新兴机器人及其应用。

书中以大量常用的机器人为实例，针对高等职业院校培养应用型技术人才的需求，简化了运动学和动力学理论知识，融入了典型实用产品、代表性应用案例，每章前增加内容提要和教学提示，力求达到实用实效、好读好教、易学易懂。

本书可作为高职高专、职业本科和成人高校机电一体化技术、电气自动化技术、智能控制技术、数控技术、机械制造及自动化、智能焊接技术等专业的教材，也可供相关专业技术人员参考。

本书配有电子课件、教学视频等资源，需要的教师可登录机械工业出版社教育服务网 www.cmpedu.com 免费注册后下载，或联系编辑获取（微信：13261377872，电话：010-88379739）。

图书在版编目（CIP）数据

机器人应用技术 / 董春利编著．—2 版．—北京：机械工业出版社，2022.5
（2023.6 重印）

高等职业教育系列教材

ISBN 978-7-111-70291-7

Ⅰ.①机… Ⅱ.①董… Ⅲ.①机器人技术-高等职业教育-教材 Ⅳ.① TP24

中国版本图书馆 CIP 数据核字（2022）第 037385 号

机械工业出版社（北京市百万庄大街 22 号 邮政编码 100037）

策划编辑：曹帅鹏 责任编辑：曹帅鹏 李文铁
责任校对：张艳霞 责任印制：单爱军

北京虎彩文化传播有限公司印刷

2023 年 6 月·第 2 版·第 2 次印刷
184mm×260mm·21 印张·521 千字
标准书号：ISBN 978-7-111-70291-7
定价：69.00 元

电话服务	网络服务
客服电话：010-88361066	机 工 官 网：www.cmpbook.com
010-88379833	机 工 官 博：weibo.com/cmp1952
010-68326294	金 书 网：www.golden-book.com
封底无防伪标均为盗版	机工教育服务网：www.cmpedu.com

Preface

前 言

党的二十大报告指出"推进新型工业化，加快建设制造强国"。国家先后出台《"十四五"智能制造发展规划》《"十四五"机器人产业发展规划》等一系列相关规划，将机器人产业作为战略性新兴产业给予重点支持。

当前，我国正在从劳动密集型制造业大国，转向知识密集型、创新型制造业大国。其中最主要的是制造技术的升级换代，其关键技术就是机器人应用的普及。随着企业"机器换人"的普及和国家对智能制造的推进，国内机器人的产销量已经呈现爆发式增长趋势，对机器人的销售推广、技术支持、售后服务、维护维修等方面的应用类人才的需求也日益增长。

机器人应用岗位已经成为众多行业关键和核心的工作岗位。这些行业对具有机器人应用能力的一线员工的需求日益增长，是否具有机器人应用技术的知识与能力成为目前相关专业毕业生能否被录用的重要条件之一。

本书根据高职高专教学改革"淡化理论，够用为度，培养技能，重在运用，能力本位"的指导思想编写，力图使高职装备制造大类各专业的学生在学完本课程后，能具备生产一线技术和运维人员所必须掌握的机器人相关的基本知识和基本应用技能。

本书是在第 1 版的基础上修订而成，减少了目前使用较少的陈旧内容，删去了在其他课程中讲授过的电动机调速、自动控制等内容；增加了这几年应用趋旺的并联机器人、协同机器人、AGV 自动导引小车和复合型机器人等新兴机器人内容；对已公布和实施的工业机器人指令体系的国家标准的内容加以介绍。

本书以机器人的应用技术为主线进行编写，在介绍机器人技术的相关知识之后，引入各种实际的机器人及其应用实例，因为不固定捆绑于某一家机器人厂商的产品，所以属于机器人应用技术的通识类教材。本书第 1、2 章为基础部门，主要内容包括机器人的定义和发展、组成和分类、术语和参数等机器人应用技术的基本知识；运动学与动力学等机器人的基础内容。第 3~7 章为机器人技术部门，主要内容包括机器人的机身、臂部、腕部、手部和行走机构等机器人的机械系统；机器人的驱动、制动、传动等机器人的驱动系统；控制方式、特点，伺服控制系统参数、原理，机器人控制系统的结构、示教再现等机器人的控制系统；机器人的位置、角度、速度、姿态等内部传感器，触觉、力觉、距离、听觉、视觉等外部传感器，机器人传感器的性能、评价、选择等机器人的传感系统；机器人的 VAL、AL、Autopass、RAPT 语言指令体系、程序示例，我国国家标准中的工业机器人语言指令体系，离线编程的结构、过程，示教再现步骤等机器人的语言系统。第 8~10 章为机器人应用部门，主要内容包括焊接、搬运、码垛、喷涂、装配等工业机器人的组成、工作机理和应用实例；水下、空间、服务、军用、农业、仿人等服务类和操纵机器人的关键技术、组成与应用；协同机器人、AGV、复合机器人等的组成、关键技术、应用实例；智能机器人的结构、控制、新型驱动器等。

本书主要作为高职高专学校装备制造大类专业的通识教材，教材中的一些章节具有一定的独立性，因此在教学中可以根据教学大纲要求选用不同的章节，可安排总学时为 32 学时到 80 学时的教学内容。

全书由董春利教授统筹与编写，王大明博士提供了第 10 章部分内容的资料。由于机器人技术发展较快、涉及的知识面非常广泛，加之编者的水平有限，难免会存在遗漏和不妥之处，诚请读者批评指正。

编 者

目 录 Contents

前言

Contents 目录

第4章 机器人的驱动系统 …………… 89

第5章 机器人的控制系统 …………… 108

V

第6章　机器人的传感系统⋯⋯⋯⋯⋯⋯131

第7章　机器人的语言系统⋯⋯⋯⋯⋯⋯169

Contents 目录

第1章 机器人应用技术概论

【内容提要】

本章主要内容是机器人应用技术的概述。讲述了机器人的定义、特性、历史、发展；介绍了机器人应用的技术领域、应用现状与发展趋势；讲解了机器人的主要部件、结构、工作原理；介绍了机器人按应用领域、驱动方式、控制方式、坐标系统等的分类，讲解了不同类型机器人的性能；介绍了机器人的运动轴、坐标系、基本术语与相关图形符号；讲解了机器人的主要技术参数，并介绍了几种实际产品的技术规格和机构简图。

【教学提示】

学习完本章的内容后，应能够：了解机器人的定义、历史，了解机器人应用技术的现状，掌握机器人应用技术的发展趋势；掌握机器人的部件、结构、特性；分析机器人的组成与工作原理。了解机器人的各种不同的分类方式和不同类型机器人的性能；熟悉各种结构机器人的特点与性能。熟练掌握机器人的运动轴和各种不同的坐标系的关系，掌握基本术语和相关图形符号的含义；读懂并解释机器人技术规格书的内容，熟练绘制出机器人机构简图。

上至宇宙飞船、下至深海开发，大到空间站、小到微型机器人，机器人技术已拓展到全球经济发展的诸多领域，成为高科技中极为重要的组成部分。人类文明的发展、科技的进步已和机器人的研究、应用产生了密不可分的关系。

通过本书的学习，读者能了解机器人的组成、特性和应用，掌握机器人的基本知识和基本应用技能，将从本书学到的知识和技能，运用于对实际机器人的安装、调试、运行与维护等工作中。

1.1 机器人的基本概念

机器人是一门多学科综合交叉的边缘学科，它涉及机械、电子、运动学、动力学、控制理论、传感检测、计算机技术和人机工程。机器人是典型的机电一体化装置，它不是机械、电子的简单组合，而是机械、电子、控制、检测、通信和计算机的有机融合。

1-1 机器人的基本概念

计算机技术的不断发展使机器人技术的发展达到了一个新的水平。人类社会的发展已离不开机器人技术，而机器人技术的进步又对推动科技发展起着不可替代的作用。

1.1.1 机器人的定义

一提起机器人，人们往往联想起科幻电影和电视中虚构的人形机器形象，它们外形如人，智能超群。那么，什么是机器人呢？

1．机器人的来源

机器人一词源于一个科幻的形象。1920 年捷克作家 Karel Capek 发表的一个科幻剧《罗萨姆的万能机器人》（Rossum's Universal Robots），robot 是由捷克文 robota（意为农奴，苦力）衍生而来的。剧中描述了一家发明类人机器 robot 的公司，该公司将 robot 作为工业产品推向市场，让它去充当劳动力。它们按照其主人的指令工作，没有感觉和感情，以呆板的方式从事繁重的劳动。

目前现实生活中应用的机器人，外形和人毫无相似之处，通常是按照人们预定的程序重复一些看似简单的动作，设计人员往往只重视机器人的功能。随着科学技术的发展，各国都在致力于研制具有完全自主能力、拟人化的智能机器人。目前研制的最先进的仿人机器人，如日本本田公司研制的 ASIMO 双足步行机器人，其活动能力和智能与人还相差很远。

随着人们对机器人技术智能化本质认识的加深，机器人技术开始源源不断地向人类活动的各个领域渗透。结合这些领域的应用特点，人们发展出了各式各样的具有感知、决策、行动和交互能力的特种机器人和智能机器人，如移动机器人、微机器人、水下机器人、医疗机器人、军用机器人、空间机器人、娱乐机器人等。对不同任务和特殊环境的适应性，也是机器人与一般自动化装备的重要区别。这些机器人从外观上已远远脱离了最初仿人型机器人和工业机器人所具有的形状，更加符合各种不同应用领域的特殊要求，其功能和智能程度也大大增强，从而为机器人技术开辟出更加广阔的发展空间。

2．机器人的定义

机器人虽然现在已被广泛应用，且越来越受到人们的重视，而机器人这一名词却还没有一个统一、严格、准确的定义。不同国家、不同研究领域的学者给出的定义不尽相同，虽然定义的基本原则大体一致，但仍有较大区别。欧美国家的定义限定更多一些，日本给出的定义宽松一些，这样就使得机器人的定义范围大小不同，以致在统计机器人的数量时，由于定义限定的差异，各种统计数字会有很大出入，故经常要给予特殊说明。

（1）国际上机器人的定义

国际上，关于机器人的定义主要有如下几种。

1）英国牛津字典的定义："机器人是貌似人的自动机，具有智力且顺从于人，但不具人格的机器"。

2）美国机器人协会（RIA）的定义："机器人是一种用于移动各种材料、零件、工具或专用装置的，通过可编程序操作来执行各种任务的，并具有编程能力的多功能机械手"。

3）国际标准化组织（ISO）的定义："机器人是一种自动的、位置可控的、具有编程能力的多功能机械手，这种机械手有几个轴，能够借助于可编程序操作来处理各种材料、零件、工具和专用装置，以执行各种任务"。

（2）我国对机器人的定义

我国科学家对机器人的定义是："机器人是一种自动化的机器，所不同的是这种机器具备一些与人或生物相似的智能能力，如感知能力、规划能力、动作能力和协同能力，是一种具有高度灵活性的自动化机器"。

在研究和开发未知及不确定环境下作业的机器人的过程中，人们逐步认识到机器人技术的本质是感知、决策、行动和交互技术的结合。

上述各种定义有共同之处，即认为机器人①像人或人的某一部分，并能模仿人的动作；②具有智力、感觉与识别能力；③是人造的机器或机械电子装置。随着机器人的进化和机器人智能的发展，这些定义都有修改的必要，甚至需要对机器人重新定义。

（3）对工业机器人的定义

在工业领域内应用的机器人常常称之为工业机器人。

1984 年 12 月在巴黎召开了工业机器人学会，提出了工业机器人定义，即"工业机器人是一种可编程的，能执行某些操作或移动动作的自动控制机械"。

美国机器人协会所给出的定义，"工业机器人是一种可以反复编程和多功能的，用来搬运材料、零件、工具的操作机；或者为了执行不同的任务而具有可变化的和可编程的动作的专门系统"。

1987 年国际标准化组织对工业机器人进行了定义："工业机器人是一种具有自动控制的操作和移动功能，能完成各种作业的可编程操作机"。

我国给予工业机器人的通常定义是：工业机器人是一种能模拟人的手、臂的部分动作，按照预定的程序、轨迹及其他要求，实现抓取、搬运工件或操作工具的自动化装置。

1.1.2　机器人的特性

1967 年在日本召开的第一届机器人学术会议上，就提出了两个代表其特性的定义。一是森政弘与合田周平提出的："机器人是一种具有移动性、个体性、智能性、通用性、半机械半人性、自动性、奴隶性 7 个特征的柔性机器"。从这一定义出发，森政弘又提出了用自动性、智能性、个体性、半机械半人性、作业性、通用性、信息性、柔性、有限性、移动性 10 个特性来表示机器人。另一个是加藤一郎提出的三个特性：具有脑、手、脚三要素的个体；具有非接触传感器（用眼、耳接受远方信息）和接触传感器；具有平衡觉和固有觉的传感器。

1. 机器人的特性

根据国际标准化组织（ISO）给出的机器人定义，机器人的特性涵盖如下。

1）机器人具有类人性，其动作机构具有类似于人或其他生物体某些器官的功能。

2）机器人具有通用性，其工作种类多样，动作程序灵活易变。

3）机器人具有智能性，其智能程度不同，如记忆、感知、推理、决策、学习等。

4）机器人具有独立性，完整的机器人系统在工作中可以不依赖于人的干预。

2. 机器人学三原则

为了防止机器人伤害人类，1940 年，一位名叫阿西莫夫（Isaac Asimov）的科幻作家首次使用了 Robotics（机器人学）来描述与机器人有关的科学，并提出了"机器人学三原则"，这三个原则如下。

1）机器人不得伤害人类或由于故障而使人遭受不幸。

2）机器人应执行人们下达的命令，除非这些命令与第一原则相矛盾。

3）机器人应能保护自己的生存，只要这种保护行为不与第一或第二原则相矛盾。

这是给机器人赋予的伦理性纲领。机器人学术界一直将这三原则作为机器人开发的准则。

3. 工业机器人的特征

工业机器人有四大特征：仿生特征，即模仿人的肢体动作；自动特征，即自动完成作业任务；柔性特征，即对作业具有广泛适应性；智能特征，即具有对外界的感知能力。

工业机器人以刚性高的机械手臂为主体，与人相比，可以有更快的运动速度，可以搬更重的东西，而且定位精度相当高，可以根据外部来的信号自动进行各种操作。工业机器人是应用计算机进行控制的代替人进行工作的高度自动化系统，是典型的机电一体化的产品。工业机器人在实现智能化、多功能化、柔性自动化生产、提高产品质量、代替人在恶劣环境下工作等方面发挥着重大作用。

1.1.3 机器人的历史

1. 古代的机器人

自古以来，就有不少科学家和杰出工匠制造出了具有人类特点或具有模拟动物特征的机器人雏形。

《列子·汤问》记载，西周时期周穆王在位时，能工巧匠偃师制造出了一个逼真的机器人，它和人一样能歌善舞，这是我国最早记载的具备机器人概念的文字资料。据《墨经》记载，春秋后期，木匠鲁班在机械方面也是一位发明家，他曾制造过一只木鸟，能在空中飞行"三日而不下"。

三国时，又出现了由蜀汉丞相诸葛亮发明的，能替代人运输物资的机器——"木牛流马"，也就是现代的步行机。它在结构和功能上相当于今天运输用的工业机器人。

1662年，日本的竹田近江利用钟表技术发明了自动机器玩偶，并在大阪演出。18世纪末通过改进，制造出了端茶玩偶。它是木质的，发条和弹簧是用鲸鱼须制成。它双手捧着茶盘，如果把茶杯放在茶盘上，它便会向前走，把茶端给客人，客人取茶杯时，它会自动停止行走，客人喝完茶把茶杯放回茶盘上时，它就又转回原来的地方。

1768~1774年间，瑞士钟表匠德罗斯父子三人合作制造出三个像真人一样大小的机器人——写字偶人、绘图偶人和弹风琴偶人。它们是靠弹簧驱动，由凸轮控制的自动机器，至今还作为国宝保存在瑞士纳切尔市艺术和历史博物馆内。

1890年在美国芝加哥的小实验室里，Archibald Campion教授制造出了一个叫作机器人锅炉的装置，可以自动向外输出所需温度的热水，这个装置曾经参加了1893年的哥伦比亚世界博览会。

1901年，为了迎接新世纪的到来，有人制造出了一个机器人战士，尽管那时候汽车和飞机还没有发明，但是对多功能人工机械人的研发，让人不得不刮目相看。

2. 近代的机器人

进入20世纪40年代后期，机器人的研究与发明得到了更多人的关心与关注。20世纪50年代以后，美国橡树岭国家实验室开始研究能搬运核原料的遥控操纵机械手，如图1-1所示。这是一种主、从型控制系统，系统中加入力反馈，可使操作者获知施加力的大小，主、从机械手之间有防护墙隔开，操作者可通过观察窗或闭路电视对从机械手操作机进行有效地监视，主、从机械手系统的出现为机器人的产生以及近代机器人的设计与制造做了铺垫。

1954年美国人德沃尔（George G. Devol）设想了一种可控制的机械手。他依据这一想法设计制作了世界上第一台机器人实验装置，并申请了美国专利。

图 1-1　主从型遥控操纵机械手

3. 现代的机器人

机器人是以控制论和信息论为指导，综合了机械学、微电子技术、计算机、传感技术等学科的成果而诞生的。因此，随着这些学科，特别是计算机技术的发展，在现代出现机器人已经是顺理成章的事了。

1959 年，德沃尔的 Unimation 公司制造出世界上第一台工业机器人 Unimate，机器人的历史才真正开始。这种机器人外形有点像坦克炮塔，基座上有一个大机械臂，大臂可绕轴在基座上转动，大臂上又伸出一个小机械臂，它相对大臂可以伸出或缩回。小臂顶有一个腕，可绕小臂转动，进行俯仰和侧摇。腕前端是手，即操作器。这个机器人的功能和人的手臂功能相似。现在的 Unimate 机器人（如图 1-2 所示）是球坐标机器人，它由 5 个关节串联的液压驱动，可完成近 200 种示教再现动作。

随后，美国 AMF 公司制造出 Versatran 机器人。Versatran 机器人（如图 1-3 所示）主要用于机器之间的物料运输，机器人手臂可以绕底座回转，沿垂直方向升降，也可以沿半径方向伸缩。

图 1-2　Unimate 机器人　　　　　　　图 1-3　Versatran 机器人

1.1.4 机器人的发展趋势

如今机器人发展的特点可概括为：①横向上，应用面越来越宽。由工业应用扩展到更多领域的非工业应用，像做手术、采摘水果、剪枝、巷道掘进、侦查、排雷等，机器人应用无限制，只要能想到的，就可以去创造和实现；②纵向上，机器人的种类越来越多，像进入人体的微型机器人，已成为一个新方向，可以小到像一个米粒般大小；③机器人智能化得到加强，机器人会更加聪明。

1. 智能化

人工智能是关于人造物的智能行为，它包括知觉、推理、学习、交流和在复杂环境中的行为。人工智能的一个长期目标是发明出可以像人类一样或更好地完成以上行为的机器；另一个目标是理解这种智能行为是否存在于机器或者是人类和动物中。

第一步是初级智能化。初级智能机器人具有像人一样的感觉、识别、推理和判断能力，可根据外界条件的变化，在一定范围内自行修改程序，也就是它能适应外界条件变化，对自己行为做出相应调整。不过，修改程序的原则由人预先给以规定。这种初级智能机器人已拥有一定的智能，虽然还没有自动规划能力，但已经开始走向成熟，达到实用水平。

第二步是高级智能化。高级智能机器人和初级智能机器人一样，具有感觉、识别、推理和判断能力、可根据外界条件自行修改程序。所不同的是，修改程序的原则不是由人规定的，而是机器人自己通过学习、总结经验来获得修改程序的原则。所以它的智能高出初级智能机器人。这种机器人已拥有一定的自动规划能力，能够自己安排自己的工作，可以不要人的照料，故称为高级自律机器人。这种机器人也开始走向实用。

自动驾驶汽车就是"机器+智能"形成的智能机器人的典型案例。自动驾驶是一个完整的软硬件交互系统，自动驾驶核心技术包括硬件（汽车制造技术、自动驾驶芯片）、自动驾驶软件、高精度地图、传感器、通信网络等。自动驾驶系统在汽车上的硬件布局大致如图1-4所示。

图1-4 自动驾驶汽车

按照国际汽车工程师协会制定的SAE J3016标准，将车辆分为Level 0~Level 5（简称L0~L5）共6个级别，并针对道路机动车辆的自动化系统相关条款做了分类和定义。

L0 级：人工驾驶，即无自动驾驶。由人类驾驶员全权操控汽车，可以得到警告或干预系统的辅助作用；L1 级：辅助驾驶，通过驾驶环境对方向盘和加减速中的一项操作提供驾驶支持，其他的驾驶动作都由人类驾驶员进行操作；L2 级：半自动驾驶，通过驾驶环境对方向盘和加减速中的多项操作提供驾驶支持，其他的驾驶动作都由人类驾驶员进行操作；L3 级：高度自动驾驶，或者称有条件自动驾驶，由自动驾驶系统完成所有的驾驶操作，人类驾驶者需要在适当的时候提供应答；L4 级：超高度自动驾驶，由自动驾驶系统完成所有的驾驶操作。人类驾驶者不一定需要对所有的系统请求做出应答，包括限定道路和环境条件等；L5 级：全自动驾驶，在所有人类驾驶者可以应付的道路和环境条件下，均可以由自动驾驶系统自主完成所有的驾驶操作。

2. 微型化

微型机器人又称为"明天的机器人"。它是机器人研究领域的一颗新星，它同智能机器人一起成为未来科学技术发展的目标。

在微电子机械领域，尺寸在 1～100mm 的为小型机械，10μm～1mm 的为微型机械，10nm～10μm 的为超微型机械。而微型机器人的体积可以缩小到微米级甚至亚微米级，重量轻至纳克，加工精度为微米级或纳米级。

发展微型和超微型机器人的指导思想非常简单：某些工作若用一台结构庞大、价格昂贵的大型机器人去做，不如用成千上万个低廉、微小、简单的机器人去完成。这正如用一大群蝗虫去"收割"一片庄稼，要比使用一台大型联合收割机快。

如图 1-5 所示的小得能放到手掌上的机器人轻巧地从现场设置的桌子上起飞后，能在 3m 左右的高度盘旋飞行。在现场设置的投影机上呈现了安装在机器人上的 CMOS 摄像头拍摄到的图像。比起其上一代，新的机器人更轻盈也更高级，具有独立的飞行能力并且可采用无线蓝牙进行操控。

图 1-5　FR-II 微型机器人

微型机器人的发展依赖于微加工工艺、微传感器、微驱动器和微结构四个支柱。这四个方面的基础研究有三个阶段：器件开发阶段、部件开发阶段、装置和系统开发阶段。

3. 仿生化

工具型机器人保持了机器人应有的基本元素，如装备了爪形机械、抓具和轮子，但不管怎么看，它都像是台机器（如图 1-6 中的 R2-D2）。相比之下，类人形机器人则最大限度地与创造它们的人类相似，它们的运动臂上有自己的双手，下肢有真正的脚，有人类一样的脸（如图1-6中的C-3PO）。介于这两种极端情况之间的是少数具备动物特征的机器人，它们通常被做成宠物的模样（如图1-7中的索尼机器狗AIBO），但事实上，它们只不过是供娱乐的玩具。

图1-6 《星球大战》中的机器人C-3PO和R2-D2　　　　　图1-7 索尼机器狗AIBO

动物形态仿生机器人研究正不断取得进展。最近几年，一系列微型无人机浮出水面，在设计上基于与飞行昆虫同样的物理学原理。这种仿生无人机，拥有昆虫的眼睛、蝙蝠的耳朵、鸟的翅膀，甚至于蜜蜂般的毛发，用于探测生化武器和核武器，如图1-8所示。

图1-8 机器蚊子SWARMS

蛇形机器人与过去执行航天任务的机器人的探测器不同。为了让机器人模仿生物蛇的移动，设计师们采用了一些特殊的设计。如图1-9所示，NASA的多节蛇形机器人是一种可以改变自己的形状来执行不同任务的机器人，它可以滑进并插入到土壤下面进行地质勘测，或者盘绕起来以携带用于太空建设的工具。

图1-9 多节蛇形机器人

与人类极为相似的索菲亚（Sophia）是由中国香港汉森机器人技术公司（Hanson Robotics）于 2016 年开发的类人机器人，是历史上首个获得公民身份的机器人，如图 1-10 所示。

在测试中，索菲亚自曝愿望，称想去上学，成立家庭。索菲亚看起来就像人类中的女性，拥有橡胶皮肤，能够拥有很多自然的面部表情。索菲亚"大脑"中的计算机算法能够识别面部，并与人进行眼神接触。索菲亚的皮肤使用名为 Frubber 的延展性材料制作，下面有很多电动机，让它可以做出微笑等动作。

图 1-10　机器人索菲亚（Sophia）

4. 技术先进化

科学技术的发展是机器人技术的基础，科学技术的进步将使机器人技术提高到一个更高的水平。未来机器人技术的研究主要集中在以下几个方面。

（1）工业机器人操作机结构的优化设计技术

探索新的高强度轻质材料，进一步提高负载与自重比，同时机构向着模块化、可重构方向发展。

（2）机器人控制技术

重点是开放式、模块化控制系统，人机界面更加友好，机器人控制器的标准化和网络化以及基于 PC 网络式控制器已成为研究热点。

（3）多传感系统

为进一步提高机器人的智能和适应性，多种传感器的使用是关键。其研究热点在于有效可行的多传感器融合算法，特别是在非线性及非平稳、非正态分布情形下的多传感器融合算法。

（4）机器人遥控及监控技术

多机器人和操作者之间的协调控制，通过网络建立大范围内的机器人遥控系统，在有时延的情况下，建立预先显示进行遥控等。

（5）虚拟机器人技术

基于多传感器、多媒体和虚拟现实以及临场感应技术，实现机器人的虚拟遥控操作和人机交互。

（6）多智能体控制技术

这是目前机器人研究的一个崭新领域。主要对多智能体的群体体系结构、相互间的通信与磋商机理，感知与学习方法，建模和规划、群体行为控制等方面进行研究。

（7）微型和微小机器人技术

微型机器人技术的研究主要集中在系统结构、运动方式、控制方法、传感技术、通信技术以及行走技术等方面。

（8）软机器人技术

主要用于医疗、护理、休闲和娱乐场合。传统机器人设计未考虑与人紧密共处的情况，因此其结构材料多为金属或硬性材料，软机器人技术要求其结构、控制方式和所用传感系统在机器人与环境或人意外地碰撞时是安全的，即机器人对人是友好的。

（9）仿人和仿生技术

这是机器人技术发展的最高境界，目前仅在某些方面进行一些基础研究。

1.1.5 机器人的应用

当今机器人技术正逐渐向着具有行走能力、多种感觉能力以及对作业环境较强自适应能力的方面发展。美国贝尔科尔公司已成功地将神经网络部署在芯片上，其分析速度比普通计算机快千万倍，可更快、更好地完成语言识别、图像处理等工作。

目前，全球机器人技术发展先进的国家是美国和日本。美国在机器人技术的综合研究水平上仍处于领先地位，而日本生产的机器人在数量、种类方面则居世界首位。机器人技术的发展推动了机器人学（robotics）的建立，许多国家成立了机器人协会，美国、日本、英国、瑞典等国家设立了机器人学学位。

1. 我国机器人应用技术的现状

国际机器人联合会（IFR）发布了 2020 年全球机器人统计数据。数据显示，2019 年全年工业机器人安装量为 37.3 万台。亚洲仍然是工业机器人需求最强劲的区域，新安装的机器人的份额约为全球总量的 2/3。

（1）我国的机器人市场

截至 2019 年，我国工业机器人累计安装量已经达到了 78.3 万台，位居世界第一，年增长 21%。

我国工业机器人产量与安装量均超过全球的 1/3，连续 6 年位居全球首位，成为全球机器人重要的生产基地和消费市场。

衡量一个国家制造业水平的一个指数就是机器人密度，即每万名工人中机器人所占的比例。全球机器人密度平均值为 114，我国机器人密度值为 187，我国机器人密度保持在世界平均水平之上。

（2）我国的机器人应用方式

按照提供产品的差异区分，行业内企业可分为单元产品供应商和系统集成商两类。工业机器人的下游应用领域广泛，需求千差万别。而机器人商业化的前提是产业化、规模化。单元产品供应商负责生产机器人本体，产品具有较高开放性、标准化程度高，可批量化生产。系统集成商则根据下游客户的需要，将单元产品组成可实现的生产系统，起着供需双方桥梁的作用。

（3）国外公司的机器人应用

目前国内机器人单元产品市场中，销量占据前 10 位的仍以国外品牌为主。其中，发那科、安川、库卡和 ABB 作为国际工业机器人行业四巨头，都已全面进入中国市场，意大利、美国、韩国的机器人及配套企业也已经进入我国。可以说，我国已经成为全球机器人及智能装备企业竞逐的最热门市场。

（4）国内公司的机器人应用

国内企业与外资企业的差距仍很大。我国的自动化系统集成市场是机器人单元产品市场规模的 10 倍以上。国内自动化市场下游应用领域以装备制造业为主，占比 40%左右，其中机床工业是自动化产品的主要领域，需求占装备制造业总需求的 1/4。

我国工业机器人企业主要有沈阳新松、广州数控、长沙长泰、安徽埃夫特、深圳众为兴、昆山华恒、北京机械自动化所等。国际先进机器人及智能装备企业纷纷进入我国，并完成在国内市场的布局，的确给国内机器人企业带来严峻挑战。但是，机遇与挑战并存。关键是国内机器人企业如何变挑战为机遇，在人才建设、自主创新和应用方面尽力而为。

2. 工业机器人应用技术的现状

（1）工业机器人 50% 以上用在汽车领域

汽车关键零部件的生产都需要有工业机器人的参与。在汽车车身生产中，有大量压铸、焊接、检测等，目前这些均由工业机器人参与完成，特别是焊接，一条焊接生产线就有大量工业机器人，自动化的程度相当高。在汽车内饰件生产中，则需要表皮弱化机器人、发泡机器人、产品切割机器人。汽车车身的喷涂由于工作量大、危险性强，通常都会采用工业机器人代替。所以，完成一辆汽车的制造，需要的机器人相当多，工业机器人已成为汽车生产中的关键智能化设备。

（2）焊接机器人在汽车制造业中发挥着不可替代的作用

焊接机器人是在工业机器人基础上发展起来的先进焊接设备，是从事焊接（包括切割与喷涂）的工业机器人，主要用于工业自动化领域，其广泛应用于汽车、摩托车、工程机械等行业。焊接机器人可以使生产更具柔性，使焊接质量更有保证。

（3）自动导引车（AGV）将实在效益载入汽车制造业

近年来，随着工业信息化的发展，新兴机器人——自动导引车（AGV）伴随着我国装备制造业的转型、升级应运而生。国内汽车制造业在汽车生产中引入了 AGV 技术，使汽车装配在生产组织、信息管理和物流技术等方面实现了质的飞跃。

AGV 分为装配型和搬运型两大类：装配型 AGV 系列产品主要应用于汽车装配柔性生产线，实现了发动机、后桥、油箱等部件的动态自动化装配，极大地提高了生产效率。搬运型 AGV 系统主要满足轿车在混流生产的情况下物料的及时供应，其中物料配送 AGV 系统是一套专门为汽车生产、装配线设计的自动化物流系统。它通过安装在工位旁边一定数量的按钮实现物料呼叫请求，并通过车间现场和物料存储区设置的信息显示板，来反馈生产线上的物料呼叫请求。物料配送 AGV 系统的上位系统会实时记录下每一次物料请求发生的时间、地点和对物料请求的响应情况，并对此进行分析。

（4）协作机器人应用稳步增长

协作机器人的应用正在逐步增长，销量也在上升，2019 年全球协作机器人的安装量增长了 11%，高于传统机器人。随着越来越多的供应商提供协作机器人，应用范围变得越来越大，2019 年新安装的协作机器人占全部工业机器人市场份额的 4.8%。

（5）工业机器人促进机器视觉技术的发展

机器人通过视觉传感器获取环境的二维图像，并通过视觉处理器进行分析和解释，进而转换为符号，让机器人能够辨识物体，并确定其位置。机器人视觉广义上称为机器视觉，其基本原理与计算机视觉类似。

机器人视觉硬件主要包括图像获取和视觉处理两部分，而图像获取由照明系统、视觉传感器、模拟－数字转换器和帧存储器等组成。根据功能不同，机器人视觉可分为视觉检验和视觉引导两种，广泛应用于电子、汽车、机械等工业部门和医学、军事领域。

在工业机器人行业，视觉技术主要是充当机器人的"眼睛"，跟机器人配合用于各种产品的定位，为机器人抓取物体提供坐标信息。

1.2 机器人的结构原理

1-2 机器人的结构原理

1.2.1 机器人的主要结构

通常来讲，按照机器人各个部件的作用，一个机器人系统一般由三个部分、六个子系统组成，如图 1-11 所示。这三个部分是机械部分、传感部分、控制部分；六个子系统是驱动系统、机械结构系统、感受系统、人-机交互系统、机器人-环境交互系统、控制系统。

图 1-11 机器人的结构组成

1. 机械部分

（1）驱动系统

要使机器人运行起来，需给各个关节即每个运动自由度安装传动装置，这就是驱动系统。其作用是提供机器人各部位、各关节动作的原动力。

根据驱动源的不同，驱动系统可分为电动、液压、气动三种，也包括把它们结合起来应用的综合系统。驱动系统可以与机械系统直接相连，也可通过同步带、链条、齿轮、谐波传动装置等与机械系统间接相连。

（2）机械结构系统

机械结构系统又称为操作机或执行机构系统，是机器人的主要承载体，它由一系列连杆、关节等组成。机械结构系统通常包括机身、手臂、关节和末端，具有多自由度。如图 1-12 所示。

机身部分：如同机床的床身结构一样，机器人的机身构成机器人的基础支撑。有的机身底部安装有机器人行走机构，便构成行走机器人；有的机身可以绕轴线回转，构成机器人的腰；若机身不具备行走及回转机构，则构成单机器人臂。

关节：通常分为滑动关节和转动关节，以实现机身、手臂各部分、末端执行器之间的相对运动。

手臂：一般由上臂、下臂和手腕组成，用于完成各种简单或复杂的动作。

末端执行器：是直接装在手腕上的一个重要部件，它通常是模拟人的手掌和手指的，可以是两手指或多手指的手爪末端操作器，有时也可以是各种作业工具，如焊枪、喷漆枪等。

图 1-12　机器人的主要结构

1—机身　2—手臂　3—关节　4—末端　5—控制器　6—示教器

2. 传感部分

（1）感受系统

感受系统通常由内部传感器模块和外部传感器模块组成，用以获取内部和外部环境中有意义的信息。

智能传感器的使用提高了机器人的机动性、适应性和智能化的水准。人类的感受系统对外部世界信息的感知是极其灵巧的，然而，对于一些特殊的信息，传感器比人类的感受系统更有效率。

（2）机器人-环境交互系统

机器人-环境交互系统是实现机器人与外部环境中的设备相互联系和协调的系统。

工业机器人往往与外部设备集成为一个功能单元，如加工制造单元、焊接单元、装配单元等；也可以是多台机器人、多台机床或设备、多个零件存储装置等集成为一个去执行复杂任务的功能单元。

3. 控制部分

（1）控制系统

控制系统的任务是根据机器人的作业指令程序以及从传感器反馈回来的信号，支配机器人的执行机构去完成规定的动作。

如果机器人不具备信息反馈特征，则为开环控制系统；具备信息反馈特征，则为闭环控制系统。根据控制原理可分为程序控制系统，适应性控制系统和人工智能控制系统。根据控制运动的形式可分为点位控制系统和连续轨迹控制系统。

（2）人-机交互系统

人-机交互系统是人与机器人进行联系和参与机器人控制的装置，例如，计算机的标准终端、指令控制台、信息显示板及危险信号报警器等。该系统归纳起来实际上就是两大类：指令给定装置和信息显示装置。

1.2.2　工业机器人的组成

一台通用的工业机器人，一般由三个相互关联的部分组成：机械手总成、控制器、示教系统。其内部工作原理如图 1-13 所示。

图 1-13　机器人基本工作原理

1．机械手总成

机械手总成是机器人的执行机构，它由驱动器、传动机构、手臂、关节、末端执行器以及内部传感器等组成。它的任务是精确地保证末端执行器所要求的位置、姿态和实现其运动。

2．控制器

控制器是机器人的神经中枢。它由计算机硬件、软件和一些专用电路构成，其软件包括控制器系统软件、机器人专用语言、机器人运动学和动力学软件、机器人控制软件、机器人自诊断和自保护功能软件等，它处理机器人工作过程中的全部信息和控制其全部动作。

3．示教系统

示教系统是机器人与人的交互接口，在示教过程中它将控制机器人的全部动作，并将其全部信息送入控制器的存储器中，它实质上是一个专用的智能终端。

1.2.3　机器人的工作原理

现在广泛应用的工业机器人都属于第一代机器人，它的基本工作原理是示教再现。

示教也称为导引，即由用户引导机器人，一步步将实际任务操作一遍，机器人在引导过程中自动记忆示教的每个动作的位置、姿态、运动参数、工艺参数等，并自动生成一个连续执行全部操作的程序。

完成示教后，只需给机器人一个启动命令，机器人将精确地按示教动作，一步步完成全部操作，这就是示教与再现。

1．机器人手臂的运动

机器人的机械臂是由数个刚性杆体和旋转或移动的关节连接而成，是一个开环关节链，开链的一端固接在基座上，另一端是自由的，安装着末端执行器（如焊枪），在机器人操作时，机器人手臂前端的末端执行器必须与被加工工件处于相适应的位置和姿态，而这些位置和姿态是由若干个臂关节的运动所合成的。

因此，机器人运动控制中，必须要知道机械臂各关节变量空间和末端执行器的位置和姿态之间的关系，这就是机器人运动学模型。一台机器人机械臂的几何结构确定后，其运动学模型即可确定，这是机器人运动控制的基础。

2. 机器人轨迹规划

机器人机械手端部从起点的位置和姿态到终点的位置和姿态的运动轨迹空间曲线叫作路径。

轨迹规划的任务是用一种函数来"内插"或"逼近"给定的路径，并沿时间轴产生一系列"控制设定点"，用于控制机械手运动。目前常用的轨迹规划方法有空间关节插值法和笛卡儿空间规划两种方法。

3. 机器人机械手的控制

当一台机器人机械手的动态运动方程已给定，它的控制目的就是按预定性能要求保持机械手的动态响应。但是由于机器人机械手的惯性力、耦合反应力和重力负载都随运动空间的变化而变化，因此要对它进行高精度、高速度、高动态品质的控制是相当复杂而困难的。

目前工业机器人上采用的控制方法是把机械手上每一个关节都当作一个单独的伺服机构，即把一个非线性的、关节间耦合的变负载系统，简化为线性的非耦合单独系统。

4. 机器人编程语言

机器人编程语言是机器人和用户的软件接口，编程语言的功能决定了机器人的适应性和带给用户的方便性。机器人编程与传统的计算机编程不同，机器人操作的对象是各类三维物体，运动在一个复杂的空间环境，还要监视和处理传感器信息。

机器人编程语言主要有两类：面向机器人的编程语言和面向任务的编程语言。面向机器人的编程语言的主要特点是描述机器人的动作序列，每一条语句大约相当于机器人的一个动作。面向任务的编程语言是允许用户发出直接命令，以控制机器人去完成一个具体的任务，而不需要说明机器人所采取的每一个动作的细节。

1.2.4　机器人技术涉及的领域

机器人技术是集机械工程学、计算机科学、控制工程、电子技术、传感器技术、人工智能、仿生学等学科为一体的综合技术，它是多学科科技革命的必然结果。每一台机器人，都是一个知识密集和技术密集的高科技机电一体化产品。

1-3　机器人的应用技术

机器人与外部的关系如图 1-14 所示，机器人技术涉及的研究领域有如下几个。

1）传感器技术。得到与人类感觉机能相似的传感器技术。

2）人工智能计算机科学。得到与人类智能或控制机能相似能力的人工智能或计算机科学。

3）假肢技术。

4）工业机器人技术。把人类作业技能具体化的工业机器人技术。

5）移动机械技术。实现动物行走机能的行走技术。

图1-14　机器人与外部的关系

1-4　机器人的分类

6）生物功能。以实现生物机能为目的的生物学技术。

1.3　机器人的基本分类

应用于不同领域的机器人可按照不同的功能、目的、用途、规模、结构、坐标、驱动方式等分成很多类型，目前国内外尚无统一的分类标准。

1.3.1　按应用领域分类

我国的机器人专家从应用领域出发，将机器人分为两大类，即工业机器人和操纵型机器人。国际上的机器人学者，从应用环境出发，将机器人也分为两类，即制造环境下的工业机器人，非制造环境下的服务机器人与仿人型机器人，这和我国的分类是一致的。

1. 工业机器人

工业机器人（industrial robot）是在工业生产中使用的机器人的总称，主要用于完成工业生产中的某些作业。依据具体应用目的的不同，又常以其主要用途命名。

焊接机器人是目前应用最多的工业机器人，包括点焊和弧焊机器人，用于实现自动化焊接作业；装配机器人比较多地用于电子部件或电器的装配；喷涂机器人代替人进行各种喷涂作业；搬运、上料、下料及码垛机器人的功能都是根据工况要求的速度和精度，将物品从一处运到另一处；还有很多其他用途的机器人，如将金属溶液浇到压铸机中的浇注机器人等。

工业机器人的优点在于它可以通过更改程序，方便迅速地改变工作内容或方式，以满足生产要求的变化，例如改变焊缝轨迹及喷涂位置，变更装配部件或位置等。随着工业生产线越来越高的柔性要求，对各种工业机器人的需求也越来越广泛。

2．操纵型机器人

操纵型机器人（teleoperator robot）主要用于非工业生产的各种作业，又可分为服务机器人与特种作业机器人。

服务机器人通常是可移动的，在多数情况下，可由一个移动平台构成，平台上装有一只或几只手臂，代替或协助人完成为人类提供服务和安全保障的各种工作，如清洁、护理、娱乐和执勤等。

除以上服务机器人外，还有一些其他种类的特种作业机器人。如水下机器人，又称为水下无人深潜器，代替人在水下危险的环境中作业。再比如墙壁清洗机器人、爬缆索机器人（如图 1-15 所示）以及管内移动机器人（如图 1-16 所示）等。这些机器人都是根据某种特殊目的设计的特种作业机器人，为帮助人类完成一些高强度、高危险性或无法完成的工作。

图 1-15　爬缆索机器人

图 1-16　管内移动机器人

1.3.2　按驱动方式分类

1．气动式机器人

气动式机器人以压缩空气来驱动其执行机构。这种驱动方式的优点是空气来源方便，动作迅速，结构简单，造价低；缺点是空气具有可压缩性，致使工作速度的稳定性较差。因气源压力一般只有 60MPa 左右，故此类机器人适宜抓举力要求较小的场合。

2．液动式机器人

相对于气力驱动，液力驱动的机器人具有较大的抓举能力，可高达上百千克。液力驱动式机器人结构紧凑，传动平稳且动作灵敏，但对密封的要求较高，且不宜在高温或低温的场合工作，要求的制造精度较高，成本较高。

3．电动式机器人

目前越来越多的机器人采用电力驱动式，这不仅是因为电动机可供选择的品种众多，更因为可以运用多种灵活的控制方法。

电力驱动是利用各种电动机产生的力或力矩，直接或经过减速机构驱动机器人，以获得所需的位置、速度、加速度。电力驱动具有无污染，易于控制，运动精度高，成本低，驱动效率高等优点，其应用最为广泛。

电力驱动又可分为步进电动机驱动、直流伺服电动机驱动、无刷伺服电动机驱动等。

4. 新型驱动方式机器人

伴随着机器人技术的发展，出现了利用新的工作原理制造的新型驱动器，如静电驱动器、压电驱动器、形状记忆合金驱动器、人工肌肉及光驱动器等。

1.3.3 按智能方式分类

1. 示教-再现型机器人

示教-再现型机器人是第一代机器人，主要指只能以示教-再现方式工作的工业机器人。示教内容为机器人操作结构的空间轨迹、作业条件和作业顺序等。所谓示教，是由人教机器人运动的轨迹、停留点位、停留时间等。然后，机器人依照教给的行为、顺序和速度重复运动，即所谓的再现。

示教可由操作员手把手地进行。例如，操作人员抓住机器人上的喷枪把喷涂时要走的位置走一遍，机器人记住了这一连串运动，工作时自动重复这些运动，从而完成给定位置的喷涂工作。但是现在比较普遍的示教方式是通过控制面板完成的。操作人员利用控制面板上的开关或键盘控制机器人一步一步地运动，机器人自动记录下每一步，然后重复。目前在工业现场应用的机器人大多采用这一方式。

2. 传感机器人

传感机器人是第二代机器人，又叫作感觉机器人，它带有一些可感知环境的装置，对外界环境有一定感知能力。工作时，根据感觉器官（传感器）获得的信息，通过反馈控制，使机器人能在一定程度上灵活调整自己的工作状态，保证在适应环境的情况下完成工作。

这样的技术现在正越来越多地应用在机器人身上，例如焊缝跟踪技术。在机器人焊接的过程中，一般通过示教方式给出机器人的运动曲线，机器人携带焊枪走这个曲线进行焊接。这就要求工件的一致性好，也就是说工件被焊接的位置必须十分准确，否则，机器人行走的曲线和工件上的实际焊缝位置将产生偏差。焊缝跟踪技术是在机器人上加一个传感器，通过传感器感知焊缝的位置，再通过反馈控制，机器人自动跟踪焊缝，从而对示教的位置进行修正。即使实际焊缝相对于原始设定的位置有变化，机器人仍然可以很好地完成焊接工作。

3. 智能机器人

智能机器人是第三代机器人，它不仅具有感觉能力，而且还具有独立判断和行动的能力，并具有记忆、推理和决策的能力，因而能够完成更加复杂的动作。智能机器人的"智能"特征就在于它具有与外部世界——对象、环境和人相适应、相协调的工作机能。从控制方式看是以一种"认知-适应"的方式自律地进行操作。

这类机器人带有多种传感器，使机器人可以知道其自身的状态，例如在什么位置，自身的系统是否有故障等；且可通过装在机器人身上或者工作环境中的传感器感知外部的状态，例如发现道路与危险地段，测出与协作机的相对位置与距离以及相互作用的力等。机器人能够根据得到的这些信息进行逻辑推理、判断、决策，在变化的内部状态与外部环境中，自主决定自身的行为。

这类机器人具有高度的适应性和自治能力，这是人们努力使机器人达到的目标。经过科学家多年来不懈的研究，已经出现了很多各具特点的试验装置和大量的新方法、新思想。但是，在已应用的机器人中，机器人的自适应技术仍十分有限，该技术是机器人今后发展的方向。

智能机器人的发展方向大致有两种，一种是类人型智能机器人，这是人类梦想的机器人；另一种外形并不像人，但具有智能。

1.3.4 按控制方式分类

按照机器人的控制方式可分为如下几类。

1. 非伺服机器人

非伺服机器人按照预先编好的程序顺序进行工作，使用限位开关、制动器、插销板和定序器来控制机器人的运动。插销板用来预先规定机器人的工作顺序，而且往往是可调的。定序器是一种按照预定的正确顺序接通驱动装置的能源。驱动装置接通能源后，就带动机器人的手臂、腕部和手部等装置运动。

当它们移动到由限位开关所规定的位置时，限位开关切换工作状态，给定序器送去一个工作任务已经完成的信号，并使终端制动器动作，切断驱动能源，使机器人停止运动。非伺服机器人工作能力比较有限。

2. 伺服控制机器人

伺服控制机器人通过传感器取得的反馈信号与来自给定装置的综合信号比较后，得到误差信号，经过放大后用以激发机器人的驱动装置，进而带动手部执行装置以一定规律运动，到达规定的位置或速度等，这是一个反馈控制系统。伺服系统的被控量可为机器人手部执行装置的位置、速度、加速度和力等。伺服控制机器人比非伺服机器人有更强的工作能力。

伺服控制机器人按照控制的空间位置不同，又可以分为点位伺服控制和连续轨迹伺服控制。

（1）点位伺服控制

点位伺服控制机器人的受控运动方式为从一个点位目标移向另一个点位目标，只在目标点上完成操作。机器人可以以最快和最直接的路径从一个端点移到另一端点。

按点位方式进行控制的机器人，其运动为空间点到点之间的直线运动，在作业过程中只控制几个特定工作点的位置，不对点与点之间的运动过程进行控制。在点位伺服控制的机器人中，所能控制点数的多少取决于控制系统的复杂程度。

通常，点位伺服控制机器人适用于只需要确定终端位置而对编程点之间的路径和速度不做主要考虑的场合。点位控制主要用于点焊、搬运机器人。

（2）连续轨迹伺服控制

连续轨迹伺服控制机器人能够平滑地跟随某个规定的路径，其轨迹往往是某条不在预编程端点停留的曲线路径。

按连续轨迹方式进行控制的机器人，其运动轨迹可以是空间的任意连续曲线。机器人在空间的整个运动过程都处于控制之下，能同时控制两个以上的运动轴，使得手部位置可沿任意形状的空间曲线运动，而手部的姿态也可以通过腕关节的运动得以控制，这对于焊接和喷涂作业是十分有利的。

连续轨迹伺服控制机器人具有良好的控制和运行特性，由于数据是依时间采样的，而不是依预先规定的空间采样，因此机器人的运行速度较快、功率较小、负载能力也较小。连续轨迹伺服控制机器人主要用于弧焊、喷涂、打飞边毛刺和检测机器人。

1.3.5 按结构形式分类

按机械结构形式或坐标形式，机器人可分为串联机器人和并联机器人两大类。

串联机器人是开式运动链，它是由一系列连杆通过转动关节或移动关节串联而成。关节由驱动器驱动，关节的相对运动导致连杆的运动，使末端到达一定的位姿。

并联机器人是近年来发展起来的一种由固定机座和具有若干自由度的末端执行器组成的由不少于两条独立运动链连接形成的新型机器人。

1. 串联机器人

串联机器人的机构运动特征是用其坐标特性来描述的。依据坐标形式的不同机器人可分为直角坐标型、圆柱坐标型、极坐标型以及多关节坐标型等。

（1）直角坐标型机器人

直角坐标型机器人的结构如图 1-17 所示，它在 x，y，z 轴上的运动是独立的。机器人手臂的运动将形成一个立方体表面。直角坐标型机器人又叫作笛卡儿坐标型机器人或台架型机器人。

这种机器人手部空间位置的改变通过沿三个互相垂直的轴线的移动来实现，即沿着 x 轴的纵向移动，沿着 y 轴的横向移动及沿着 z 轴的升降移动。

直角坐标型机器人的位置精度高，控制简单、无耦合，避障性好，但结构较庞大，动作范围小，灵活性差，难与其他机器人协调。DENSO 公司的 XYC 机器人、IBM 公司的 RS-1 机器人是该型机器人的典型代表。

（2）圆柱坐标型机器人

圆柱坐标型机器人的结构如图 1-18 所示，R、θ 和 x 为坐标系的三个坐标，其中 R 是手臂的径向长度，θ 是手臂的角位置，x 是垂直方向上手臂的位置。如果机器人手臂的径向坐标 R 保持不变，机器人手臂的运动将形成一个圆柱面。

图 1-17　直角坐标型机器人　　图 1-18　圆柱坐标型机器人

这种机器人通过两个移动和一个转动运动实现手部空间位置的改变，机器人手臂的运动是由垂直立柱平面内的伸缩和沿立柱的升降两个直线运动及手臂绕立柱的转动复合而成。圆柱坐标型机器人的位置精度仅次于直角坐标型，控制简单，避障性好，但结构也较庞大，难与其他机器人协调工作，两个移动轴的设计较复杂。AMF 公司的 Versatran 机器人是该型机器人的典型代表。

（3）极坐标型机器人

极坐标型机器人又称为球坐标型机器人，其结构如图 1-19 所示，R，θ 和 β 为坐标系的三个坐标。其中 θ 是绕手臂支撑底座铅垂轴的转动角，β 是手臂在铅垂面内的摆动角。这种机器人运动所形成的轨迹表面是半球面。

这类机器人手臂的运动由一个直线运动和两个转动所组成，即沿手臂方向 x 的伸缩，绕 y 轴的俯仰和绕 z 轴的回转。极坐标型机器人占地面积较小，结构紧凑，位置精度尚可，能与其他机器人协调工作，重量较轻，但避障性差，有平衡问题，位置误差与臂长有关。Unimation 公司的 Unimate 机器人是其典型代表。

（4）多关节坐标型机器人

多关节坐标型机器人主要由立柱、前臂和后臂组成，结构如图 1-20 所示，它是以相邻运动部件之间的相对角位移 θ、α 和 ϕ 为坐标系的坐标，其中 θ 是绕底座铅垂轴的转角，ϕ 是过底座的水平线与第一臂之间的夹角，α 是第二臂相对于第一臂的转角。这种机器人手臂可以达到球形体积内绝大部分位置，所能达到区域的形状取决于两个臂的长度比例，因此又称为拟人型机器人。

图 1-19　极坐标型机器人　图 1-20　多关节坐标型机器人

这类机器人的运动由前、后臂的俯仰及立柱的回转构成，其结构最紧凑，灵活性大，占地面积最小，工作空间最大，能与其他机器人协调工作，避障性好，但位置精度较低，有平衡问题，控制存在耦合，比较复杂，这种机器人目前应用得最多。

Unimation 公司的 PUMA 型机器人、瑞士 ABB 公司的 IRB 型机器人，德国 KUKA 公司的 IR 型机器人是其典型代表。

（5）平面关节坐标型机器人

平面关节坐标型机器人可以看成是多关节坐标型机器人的特例。平面关节坐标型机器人类似人的手臂的运动，它用平行的肩关节和肘关节实现水平运动，关节轴线共面；腕关节来实现垂直运动，在平面内进行定位和定向，是一种固定式的工业机器人，其结构如图 1-21 所示。

图 1-21　平面关节坐标型机器人

这类机器人的特点是其在 x-y 平面上的运动具有较大的柔性，而沿 z 轴具有很强的刚性。所以，它具有的选择性柔性在装配作业中获得了较好的应用。

这类机器人结构轻便、响应快，有的平面关节坐标型机器人的运动速度可达 10m/s，比一般的多关节坐标型机器人快数倍。它能实现平面运动，全臂在垂直方向的刚度大，在水平方向的柔性大。

KUKA 的 KR-5 系列 SCARA 机器人、日本日立公司的 SCARA 机器人、深圳众为兴的 SCARA 机器人是其典型代表。

（6）不同串联机器人的性能比较

对于不同串联机器人，其特点、工作范围及其性能也不同，如表 1-1 所示。

表 1-1　不同串联机器人的性能比较

	特　点	工 作 空 间
直角坐标型	在直线方向上移动，运动容易想象； 通过计算机控制实现，容易达到高精度； 占地面积大，运动速度低； 直线驱动部分难以密封、防尘，容易被污染	
圆柱坐标型	容易想象和计算，直线部分可采用液压驱动，可输出较大的动力； 能够伸入型腔式机器内部，它的手臂可以到达的空间受到限制，不能到达近立柱或近地面的空间； 直线驱动部分难以密封、防尘； 后臂工作时，手臂后端会碰到工作范围内的其他物体	
极坐标型	中心支架附近的工作范围大，两个转动驱动装置容易密封，覆盖工作空间较大； 坐标复杂，难于控制； 直线驱动装置仍存在密封及工作死区的问题	

（续）

特　　点	工作空间
多关节坐标型 关节全都是旋转的，类似于人的手臂，是工业机器人中最常见的结构；它的工作范围较为复杂	
平面关节坐标型 前两个关节（肩关节和肘关节）全都是平面旋转的，最后一个关节（腕关节）是工业机器人中最常见的结构；它的工作范围较为复杂	

2．并联机器人

并联机器人可以定义为动平台和定平台通过至少两个独立的运动链相连接，机构具有两个或两个以上自由度，且以并联方式驱动的一种闭环机器人。

并联机器人的机构运动特征是用其自由度来描述的。按其自由度可以分为：2 自由度并联机构、3 自由度并联机构、4 自由度并联机构、6 自由度并联机构。

下面描述中运用了 1.4 节中关节的术语，如转动关节 R、移动关节 P、圆柱关节 T、球面关节 S 等内容。

（1）两自由度并联机构

图 1-22 是球面 2 自由度 5R 对称并联机构，由 5 个转动副首尾相连，5 个转动副的轴线汇交于一点（转动中心），这种机构的输出参考点具有沿球面移动的 2 个自由度。

图 1-22　2 自由度并联机构

平面 2 自由度并联机器人是指能够实现平面 2 个移动自由度机器人。这种并联机构主要应用于在空间内定位平面内的点，能实现平面上任意轨迹。

平面5杆机构是最典型的2自由度并联机构，这类机构一般具有2个移动运动。五连杆机构能够安装在普通六关节机器人末端，作为末端执行器使用，可应用于激光切割等非接触式加工，具有小轨迹切割精度高、刚性强等特点。

（2）3自由度并联机构

图1-23是一种典型的3自由度对称并联机构。3自由度并联机构种类较多，形式较复杂，一般3自由度并联机构具有以下几种形式。

1）平面3自由度并联机构，如3-RPR机构。

2）球面3自由度并联机构，如3-RRR球面机构、3-UPS-1-S球面机构。

3）3自由度移动并联机构，如Star Like并联机构、T阿斯并联机构和DELTA机构。

4）空间3自由度并联机构，如典型的3-RPS机构。

5）增加辅助杆件和运动副的空间机构，如德国汉诺威大学研制的并联机床采用的是3-UPS-1-PU球坐标式3自由度并联机构。

（3）4自由度并联机构

4自由度并联机构大多不是完全并联机构，图1-24所示的4自由度并联机构（2-UPS-1-RRRR），动平台通过3个支链与定平台相连，有2个运动链是相同的，各具有1个虎克铰U、1个移动副P，其中P和其中一个R是驱动副，因此这种机构不是完全并联机构。

图1-23　3自由度并联机构　　　　　　　　图1-24　4自由度并联机构

（4）6自由度并联机构

6自由度并联机构是并联机器人机构中的一大类，是国内外学者研究的最多的并联机构，如图1-25所示，为6自由度并联机器人中的一种，它们广泛应用于飞行模拟器、6维力与力矩传感器、并联机床等领域。但这类机构有很多关键性技术没有得到解决，比如其运动学正解、动力学模型的建立以及并联机床的精度标定等。

从完全并联的角度出发，这类机构必须具有6个运动链。但在现有的并联机构中，也有拥有3个运动链的6自由度并联机构，如3-PRPS和3-URS等机构，还有在3个分支的每个分支上附加一个5杆机构作为驱动机构的6自由度并

图1-25　6自由度并联机构

联机构等。

（5）并联机器人的特点

由于并联机器人的驱动装置可置于定平台上或接近定平台的位置，因此，它有如下特点。

1）无累积误差，精度较高。

2）运动部分重量轻，速度高，动态响应好。

3）结构紧凑，刚度高，承载能力大。

4）具有较好的各向同性。

5）工作空间较小。

根据这些特点，并联机器人在需要高刚度、高精度或者大负载而不需要很大空间的场合得到了广泛应用。

1-5　机器人的术语

1.4　机器人的基本术语

1.4.1　机器人的运动轴

工业机器人应用在生产中，除了其本身的性能特点要满足作业外，一般还需要相应的外围配套设备，如工件的工装夹具，转动工件的回转台、翻转台，移动工件的移动台等。这些外围设备的运动和位置控制都要与工业机器人配合，并具有相应的精度要求。

1. 机器人运动轴

通常机器人运动轴按其功能可划分为机器人轴、基座轴和工装轴，统称为外部轴，如图 1-26 所示。

图 1-26　机器人系统中各运动轴的定义

机器人轴是指机器人（本体）的轴。目前典型商用工业机器人大多采用 6 轴关节型机器人，如图 1-27 所示。基座轴是使机器人移动的轴的总称，主要指行走轴（移动滑台或导轨）；工装轴是除机器人轴、基座轴以外的其他轴的总称，指使工件、工装夹具翻转和回转的轴，如回转台、翻转台、移动台等。基座轴和工装轴统称为外部轴。

2. 机器人的主轴与次轴

6 轴关节型机器人有 6 个可活动的关节（轴）。由图 1-27 中可看出，KUKA 机器人 6 轴分别定义为 A1、A2、A3、A4、A5 和 A6；而 ABB 机器人则定义为轴 1、轴 2、轴 3、轴 4、轴 5 和轴 6。其中，A1、A2 和 A3 三轴（轴 1、轴 2 和轴 3）称为基本轴或主轴，用于保证末端执行器达到工作空间的任意位置；A4、A5 和 A6 三轴（轴 4、轴 5 和轴 6）称为腕部轴或次轴，用于实现末端执行器任意空间的姿态。

图 11-27　典型机器人操作机运动轴的定义

a）KUKA 机器人　b）ABB 机器人

1.4.2　机器人的坐标系

坐标系是从一个称为原点的固定点通过轴定义的平面或空间，所以许多时候，某坐标系又被称为某空间，如关节坐标系被称为关节空间、笛卡儿坐标系又称为笛卡儿空间。

机器人的目标和位置都是通过沿坐标系轴的测量来定位的。工业机器人的运动实质是不同作业内容、轨迹等要求下，在各种坐标系下的运动。也就是说，对机器人进行示教或手动操作时，其运动方式是在不同的坐标系下进行的。

目前，在大部分工业机器人系统中，均可使用基准坐标系、关节坐标系、工具坐标系和用户坐标系。机器人系统中的每一坐标系都适用于特定类型的控制或编程，其中基准坐标系、工具坐标系和用户坐标系同属于直角坐标系的范畴。

1. 基准坐标系

基准坐标系，又叫基坐标系、绝对坐标系、大地坐标系、世界坐标系、笛卡儿坐标，是属于笛卡儿空间中的坐标，笛卡儿空间包含直角坐标系、圆柱坐标系和基坐标系，泛指广义的宇宙空间，是机器人示教与编程时经常使用的坐标系之一。

基准坐标系位于机器人基座，便于机器人从一个位置移动到另一个位置。基准坐标系的原点定义在机器人安装面与第一转轴的交点处，通常 X 轴向前，Z 轴向上，Y 轴按右手法则确定，如图 1-28 所示。所有其他的坐标系均与基准坐标系直接或间接相关。它适用于手动操纵、一般移动、处理具有若干机器人或外轴移动机器人的工作站和工作单元。

在正常配置的机器人系统中，当操作人员正向面对机器人并在基准坐标系下使用示教器进行手动操作时，操纵杆向前和向后使机器人沿 X 轴移动；操纵杆向两侧使机器人沿 Y 轴移动；旋转操纵杆使机器人沿 Z 轴移动。在基准坐标系下，不管机器人处于什么位置，机器人末端的轨迹沿定义的 X、Y、Z 轴方向运动。

a)　　　　　　　　　　　　　　b)

图 1-28　机器人的基准坐标系

a）不带工具的机器人　b）带工具的机器人基准坐标系

2. 工具坐标系

工具坐标系，又称为手爪坐标系，是将工具中心点设为原点，由此定义工具位置和方向的坐标系。工具坐标系缩写为 TCPF（Tool Center Point Frame），工具坐标系的中心点缩写为 TCP（Tool Center Point）。工具坐标系用于定义机器人到达预设目标时所使用工具的位置。

工具坐标的方向随腕部的移动而发生变化，与机器人的位姿无关。因此，在进行相对于工件（不改变工具姿态）的平移操作时，选用该坐标系最为适宜。

在工具坐标系中，TCP 将沿工具坐标系的 X、Y、Z 轴方向运动。工具坐标系假定工具的有效方向为 Z 轴（有些机器人厂商将工具有效方向的反方向定义为 Z 轴），X 轴垂直于工具平面，Y 轴由右手法则产生，在工具坐标系中，机器人末端轨迹沿工具坐标系的 X、Y、Z 轴方向运动。

所有机器人在 6 轴法兰盘原点处都有一个预定义工具坐标系，称为 tool0，如图 1-29a 所示。后更改的工具坐标系的新位置是预定义工具坐标系 tool0 的偏移值，如图 1-29b 所示。

3. 关节坐标系

机器人由多个运动关节组成，机器人的每一个关节都可以进行独立的正向或反向操作，描述各个关节独立运动的坐标系称为关节坐标系。

在关节坐标系下，机器人各轴单独运动。对于大范围运动，且不要求 TCP 姿态的，可选择关节坐标系。两种示例如图 1-30 所示。

图 1-29 工具坐标系

a）不带工具的机器人工具坐标系 b）带工具的机器人工具坐标系

图 1-30 关节坐标系下各个轴的运动

a）KUKA 机器人的各个轴 b）ABB 机器人的各个轴

4．用户坐标系

用户坐标系是用户根据工作方便的需要，自行定义的坐标系。为作业和示教方便，用户可根据需要自行定义多个坐标系，如工作台坐标系、工件坐标系等，如图 1-31 所示。当机器人配备多个工作台或工件时，选择用户坐标系可使操作更为简单。在用户坐标系中 TCP 沿用户自定义的坐标轴方向运动。

工作台坐标系对应工作台，工件坐标系对应工件，其定义位置是相对于基坐标系的位置。机器人可以拥有若干工件坐标系，这些坐标系或者表示不同工件，或者表示同一工件在不同位置的若干副本。

用户坐标系在表示持有其他坐标系的设备（如工件）时非常有用，工件坐标系与工件有关，通常是最适于对机器人进行编程的坐标系。

图 1-31　机器人用户坐标系

a）机器人的工作台坐标系与工件坐标系　b）带工具的机器人的工作台坐标系

5．坐标系的应用

不同的机器人坐标系功能等同，即机器人在关节坐标系下完成的动作，同样可在直角坐标系下实现。

机器人在关节坐标系下的动作是单轴运动，而在直角坐标系下则是多轴协调运动。除关节坐标系以外，其他坐标系均可实现控制点不变动作（只改变工具姿态而不改变 TCP 位置），这在进行机器人 TCP 标定时经常用到。

1.4.3　机器人的结构名称

工业机器人是串联机器人，可看作是一个开链式多连杆机构，始端连杆就是机器人的基座，末端连杆与工具相连，相邻连杆之间用一个关节（轴）连接在一起。对于一个 6 自由度工业机器人，它由 6 个连杆和 6 个关节（轴）组成。

1．关节（Joint）

关节是各杆件间的结合部分，是实现机器人各种运动的运动副，由于机器人的种类很多，其功能要求不同，关节的配置和传动系统的形式都不同。机器人常用的关节有移动运动副、旋转运动副。一个关节系统包括驱动器、传动器和控制器，属于机器人的基础部件，是整个机器人伺服系统中的一个重要环节，其结构、重量、尺寸对机器人性能有直接影响。

关节即运动副，是允许机器人各零件之间发生相对运动的机构，是两构件直接接触并能产生相对运动的活动连接，如图 1-32 所示。A、B 两部件可以做互动连接。

高副机构简称高副，指的是运动机构的两构件通过点或线的接触而构成的运动副。例如齿轮副和凸轮副就属于高副机构。平面高副机构拥有两个自由度，即相对接触面切线方向的移动和相对接触点的转动。相对而言，通过面的接触而构成的，叫作低副机构。

图 1-32　机器人的关节

a）转动关节　b）移动关节　c）圆柱关节　d）球面关节　e）虎克铰

（1）转动关节

转动关节，又叫回转关节、回转副、旋转关节，通常用"R"表示，如图 1-32a 所示，是使连接两杆件的组件中的一件相对于另一件绕固定轴线转动的关节，两个构件之间只做相对转动。它允许两相邻连杆绕关节轴线做相对转动，这种关节具有 1 个自由度。如手臂与机座、手臂与手腕，并实现相对回转或摆动的关节机构。

回转关节由驱动器、回转轴和轴承组成。多数电动机能直接产生旋转运动，但常需各种齿轮、链、带传动或其他减速装置，以获取较大的转矩。

（2）移动关节

移动关节，又叫移动副、滑动关节、棱柱关节，通常用"P"来表示，如图 1-32b 所示，是使两杆件间的组件中的一件相对于另一件做直线运动的关节。两个构件之间只做相对移动。它允许两相邻连杆沿关节轴线做相对移动，这种关节具有 1 个自由度。

移动关节可采用直线驱动方式传递运动，包括直角坐标结构的驱动，圆柱坐标结构的径向驱动和垂直升降驱动，以及极坐标结构的径向伸缩驱动。直线运动可以直接由气缸或液压缸和活塞产生，也可以采用齿轮齿条、丝杠、螺母等传动元件把旋转运动转换成直线运动。

（3）圆柱关节

圆柱关节，又叫回转移动副、分布关节，通常用"C"来表示，如图 1-32c 所示，是使两杆件间的组件中的一件相对于另一件移动和绕移动轴线转动的关节。两个构件之间除了做相对转动之外，还同时可以做相对移动。这种关节具有 2 个自由度。

（4）球面关节

球面关节，又叫球面副、球关节，通常用"S"来表示，如图 1-32d 所示。它是使两杆件间组件中的一件相对于另一件在 3 个自由度上绕一固定点转动的关节。即组成运动副的两构件能绕一球心做 3 个独立的相对转动。它允许两连杆之间有 3 个独立的相对转动，这种关节具有 3 个自由度。

（5）虎克铰

虎克铰，可视为两个转动副，通常用"T"来表示，如图 1-32e 所示。它允许两连杆之间有 2 个相对转动，这种关节具有 2 个自由度。虎克铰作为一种能够提供 2 个自由度的铰链机构，在各种机构形式的并联机器人中得到了广泛的应用。

2. 连杆（Link）

连杆是机器人手臂上被相邻两关节分开的部分，是保持各关节间固定关系的刚体，是机械连杆机构中两端分别与主动和从动构件铰接以传递运动和力的杆件。连杆是机器人的重要部件，它连接着关节，其作用是将一种运动形式转变为另一种运动形式，并把作用在主动构件上的力传给从动构件以输出功率。

例如在往复活塞式动力机械和压缩机中，用连杆来连接活塞与曲柄。连杆多为钢件，其主体部分的截面多为圆形或工字形，两端有孔，孔内装有青铜衬套或滚针轴承，供装入轴销而构成铰接。

3. 刚度（Stiffness）

刚度是机器人机身或臂部在外力作用下抵抗变形的能力。它是用外力和在外力作用方向上的变形量（位移）之比来度量。在弹性范围内，刚度是零件载荷与位移成正比的比例系数，即引起单位位移所需的力。它的倒数称为柔度，即单位力引起的位移。刚度可分为静刚度和动刚度。

1.4.4　机器人的图形符号体系

1. 运动功能的图形符号

机器人的运动功能常用的图形符号如表 1-2 所示。

表 1-2　机器人的运动功能常用的图形符号

编　号	名　称	图　形　符　号	参考运动方向	备　注
1	移动（1）			
2	移动（2）			
3	回转机构			
4	旋转（1）	① ②		① 一般常用的图形符号 ② 表示①的侧向的图形符号
5	旋转（2）	① ②		① 一般常用的图形符号 ② 表示①的侧向的图形符号

（续）

编 号	名 称	图 形 符 号	参考运动方向	备 注
6	差动齿轮			
7	球关节			
8	握持			
9	保持			包括已成为工具的装置。工业机器人的工具此处未作规定
10	机座			

2. 运动机构的图形符号

机器人的运动机构常用的图形符号如表1-3所示。

表1-3 机器人的运动机构常用的图形符号

序 号	名 称	自 由 度	符 号	参考运动方向	备 注
1	直线运动关节（1）	1			
2	直线运动关节（2）	1			
3	旋转运动关节（1）	1			
4	旋转运动关节（2）	1			平面
5		1			立体
6	轴套式关节	2			
7	球关节	3			
8	末端操作器		一般型 溶接 真空吸引		用途示例

1.4.5 典型机器人的图形符号表示

机器人的描述方法可分为机器人机构简图、机器人运动原理图、机器人传动原理图、机器人速度描述方程、机器人位姿运动学方程、机器人静力学描述方程等。

1. 四种坐标机器人的机构简图

机器人的机构简图是描述机器人组成机构的直观图形表达形式，是将机器人的各个运动部件用简便的符号和图形表达出来，此图可用上述图形符号体系中的文字与代号表示。

图 1-17～图 1-20 的 4 种坐标结构机器人，其机构简图如图 1-33 所示。

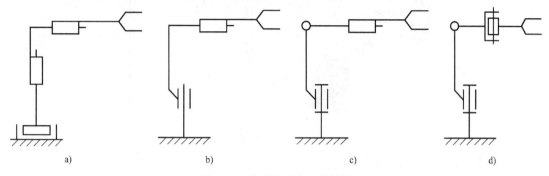

图 1-33　典型机器人机构简图

a) 直角坐标型　b) 圆柱坐标型　c) 极坐标型　d) 多关节坐标型

2. 机器人运动原理图

机器人运动原理图是描述机器人运动的直观图形表达形式，是将机器人的运动功能原理用简便的符号和图形表达出来，此图可用上述的图形符号体系中的文字与代号表示。

机器人运动原理图是建立机器人坐标系、运动和动力方程式、设计机器人传动原理图的基础，也是我们为了应用好机器人，在学习使用机器人时最有效的工具。

PUMA-262 机器人的机构运动示意图和运动原理图如图 1-34 所示。可见，运动原理图可以简化为机构运动示意图，以明确主要因素。

图 1-34　机构运动示意图和运动原理图

a) 机构运动示意图　b) 机构运动原理图

3. 典型机器人的结构简图

ABB、FANUC、KUKA 和 MOTOMAN 公司的典型产品的机械结构分析如下。

（1）KUKA 公司的 KR 5 scara

该四自由度机器人结构简单，有 3 个转动关节、1 个螺纹移动关节。其结构简图如图 1-35 所示。

图 1-35　KR 5 scara 结构简图

（2）ABB 公司的 IRB 2400

ABB 公司的 IRB 2400 产品是全球销量最大的产品之一，已安装两万多套。其结构简图如图 1-36 所示。

（3）FANUC 公司的 R-2000iB

FANUC 公司的 R-2000iB 为 6 自由度机器人。其结构简图如图 1-37 所示。

图 1-36　IRB 2400 的结构简图　　　　　　　　图 1-37　R-2000iB 的结构简图

（4）MOTOMAN 公司的 IA20

MOTOMAN 的 IA20 是 7 自由度产品。其结构简图如图 1-38 所示。

图 1-38　IA20 的结构简图

（5）MOTOMAN 公司的 DIA10

MOTOMAN 的 DIA10 产品的结构较为复杂，有 15 个自由度。其结构简图如图 1-39 所示。

图 1-39　DIA10 的结构简图

1.4.6　机器人的主要参数

选用机器人，首先要了解机器人的主要技术参数，然后根据生产和工艺的实际需求，通过机器人的技术参数来选择机器人的机械结构、坐标型式和传动装置等。

1-6　机器人的参数

机器人的技术参数反映了机器人可胜任的工作、具有的最高操作性能等情况，是选择、设计、应用机器人所必须考虑的问题。机器人的主要技术参数一般有自由度、分辨率、精度、重复定位精度、工作范围、承载能力及最大速度等。

1．自由度

自由度是指描述物体运动所需要的独立坐标数。机器人的自由度是指机器人所具有的独立坐标轴运动的数目，不包括手爪（末端执行器）的开合自由度。机器人的自由度反映机器人动作灵活的尺度，一般以轴的直线移动、摆动或旋转动作的数目来表示，手部的动作不包括在内。

如图 1-40 所示的机器人，臂部在 xO_1y 面内有 3 个独立运动——升降（L_1）、伸缩（L_2）和转动（ϕ_1），腕部在 xO_1y 面内有一个独立的运动——转动（ϕ_2）。机器人手部位置需一个独立变量——手部绕自身轴线 O_3C 的旋转 ϕ_3。这种用来确定手部相对于机身（或其他参照系统）位置的独立变化的参数（L_1，L_2，ϕ_1，ϕ_2，ϕ_3）即为机器人的自由度。

机器人的自由度越多，就越能接近人手的动作机能，通用性就越好；但是自由度越多，结构越复杂，对机器人的整体要求就越

图 1-40　5 自由度机器人简图

高，这是机器人设计中的一个矛盾。

自由度的选择与生产要求有关，若批量大，操作可靠性要求高，运行速度快，则机器人的自由度数可少一些；如果要便于产品更换，增加柔性，则机器人的自由度要多一些。

在三维空间中描述一个物体的位置和姿态（简称位姿）需要 6 个自由度。工业机器人一般多为 4～6 个自由度，7 个以上的自由度是冗余自由度，是用来躲避障碍物的。工业机器人的自由度是根据其用途而设计的，可能小于也可能大于 6 个自由度。例如 KUKA 公司生产的 KR 5 scara 装配机器人具有 4 个自由度，可以在印制电路板上接插电子器件；ABB 公司生产的 IRB 2400 机器人具有 6 个自由度，可以进行复杂空间曲线的弧焊作业。

从运动学的观点看，完成某一特定作业时具有多余自由度的机器人称为冗余自由度机器人，也称冗余度机器人。如图 1-38 所示的 MOTOMAN 公司生产的 IA20 机器人和 PUMA 公司生产的 PUMA700 机器人执行印制电路板上接插电子器件的作业时就成为冗余度机器人。利用冗余的自由度可以增加机器人的灵活性，躲避障碍物和改善动力性能。人的手臂（大臂、小臂、手腕）共有 7 个自由度，所以工作起来很灵巧，可躲避障碍物，从不同方向到达同一个目的点。

2. 工作空间

工作空间又叫工作范围、工作区域，是设备所能达到的所有空间区域。机器人的工作空间是指机器人手臂末端或手腕中心（手臂或手部安装点）所能到达的所有点的集合，不包括手部本身所能达到的区域。由于末端执行器的形状和尺寸是多种多样的，为真实反映机器人的特征参数，工作范围是指不安装末端执行器时的工作区域。

机器人所具有的自由度数目及其组合不同，其运动图形也不同；而自由度的变化量（即直线运动的距离和回转角度的大小）则决定着运动图形的大小。表 1-1 列出了 5 个典型坐标型机器人的工作空间。

工作范围的形状和大小是十分重要的，机器人在执行某作业时可能会因存在手部不能到达的作业死区（dead zone）而不能完成任务。

3. 工作速度

不同厂家对工作速度规定的内容也有所不同，有的厂家定义为工业机器人主要自由度上最大的稳定速度；有的厂家定义为手臂末端最大的合成速度，通常在技术参数中加以说明。一般来说，工作速度是指机器人在工作载荷条件下、匀速运动过程中，机械接口中心或工具中心点在单位时间内所移动的距离或转动的角度。

显而易见，工作速度越高，工作效率就越高。然而工作速度越高就要花费更多的时间去升速或降速，对工业机器人最大加速度变化率及最大减速度变化率的要求更高。

在使用或设计机器人时，确定机器人手臂的最大行程后，根据循环时间安排每个动作的时间，并确定各动作同时进行或是顺序进行，就可以确定各动作的运动速度。分配各动作的时间除考虑工艺动作要求外，还要考虑惯性和行程大小、驱动和控制方式、定位和精度要求。

为了提高生产率，要求缩短整个运动循环时间。运动循环包括加速起动，等速运行和减速制动三个过程。过大的加减速度会导致惯性力加大，影响动作的平稳和精度。为了保证定位精度，加减速过程往往占用较长时间。

4. 工作载荷

工作载荷，又叫作承载能力，是机器人在规定的性能范围内，机械接口处能承受的最大负载重量（包括手部），或者说是在工作范围内的任何位姿上所能承受的最大重量。通常用重量、力矩、惯性矩来表示。

负载大小主要考虑机器人各运动轴上的所受的力和力矩。承载能力不仅决定于负载的重量，还包括机器人末端执行器的重量，即手部的重量、抓取工件的重量；而且与机器人运行的速度和加速度的大小和方向有关，即由运动速度变化而产生的惯性力和惯性力矩。

一般机器人在低速运行时，承载能力大，为安全考虑，规定在高速运行时所能抓取的工件重量作为承载能力指标。即承载能力这一技术指标是指高速运行时的承载能力。目前使用的工业机器人，其承载能力范围较大，最大可达 1000kg。

5. 分辨率

在机器人学中，分辨率常常容易和精度、重复定位精度相混淆。机器人的分辨率由系统设计检测参数决定，并受到位置反馈检测单元性能的影响。

分辨率是指机器人每根轴能够实现的最小移动距离或最小转动角度。分辨率分为编程分辨率与控制分辨率，统称为系统分辨率。

编程分辨率是指程序中可以设定的最小距离单位，又称为基准分辨率。例如：当电动机旋转 0.1°，机器人腕点即手臂尖端点移动的直线距离为 0.01mm 时，其基准分辨率为 0.01mm。

控制分辨率是位置反馈回路能够检测到的最小位移量。例如：若每周（转）1000 个脉冲的增量式编码盘与电动机同轴安装，则电动机每旋转 0.36°（360°/1000）编码盘就发出一个脉冲，0.36° 以下的角度变化无法检测，则该系统的控制分辨率为 0.36°。显然，当编程分辨率与控制分辨率相等时，系统性能达到最高。

6. 精度

精度是一个位置量相对于其参照系的绝对度量，指机器人手部实际到达位置与所需要到达的理想位置之间的差距。机器人的精度主要依存于机械误差、控制算法误差与分辨率系统误差。

机械误差主要产生于传动误差、关节间隙与连杆机构的挠性。传动误差是由轮齿误差、螺距误差等引起的；关节间隙是由关节处的轴承间隙、谐波齿隙等引起的；连杆机构的挠性随机器人位形、负载的变化而变化。

控制算法误差主要指算法能否得到直接解和算法在计算机内的运算字长所造成的比特（bit）误差。因为 16 位以上 CPU 进行浮点运算，精度可达到 82 位以上，所以比特误差与机构误差相比基本可以忽略不计。

分辨率系统误差可取 1/2 基准分辨率，其理由是基准分辨率以下的变位既无法编程又无法检测。机器人的精度可认为是 1/2 基准分辨率与机械误差之和，即：

$$机器人的精度 = 1/2 基准分辨率 + 机械误差$$

如能够做到使机械的综合误差达到 1/2 基准分辨率，则精度等于分辨率。但是，就目前的水平而言，除纳米领域的机构以外，工业机器人尚难以实现。

7. 重复定位精度

重复定位精度是指在相同的运动位置命令下，机器人连续若干次运动轨迹之间的误差度量。如果机器人重复执行某位置给定指令，它每次走过的距离并不相同，而是在一平均值附近变化，该平均值代表精度，而变化的幅度代表重复定位精度。所以，重复定位精度是关于精度的统计数据。

任何一台机器人即使在同一环境、同一条件、同一动作、同一命令之下，每一次动作的位置也不可能完全一致。如对某一个型号的机器人的测试结果为：在20mm/s、200mm/s 的速度下分别重复 10 次，其重复定位精度为 0.4mm。如图 1-41 所示，若重复定位精度为±0.2mm，则指所有的动作位置停止点均在以平均值位置为中心的左右 0.2mm 以内。

图 1-41　重复定位精度和精度

在测试机器人的重复定位精度时，不同速度、不同方位下，反复试验的次数越多，重复定位精度的评价就越准确。因重复定位精度不受工作载荷变化的影响，故通常用重复定位精度这一指标作为衡量示教-再现方式工业机器人水平的重要指标。机器人标定重复定位精度时一般同时给出测试次数、测试过程所加的负载和手臂的姿态。精度和重复定位精度测试的典型情况如图 1-42 所示。

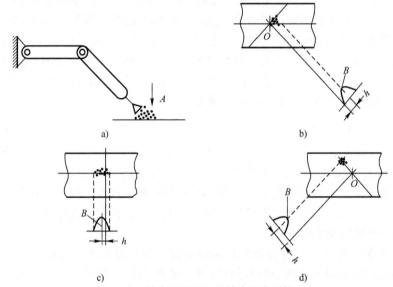

图 1-42　精度和重复定位精度的典型情况

a) 重复定位精度的测定　b) 合理的精度，良好的重复定位精度

c) 良好的精度，很差的重复定位精度　d) 很差的精度，良好的重复定位精度

精度、重复定位精度和分辨率都用来定义机器人手部的定位能力。工业机器人的精度、重复定位精度和分辨率要求是根据其使用要求确定的。机器人本身所能达到的精度取决于机器人结构的刚度、运动速度控制和驱动方式、定位和缓冲等因素。由于机器人有转动关节，不同回转半径时其直线分辨率是变化的，因此造成了机器人的精度难以确定。由于精度一般较难测定，通常工业机器人只给出重复精度。表 1-4 为不同工业机器人要求的重复定位精度。

表 1-4　不同工业机器人要求的重复定位精度　　　　　　　（单位：mm）

任务	机床上下料	冲床上下料	点焊	模锻	喷涂	装配	测量	弧焊
重复精度	±（0.05～1）	±1	±1	±（0.1～2）	±3	±（0.01～0.5）	±（0.01～0.5）	±（0.2～0.5）

机器人在其技术规格书的说明中都会用表格的方式给出上述基本参数。

8．其他参数

此外，对于一个完整的机器人还有下列参数描述其技术规格。

（1）控制方式

控制方式是指机器人用于控制轴的方式，是伺服还是非伺服，伺服控制方式是实现连续轨迹还是点到点的运动。

（2）驱动方式

驱动方式是指关节执行器的动力源形式。通常有气动、液压、电动等形式。

（3）安装方式

安装方式是指机器人本体安装的工作场合的形式，通常有地面安装、架装、吊装等形式。

（4）动力源容量

动力源容量是指机器人动力源的规格和消耗功率的大小，比如，气压的大小，耗气量；液压高低；电压形式与大小，消耗功率等。

（5）本体质量

本体质量是指机器人在不加任何负载时本体的重量，用于估算运输、安装等。

（6）环境参数

环境参数是指机器人在运输、存储和工作时需要提供的环境条件，比如，温度、湿度、振动、防护等级和防爆等级等。

1.4.7　典型机器人的举例分析

1．直角坐标型机器人

以美国 DENSO 公司的 XYC4-G 系列直角坐标型机器人为例。

（1）一般说明

该机器人适用于小型工作空间的紧凑尺寸：利用扁平电缆实现该级别内的最小尺寸，此种型号适用于较小空间，可利用其建立较小的设备。

宽泛的变化：左臂类型、右臂类型。48 种行程，针对用户需要可以有多种选择。

利用高强度滑动单元可获得最大负载：高强度滑动单元和大功率交流伺服电动机可使机械手搬动重达 10kg 的物体。适用于搬运重物或使用双手的情况。

用于大功率或精细任务的两种驱动功率模式：通过控制电流，用户可以用大功率模式执行高速或重载任务，而用低功率模式执行精细任务。

标准配置：该设备包括 6 套空气管线系统，10 个信号阀和电磁阀。

（2）外形图

XYC4-G 系列直角坐标型机器人外形如图 1-43 所示。

（3）工作范围

图 1-43　XYC4-G 系列直角坐标型机器人外形图

XYC4-G 系列直角坐标型机器人工作范围如图 1-44 所示。

图1-44 XYC4-G系列直角坐标型机器人工作范围图

（4）技术参数

XYC4-G 系列直角坐标型机器人技术参数如表 1-5 所示。

表 1-5 XYC4-G 系列直角坐标型机器人技术参数

项　目		XYC4-G
系统型号		XYC-40×a×b×c　G-L（R）[L：左臂型，R：右臂型]
单元型号		XYC-40×a×b×c　GM-L（R）[L：左臂型，R：右臂型]
x 轴行程（a）		（a=）2：250mm，3：350mm，4：450mm，5：550mm
y 轴行程（b）		（b=）3：300mm，4：400mm，5：500mm，6：600mm，7：700mm，9：900mm
垂直行程（c）		（c=）2：200mm，3：300mm
腕旋转角		±270°
轴组合		X（第 1 轴）+Y（第 2 轴）+Z（第 3 轴）+T（第 4 轴）
最大可搬重量		10kg
合成最大速度		X（第 1 轴），Y（第 2 轴）：1000mm/s，Z（第 3 轴）：2000mm/s，T（第 4 轴）：610°/s
重复定位精度（周围温度一定）		X（第 1 轴），Y（第 2 轴），Z（第 3 轴）：±0.025mm，T（第 4 轴）：±0.02°
最大压入力		98N（1s 以内）
最大容许惯性矩		0.078 kg·m²
位置检测方式		绝对编码器
驱动电动机和制动器		各轴 AC 伺服电动机 + 空气平衡缸 +J3 轴，配备制动器
空气动力源（用于重力平衡）	工作压力	0.05～0.35MPa
	许用最大压力	0.59MPa
质量		约 66kg [XYC-40593GM-L（R），最重的型号]

2. 圆柱坐标型机器人

美国 Unimation 公司的 Versatran 系列圆柱坐标型机器人，如图 1-45 所示，为一台持重 30kg，供搬运、检测、装配用的圆柱坐标型工业机器人。这台机器人的主要技术指标如下。

1）自由度：共有三个基本关节 1、2、3 和两个选用关节 4、5。

2）工作范围：如图 1-45b 所示。

3）关节移动范围及速度：如表 1-6 所示。

4）重复定位误差：±0.05mm。

5）控制方式：五轴同时可控，点位控制。

6）持重（最大伸长、最高速度下）：30kg。

7）驱动方式：三个基本关节由交流伺服电动机驱动，并采用增量式角位移检测装置。

3. 极坐标型机器人

激光切割机器人有 CO_2 气体激光和 YAG 固体激光切割机器人。通常激光切割机器人既可进行切割又能用于焊接。

L-1000 型 CO_2 气体激光切割机器人是典型的极坐标型机器人，其结构简图如图 1-46 所示。

表 1-6 Versatran 系列圆柱坐标型机器人关节移动范围及速度

关　节	移动范围	速　度
A1	300°	2.10r/s
A2	500mm	600mm/s
A3	500mm	1200mm/s
A4	360°	2.10r/s
A5	190°	1.05r/s

a)　　　　　　　　　　b)

图 1-45　圆柱坐标型工业机器人

a) 结构简图　b) 工作空间图

　　L-1000 型 CO_2 气体激光切割机器人是极坐标式五轴控制机器人，配用 C1000～C3000 型激光器。光束经由设置在机器人手臂内的 4 个反射镜传送，聚焦后从喷嘴射出。反射镜用铜制造，表面经过反射处理，使光束传递损失不超过 0.8%，而且焦点的位置精度相当好。

　　为了防止反射镜受到污损，光路完全不与外界接触，同时还在光路内充入经过滤器过滤的洁净空气，并具有一定的压力，从而防止周围的灰尘进入。

　　L-1000 型 CO_2 气体激光切割机器人的主要技术参数如表 1-7 所示。

图 1-46　L-1000 型 CO_2 气体激光切割机器人

表 1-7　L-1000 型 CO_2 气体激光切割机器人的主要技术参数

项　　目		技 术 参 数
动作形态		极坐标型
控制轴数		5 轴（θ、W、R、γ、β）
设置状态		固定在地面或悬挂在门架上
工作范围	θ 轴	200°
	W 轴	60°
	R 轴	1200mm
	γ 轴	360°
	β 轴	280°
最大动作速度	θ 轴	90°/s
	W 轴	70°/s
	R 轴	90mm/s
	γ 轴	360°/s
	β 轴	360°/s
手臂前段可携带重量		5kg
驱动方式		交流伺服电动机伺服驱动
控制方式		数字伺服控制
重复定位精度		±0.5mm
激光反射镜数量		4
激光进入口直径		62mm
辅助气体管路系统		2 套

（续）

项　　目	技 术 参 数
光路清洁用空气管路系统	1 套
激光反射镜冷却水系统	进、出水各 1 套
机械结构部分的重量	580kg

4. 多关节坐标型机器人

日本安川公司生产的 MOTOMAN UP6 型通用工业机器人，其外形如图 1-47 所示，技术参数如表 1-8 所示，工作范围如图 1-48 所示。

图 1-47　MOTOMAN UP6 型通用工业机器人

表 1-8　MOTOMAN UP6 型通用工业机器人的技术参数

	机械结构	垂直多关节坐标型
基本参数	自由度数	6
	载荷重量	6kg
	重复定位精度	±0.08mm
	本体质量	130kg
	安装方式	地面安装
	电源容量	1.5kV·A
最大动作范围	S 轴（回旋）	±170°
	L 轴（下臂倾动）	+155°、−90°
	U 轴（上臂倾动）	+190°、−170°
	R 轴（手臂横摆）	±180°
	B 轴（手腕俯仰）	+225°、−45°
	T 轴（手腕回旋）	±360°

（续）

最大速度	S 轴	2.44rad/s （140°/s）
	L 轴	2.79rad/s （160°/s）
	U 轴	2.97rad/s （170°/s）
	R 轴	5.85rad/s （335°/s）
	B 轴	5.85rad/s （335°/s）
	T 轴	8.37rad/s （500°/s）
允许力矩	R 轴	11.8N·m （1.2kgf·m）
	B 轴	9.8N·m （1.0kgf·m）
	T 轴	5.9N·m （0.6kgf·m）
允许转动惯量	R 轴	0.24kg·m²
	B 轴	0.17kg·m²
	T 轴	0.06kg·m²
标准涂色		活动部位：淡灰色
		固定部位：深灰色
		电动机：黑色
安装环境	温度	0～45℃
	湿度	（20～80）% RH （不能结露）
	振动	4.9m/s² 以下
	其他	避免接触易燃及腐蚀性气体或液体； 不可接近水、油、粉尘等； 远离电气噪声源

5．平面关节坐标型机器人

深圳众为兴数控技术有限公司生产的 ADT-600×4G300-5 机器人是典型的平面关节坐标型机器人。

（1）产品用途

适用领域：搬运与装卸，包装及拣选，钎焊、涂漆、表面处理、涂胶水和密封材料，安装、固定塑料加工设备，置入、装夹、操作其他机床，测量、检测或检验。

（2）性能特点

ADT-600×4G300-5 在负载 5kg 时的作用范围是 550mm，且具有很高的定位精确性。高性能控制器，可控制机器人实现高速点位运动，空间直线插补运动，空间圆弧插补等功能；系统扩展性强，参数配置简单，易于维护；基于高性能处理芯片的机器人功能部件保证了系统的实时控制与调度，实现多伺服功能部件的联动与插补；系统界面简洁大方，提供丰富的显示及监控信息；机器人语言指令系统简单易学，能满足绝大部分工业需求。

（3）技术参数

ADT-600×4G300-5 的地面安装标准型机器人本体的外形尺寸与动作范围如图 1-49 和表 1-9 所示。

图 1-48 MOTOMAN UP6 机器人的工作范围

a) 俯视图 　b) 主视图

图 1-49　ADT-600×4G300-5 机器人本体的外形尺寸与动作范围（单位：mm）

表 1-9 ADT-600×4G 机器人技术参数

型号			ADT-600×4G100	ADT-600×4G200	ADT-600×4G300
轴规格	X轴	手臂长度	350mm		
	Y轴	手臂长度	250mm		
	Z轴	行程	100mm	200mm	300mm
	X轴	旋转范围	±115°		
	Y轴	旋转范围	±145°		
	R轴	旋转范围	±360°		
电动机规格		X轴	400W		
		Y轴	200W		
		Z轴（带刹车）	200W		
		R轴	100W		
最高速度		X速度	225°/s		
		Y速度	225°/s		
		X、Y轴合成	3.3m/s		
		Z速度	0.8m/s		
		R速度	360°/s		
重复定位精度		X、Y轴	±0.05mm		
		Z	±0.02mm		
		R	±0.02°		
最大负载			3kg /5kg		
用户用信号线			0.12sq×25		
用户配管			ϕ6×3 线		
限位保护			1.软件限位 2.机械限位（X、Y、Z轴）		
重量			40kg		

练习与思考

1. 简述机器人的定义，并说明机器人的主要特性。

2. 机器人学三原则对机器人做了哪些要求？

3. 简述近代机器人和现代机器人的典型产品。

4. 机器人的发展方向有哪些？

5. 机器人的主要部件有哪些？机器人的主要结构有哪些？它们有什么联系与区别？

6. 机器人的系统结构有哪些？

7. 工业机器人控制器的主要功能有哪些？

8. 谈谈国内和国外机器人应用技术的现状。

9. 简述工业机器人的主要应用场合，这些场合有什么特点？

10. 机器人按应用领域分类有哪些类型？按驱动方式、控制方式、机器智能方式划分呢？

11. 机器人按坐标系统分类有哪些？各有什么优缺点？
12. 什么是伺服机器人？有哪几种伺服控制方式？
13. 机器人的基本术语有哪些？
14. 工作范围的重要性体现在哪里？
15. 工作速度、工作载荷的实际意义有哪些？
16. 什么是精度、重复精度、分辨率？它们的联系与区别是什么？
17. 查找本章 5 个典型机器人实例的技术规格，分别列出它们的基本术语的内容。
18. 运动副的图形符号有哪些，用来表示什么意义？
19. 基本运动的图形符号有哪些，用来表示什么意义？
20. 运动功能的图形符号有哪些，用来表示什么意义？
21. 运动机构的图形符号有哪些，用来表示什么意义？
22. 分别画出本章 5 个典型机器人实例的机构简图。

第2章　机器人的运动学和动力学基础

【内容提要】

本章主要介绍了机器人的运动学问题、机器人的位置与变量之间的关系、机器人运动学的一般表示、运动学和动力学基础知识。

【教学提示】

学习完本章的内容后，应能够：了解运动学和动力学的基本问题，理解机器人的位置与变量的关系，了解运动学和动力学的一般表示方法，能用上述所学解释机器人的位置、姿态和运动的关系。

机器人运动学描述的是机器人末端和各个关节位置的几何关系。而机器人动力学描述的是关节位置和力矩之间的力学关系。

机器人运动学主要是把机器人相对于笛卡儿坐标系的运动作为时间的函数进行分析和研究，而不考虑引起这些运动的力和力矩。也就是把机器人的空间位移解析地表示为时间的函数，特别是研究关节变量空间和机器人末端执行器的位置和姿态之间的关系。

2-1　机器人的运动学和动力学基础

机器人动力学主要是把机器人各关节相对于关节坐标系的运动作为力和力矩的函数进行分析和研究。也就是把机器人的空间位移解析地表示为力和力矩函数，特别是研究关节变量空间和机器人末端执行器的位置、力及力矩之间的关系。

2.1　机器人的运动学基础

机器人运动学涉及机器人相对于固定参考坐标系的运动几何学关系的分析和研究，而与产生运动的力或力矩无关。这样，运动学就涉及机器人空间位移作为时间函数的解析和说明，特别是机器人末端执行器位置和姿态与关节变量空间之间的关系。

2.1.1　机器人的运动学问题

一个多关节工业机器人可看作是一个开链式多连杆机构，始端连杆就是机器人的基座，末端连杆与工具相连，相邻连杆之间用一个关节连接在一起，如图 2-1 所示。对于一个 6 自由度工业机器人，它由 6 个连杆和 6 个关节组成。编号时，基座称为连杆 0，不包含在这 6 个连杆内，连杆 1 与基座由关节 1 相连，连杆 2 通过关节 2 与连杆 1 相连，以此类推。

图 2-1　6 自由度多关节机器人

a) 实物图　b）结构简图

1．机器人运动学问题的由来

了解工业机器人的运动控制，首先必须知道机器人各关节变量空间和末端执行器位姿之间的关系，即机器人运动学模型。一台机器人的几何结构一旦确定，其运动学模型也就确定下来，这是机器人运动控制的基础。简而言之，在机器人运动学中存在两类基本问题。

运动学的正向问题是解决"在哪里（Where）"的问题，如图 2-2a 所示。机器人示教时，机器人控制器逐点进行运动学正解运算，并利用关节转动把机器人末端放置到目标位置。

运动学的逆向问题是解决"如何（How）的问题"，如图 2-2b 所示。机器人再现时，机器人控制器逐点进行运动学逆解运算，并按照机器人末端位置的坐标，将角矢量分解到机器人的各个关节。

图 2-2　机器人运动学问题

a) 正向运动学问题（示教）　b) 逆向运动学问题（再现）

前文介绍的机器人，特别是其中最有代表性的关节型机器人，实质上是由一系列关节连接而成的空间连杆开式链机构。

机器人的运动学可用一个开环关节链来建模，此链由数个刚体（杆件）以驱动器驱动的转动或移动关节串联而成。

2. 机器人运动学概述

开环关节链的一端固定在基座上，另一端是自由的且安装着工具，用以操作物体或完成装配作业。关节的相对运动导致杆件的运动，使手定位于所需的方位上。在很多机器人应用问题中，人们感兴趣的是操作机构末端执行器相对于固定参考坐标系的空间描述。

常见的机器人运动学问题归纳如下：

1）对一给定的机器人，已知杆件几何参数和关节角矢量，求机器人末端执行器相对于参考坐标系的位置和姿态。

2）已知机器人杆件的几何参数，给定机器人末端执行器相对于参考坐标系的期望位置和姿态（位姿），机器人能否使其末端执行器达到这个预期的位姿？如能达到，那么机器人有几种不同形态可满足同样的条件？

第一个问题常称为正向运动学问题，第二个问题常称为逆向运动学问题。这两个问题是机器人运动学中的基本问题。

由于机器人手臂的独立变量是关节变量，但作业通常是用参考坐标系来描述的，所以常常碰到的是第二个问题，即机器人逆向运动学问题。通常采用矩阵代数的系统这种广义的方法，来描述机器人手臂杆件相对于固定参考坐标系的空间关系。

这种方法使用4×4齐次变换矩阵来描述两个相邻的机械刚性构件间的空间关系，把正向运动学问题简化为寻求等价的4×4齐次变换矩阵，此矩阵把手部坐标系的空间位移与参考坐标系联系起来，并且该矩阵还可用于推导手臂运动的动力学方程。而逆向运动学问题可采用几种方法来求解，最常用的是矩阵代数、迭代或几何方法。

3. 运动学的基本问题

为了使问题简单易懂，先以两自由度的机器人的手爪为例来说明。图 2-3 所示为两自由度机器人手部的连杆机构。由于其运动主要由连杆机构来决定，所以在进行机器人运动学分析时，大多数时候是把驱动器及减速器的元件去除后来分析。

图 2-3 中的连杆机构是两杆件通过转动副连接的关节结构，通过一定的连杆长度 L_1、L_2 以及关节角 θ_1、θ_2，可以定义该连杆机构。在分析机器人末端手爪的运动时，若

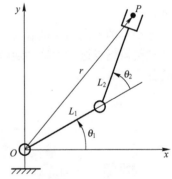

图 2-3 两自由度机械手的正运动学

把作业看作主要依靠机器人手爪来实现的，则应考虑手爪的位置（图中点 P 的位置）。一般场合中，手爪姿势也表示手指位置。从几何学的观点来处理这个手指位置与关节变量的关系称为运动学。这里引入矢量分别表示手爪位置 r 和关节变量 θ：

$$r = \begin{bmatrix} x \\ y \end{bmatrix}, \quad \theta = \begin{bmatrix} \theta_1 \\ \theta_2 \end{bmatrix}$$

因此，利用上述两个矢量来描述图 2-3 所示的两自由度机器人的运动学问题。手爪位置的各分量，按几何学可表示为：

$$x = L_1 \cos\theta_1 + L_2 \cos(\theta_1 + \theta_2) \qquad (2\text{-}1)$$

$$y = L_1 \sin\theta_1 + L_2 \sin(\theta_1 + \theta_2) \qquad (2\text{-}2)$$

用矢量表示这个关系式，其一般可表示为：

$$\boldsymbol{r} = f(\boldsymbol{\theta}) \qquad (2\text{-}3)$$

式中 f 表示矢量函数。

已知机器人的关节变量 $\boldsymbol{\theta}$，求其手爪位置 $\boldsymbol{r}$ 的运动学问题称为正运动学。式（2-3）被称为运动方程式。如果给定机器人的手爪位置 $\boldsymbol{r}$，求为了到达这个预定的位置，机器人的关节变量 $\boldsymbol{\theta}$ 的运动学问题称为逆运动学。其运动方程式可以通过以下分析得到。

如图 2-4 所示，根据图中描述的几何学关系，可得：

$$\theta_2 = \pi - \alpha \qquad (2\text{-}4)$$

$$\theta_1 = \arctan\left(\frac{y}{x}\right) - \arctan\left(\frac{L_2 \sin\theta_2}{L_1 + L_2 \cos\theta_2}\right) \qquad (2\text{-}5)$$

式中：

$$\alpha = \arccos\left[\frac{-(x^2 + y^2) + L_1^2 + L_2^2}{2L_1 L_2}\right] \qquad (2\text{-}6)$$

同样，如果用矢量表示上述关系式，其一般可表示为：

$$\boldsymbol{\theta} = f^{-1}(\boldsymbol{r}) \qquad (2\text{-}7)$$

如图 2-4 所示，机器人到达给定的手爪位置 $\boldsymbol{r}$ 有两个姿态满足要求，即图中的 $\alpha' = -\alpha$ 也是其解。这时 θ_1 和 θ_2 变成为另外的值，即逆运动学的解不是唯一的，可以有多个解。

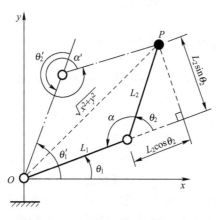

图 2-4　两自由度机械手的逆运动学

上述的正运动学、逆运动学统称为运动学。把式（2-3）的两边微分即可得到机器人手爪的速度和关节速度的关系，再进一步进行微分将得到加速度之间的关系，处理这些关系也是机器人运动学的问题。

2.1.2 机器人的位置与变量之间的关系

以手爪位置与关节变量之间的关系为例，要想正确表示机器人的手爪位置和姿态，首先就要建立坐标系，如图 2-5 所示，应分别定义固定机器人的基准和手爪的坐标系，这样才能很好地描述它们之间的位置和姿态之间的关系。下面就先说明一下这种坐标系。

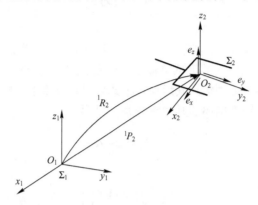

图 2-5 基准坐标系和手爪坐标系

如图 2-5 所示，图中的坐标系分别如下。

$\sum_1$——基准坐标系（$O_1 - x_1 y_1 z_1$，固定在基座上）。

$\sum_2$——手爪坐标系（$O_2 - x_2 y_2 z_2$，固定在手爪上），手爪的位置和姿态可分别表示为：

$^1P_2 \in R^{3 \times 1}$——由 O_1 指向 O_2 的位置矢量；

$^1R_2 \in R^{3 \times 3}$——由 $\sum_1$ 看 $\sum_2$ 姿态的姿态变换矩阵（旋转变换矩阵）。

这里左上角标表示描述的坐标，$M \in R^{i \times j}$ 表示 M 是第 i 行 j 列的矩阵（在 $j = 1$ 的特殊情况下，表示列矢量）。设坐标系 $\sum_2$ 中各轴方向的单位矢量，在坐标系中描述为 ^1e_x, ^1e_y, ^1e_z, 若用这些单位矢量来表示，则 $^1R_2$ 可表示为：

$$^1R_2 = [\,^1e_x, \ ^1e_y, \ ^1e_z\,] \tag{2-8}$$

2.1.3 机器人运动学的一般表示

前面所介绍的是任意两个坐标系之间的坐标变换，我们知道，机器人一般是由多个关节组成的，各关节之间的坐标变换可以通过坐标变换相乘后，结合在一起进行求解。如前所述，可以把机器人的运动模型看作是一系列由关节连接起来的连杆机构。一般机器人具有 n 个自由度，为了分析其运动，可将上述方法扩展一下。

这里用矢量和矩阵代数来引出一种描述和表达组成机器人的各杆件相对于固定参考系位置的通用方法。由于各杆件可相对于参考坐标系转动和平移，故应对每个杆件沿关节轴建立一个附体坐标系。运动学正问题归结为寻求联系附体坐标系和参考坐标系的变换矩阵。附体坐标系相对于参考系的转动可用 3×3 旋转矩阵来描述，然后用齐次坐标表达三维空间的位置矢量，若旋转矩阵扩展为 4×4 齐次变换矩阵，则可以包括附体坐标系的平移。

通常把描述一个连杆与下一个连杆间相对关系的齐次变换叫作 A 矩阵。如果用 A_1^0 表示第 1 个连杆在基系的位置和姿态，A_2^1 表示第 2 个连杆相对第 1 个连杆的位置和姿态，那么第 2 个连杆在基系的位置和姿态可由下列矩阵的乘积求得：

$$T_2 = A_1^0 A_2^1 \tag{2-9}$$

同理，若 A_3^2 表示第 3 个连杆相对第 2 个连杆的位置和姿态，那么第 3 个连杆在基系的位置和姿态可由下列矩阵的乘积求得：

$$T_3 = A_1^0 A_2^1 A_3^2 \tag{2-10}$$

通常称这些 A 矩阵的乘积为 T 矩阵，于是，对于 6 连杆的机器人，有下列 T 矩阵：

$$T_6 = A_1^0 A_2^1 A_3^2 A_4^3 A_5^4 A_6^5 \tag{2-11}$$

一般，每个连杆有 1 个自由度，则 6 连杆组成的机器人具有 6 个自由度，并能在其运动范围内任意定位与定向。其中，3 个自由度用于规定位置，另外 3 个自由度用来规定姿态。所以 T_6 表示了机器人的位置和姿态。

对于具有 n 个关节的机器人，若设坐标系 $O_n - x_n y_n z_n$ 为固定在指尖上的坐标系时，则从坐标系 $O_n - x_n y_n z_n$ 到基准坐标系 $O_0 - x_0 y_0 z_0$ 的坐标变换矩阵 T 可由下式给出：

$$T_n = A_1^0 A_2^1 A_3^2 \cdots A_n^{n-1} \tag{2-12}$$

T 不仅是从坐标系 $O_n - x_n y_n z_n$ 到坐标系 $O_0 - x_0 y_0 z_0$ 的坐标变换，而且同时还可以解释为在基准坐标系 $O_0 - x_0 y_0 z_0$ 上看到的表示指尖位置和方向的矩阵。

2.2 机器人的动力学基础

机器人动力学是从动力学的角度来沟通机器人驱动力和机器人运动状态之间的关系。

要了解机器人动力学，也就是要了解决定机器人动态特性的运动方程式，即机器人的动力学方程。它表示机器人各关节的关节变量对时间的一阶导数、二阶导数、各执行器驱动力或力矩之间的关系，是机器人机械系统的运动方程。

因此机器人动力学就是研究机器人运动数学方程的建立。其实际动力学模型可以根据已知的物理定律求得。

2.2.1 机器人的动力学问题

与机器人的运动学类似，机器人运动方程的求解也可分为两种不同性质的问题。

1. 动力学的基本问题

（1）正动力学问题

机器人各执行器的驱动力或力矩已知，求解机器人关节变量在关节变量空间的轨迹或末端执行器在笛卡儿空间的轨迹，这称为机器人动力学方程的正面求解，简称为正动力学问题。

（2）逆动力学问题

机器人在关节变量空间的轨迹已确定，或末端执行器在笛卡儿空间的轨迹已确定（轨迹已被规划），求解机器人各执行器的驱动力或力矩，这称为机器人动力学方程的反面求解，简称为逆动力学问题。

2. 动力学的问题解法

不管是哪一种动力学问题都要研究机器人动力学数学模型，区别在于问题的解法，我们研究动力学的主要目的之一是为了对机器人的运动进行有效控制，以实现预期的轨迹运动。常用的方法有牛顿-欧拉法、拉格朗日法、凯恩动力学法等。

2.2.2 机器人动力学的一般表示

1. 机器人的动能

为了理解多关节机器人的运动方程式，首先要了解机器人的动能（运动能量）和位能（位置能量）。先看图 2-6 所示的第 i 个连杆的运动能量。刚体的运动能量是由该刚体的平移构成的运动能量与该刚体的旋转而构成的运动能量之和表示的。因此，图 2-6 中表示的连杆的运动能量，可以用下式表示：

$$K_i = \frac{1}{2} m_i v_{C_i}^{\mathrm{T}} v_{C_i} + \frac{1}{2} \omega_i^{\mathrm{T}} I_i \omega_i \tag{2-13}$$

图 2-6　第 i 个连杆的旋转速度和重心的平移速度

式中，K_i 为连杆 i 的运动能量；m_i 为质量；v_{C_i} 为在基准坐标系上表示的重心的平移速度向量；I_i 为在基准坐标系上表示的连杆 i 的转动惯量；ω_i 为在基准坐标系上表示的转动速度向量。

因为机器人的全部运动能量为 K，由各连杆的运动能量的总和表示，所以得到：

$$K = \sum_{i=1}^{n} K_i \tag{2-14}$$

式中，n 为机器人的关节总数。这里考虑把 K 作为机器人各关节速度的函数。

2. 机器人的位能

机器人的位置能量和运动能量一样，也是由各连杆的位置能量的总和给出，因此可用下式表示：

$$P = \sum_{i=1}^{n} m_i g^{\mathrm{T}} r_{0,C_i} \tag{2-15}$$

式中，g 是重力加速度，它是一个在基准坐标系上表示的三维向量；r_{0,C_i} 是从基准坐标系原点到第 i 个连杆的重心位置的位置向量。

3．静力学、动力学、运动学的关系

如图 2-7 所示，当机器人的手爪接触环境时，手爪力 **F** 与驱动力 $\boldsymbol{\tau}_1$ 和 $\boldsymbol{\tau}_2$ 的关系起着重要作用，在静止状态下处理这种关系属于静力学（Statics）。

在考虑控制时，就要考虑在机器人的动作中，关节驱动力 $\boldsymbol{\tau}$ 会产生怎样的关节位置 θ、关节速度 $\dot{\theta}$、关节加速度 $\ddot{\theta}$，处理这种关系属于动力学（Dynamics）。对于动力学来说，除了与连杆长度 L_i 有关之外，还与各连杆的质量 m_i、绕质量中心的惯性矩 I_{C_i}、连杆的质量中心与关节轴的距离 L_{C_i} 有关，如图 2-8 所示。

图 2-7　手爪力 **F** 的关节驱动力　　　　图 2-8　与动力学有关的变量

如果用笛卡儿空间和关节空间来描述，机器人的运动学是从运动的角度来沟通机器人关节空间与笛卡儿空间，相当于关节空间与笛卡儿空间之间的桥梁。机器人关节空间动力学主要是沟通机器人关节驱动力矩与关节运动状态之间的桥梁，机器人笛卡儿空间动力学主要是沟通机器人笛卡儿空间驱动力/力矩与笛卡儿运动状态之间的桥梁。如图 2-9 所示。

图 2-9　关节空间与笛卡儿空间映射关系

练习与思考

1．什么是机器人的运动学的正问题？它解决了什么问题？

2．什么是机器人的运动学的逆问题？它解决了什么问题？

3．写出两自由度正运动学和逆运动学的运动方程式。

4．为什么要建立坐标系？

5．描述机器人各个杆件相对于固定参考坐标系位置的通用方法是什么？

6．已知一个连杆与下一个连杆的齐次变换为 A，写出 6 个自由度的机器人末端装置在固定参考坐标系中的坐标变换矩阵 T。

7．写出 6 个自由度的机器人末端装置在固定参考坐标系中的坐标。

8．什么是机器人的动力学的正向问题？它解决了什么问题？

9．什么是机器人的动力学的逆向问题？它解决了什么问题？

10．机器人动力学的正向问题与运动学正向问题的异同有哪些？

11．动力学的逆向问题与运动学逆向问题的异同有哪些？

12．研究机器人动力学的主要目的是什么？

13．写出机器人的动能公式。

14．解释机器人运动学、静力学、动力学的关系。

第3章 机器人的机械结构系统

【内容提要】

本章主要讲述的是机器人的机械结构系统。介绍了机器人的升降回转型、俯仰型、直移型、类人机器人型机身机构；讲解了机器人的臂部机构组成、配置及典型机构；讲述了机器人的腕部机构的转动方式、典型结构和柔顺腕部；介绍了机器人的手部机构的特点与夹持式、吸附式和仿人式三种类型；讲述了机器人的行走机构的特点与车轮式、履带式和足式三种机构。

【教学提示】

学习完本章的内容后，学生应能够：了解机器人机身不同结构的组成原理，以及手部、腕部、臂部、机身和行走机构各部分的组成与种类；能熟练地分析各机械结构系统的特点与工作原理；掌握各个机械结构的典型机构；能用上述所学分析实用机器人的各个机械结构的组成、原理、故障的可能原因。

3.1 机器人的机身机构

机身是直接连接、支承和传动手臂及行走机构的部件。它是由臂部运动（升降、平移、回转和俯仰）机构及有关的导向装置、支承件等组成。由于机器人的运动形式、使用条件、负载能力各不相同，所采用的驱动装置、传动机构、导向装置也不同，致使机身结构有很大差异。

3-1　机器人的机身机构

机身结构一般由机器人总体设计确定。比如，直角坐标型机器人有时把升降（z 轴）或水平移动（x 轴）自由度归属于机身；圆柱坐标型机器人把回转与升降这两个自由度归属于机身；极坐标型机器人把回转与俯仰这两个自由度归属于机身；关节坐标型机器人把回转自由度归属于机身。

一般情况下，实现臂部的升降、回转或俯仰等运动的驱动装置或传动件都安装在机身上。臂部的运动越多，机身的结构和受力越复杂。机身既可以是固定式的，也可以是行走式的，即在它的下部装有能行走的机构，可沿地面或架空轨道运行。

常用的机身结构有升降回转型机身结构、俯仰型机身结构、直移型机身结构、类人机器人型机身结构。

3.1.1 升降回转型机身结构

升降回转型机身结构由实现臂部的回转和升降的机构组成，回转通常由直线液（气）压缸驱动的传动链、蜗轮蜗杆机械传动回转轴完成；升降通常由直线缸驱动、丝杠-螺母机构驱动、直线缸驱动的连杆升降台完成。

1. 回转与升降液压缸机构

1）升降液压缸在下，回转液压缸在上，回转运动采用摆动液压缸驱动。因摆动液压缸安置在升降活塞杆的上方，故活塞杆的尺寸要加大。

2）回转液压缸在下，升降液压缸在上，回转运动采用摆动液压缸驱动。相比之下，回转液压缸的驱动力矩要设计得大一些。

2. 链条传动机构

链条链轮传动是将链条的直线运动变为链轮的回转运动，它的回转角度可大于 360°。图 3-1a 为气动机器人采用单杆活塞气缸驱动链条链轮传动机构实现机身的回转运动。此外，也有用双杆活塞气缸驱动链条链轮回转的方式，如图 3-1b 所示。

图 3-1　链条链轮传动机构

a) 单杆活塞气缸驱动链条链轮传动机构　b) 双杆活塞气缸驱动链条链轮传动机构

3.1.2　俯仰型机身结构

俯仰型机身结构由实现手臂左右回转和上下俯仰的部件组成，它用手臂的俯仰运动部件代替手臂的升降运动部件。俯仰运动大多采用摆式直线缸驱动。

机器人手臂的俯仰运动一般采用活塞缸与连杆机构实现。手臂俯仰运动用的活塞缸位于手臂的下方，其活塞杆和手臂用铰链连接，缸体采用尾部耳环或中部销轴等方式与立柱连接，如图 3-2 所示。此外有时也采用无杆活塞缸驱动齿条齿轮或四连杆机构实现手臂的俯仰运动。

图 3-2　俯仰型机身结构

3.1.3 直移型机身结构

直移型机身结构多为悬挂式，机身实际是悬挂手臂的横梁。为使手臂能沿横梁平移，除了要有驱动和传动机构外，导轨也是一个重要的部件。

3.1.4 类人机器人型机身结构

类人机器人型机身结构的机身上除了装有驱动臂部的运动装置外，还应该有驱动腿部运动的装置和腰部关节。类人机器人型机身结构的机身靠腿部的屈伸运动来实现升降，腰部关节实现左右和前后的俯仰和人身轴线方向的回转运动。

3-2 机器人的
臂部机构

3.2 机器人的臂部机构

手臂部件（简称臂部）是机器人的主要执行部件，它的作用是支承腕部和手部，并带动它们在空间运动。

3.2.1 机器人臂部的组成

1. 手臂的运动

一般来讲，为了让机器人的手爪或末端操作器可以达到任务目标，手臂至少能够完成三个运动：垂直移动、径向移动、回转运动。

（1）垂直移动

垂直移动是指机器人手臂的上下运动。这种运动通常采用液压缸机构或其他垂直升降机构来完成，也可以通过调整整个机器人机身在垂直方向上的安装位置来实现。

（2）径向移动

径向移动是指手臂的伸缩运动。机器人手臂的伸缩使其手臂的工作长度发生变化。在圆柱坐标式结构中，手臂的最大工作长度决定其末端所能达到的圆柱表面直径。

（3）回转运动

回转运动是指机器人绕铅垂轴的转动。这种运动决定了机器人的手臂所能到达的角度位置。

2. 手臂的组成

机器人的手臂主要包括臂杆以及与其伸缩、屈伸或自转等运动有关的构件，如传动机构、驱动装置、导向定位装置、支承连接和位置检测元件等。此外，还有与腕部或手臂的运动和连接支承等有关的构件、配管配线等。

根据臂部的运动和布局、驱动方式、传动和导向装置的不同，可分为伸缩型臂部结构、转动伸缩型臂部结构、屈伸型臂部结构和其他专用的机械传动臂部结构。伸缩型臂部结构可由液（气）压缸驱动或直线电动机驱动；转动伸缩型臂部结构除了臂部作伸缩运动，还绕自身轴线运动，以便使手部旋转。

3.2.2 机器人臂部的配置

机身和臂部的配置形式基本上反映了机器人的总体布局。由于机器人的运动要求、工作对象、作业环境和场地等因素的不同，出现了各种不同的配置形式。目前常用的有横梁式、立柱式、机座式、屈伸式四种。

1. 横梁式配置

机身设计成横梁式，用于悬挂手臂部件，通常分为单臂悬挂式和双臂悬挂式两种，如图 3-3 所示。这类机器人的运动形式大多为移动式。它具有占地面积小，能有效利用空间，动作简单直观等优点。

a)   b)

图 3-3　横梁式配置

a) 单臂悬挂式　b) 双臂悬挂式

横梁可以是固定的，也可以是行走的，一般横梁安装在厂房原有建筑的柱梁或有关设备上，也可从地面架设。

2. 立柱式配置

立柱式机器人多采用回转型、俯仰型或屈伸型的运动形式，是一种常见的配置形式。通常分为单臂式和双臂式两种，如图 3-4 所示。一般臂部都可在水平面内回转，具有占地面积小而工作范围大的特点。

a)   b)

图 3-4　立柱式配置

a) 单臂配置　b) 双臂配置

立柱可固定安装在空地上，也可以固定在床身上。立柱式结构简单，服务于某种主机，承担上、下料或转运等工作。

3. 机座式配置

这种机器人可以是独立的、自成系统的完整装置，可以随意安放和搬动，也可以具有行走机构，如沿地面上的专用轨道移动，以扩大其活动范围。各种运动形式均可设计成机座式，如图 3-5 所示。

图 3-5　机座式配置

a) 单臂回转式　b) 双臂回转式　c) 多臂回转式

4. 屈伸式配置

屈伸式机器人的臂部由大小臂组成，大小臂间有相对运动，称为屈伸臂。屈伸臂与机身间的配置形式关系到机器人的运动轨迹，可以实现平面运动，也可以作空间运动，如图 3-6 所示。

图 3-6　屈伸式配置

a) 平面屈伸式　b) 立体屈伸式

3.2.3　机器人的臂部机构

机器人的手臂由大臂、小臂或多臂组成。手臂的驱动方式主要有液压驱动、气动驱动和电动驱动几种形式，其中电动驱动形式最为通用。

1. 臂部伸缩机构

当行程小时，采用液压（气）缸直接驱动；当行程较大时，可采用液压（气）缸驱动齿条传动的倍增机构或步进电动机及伺服电动机驱动，也可用丝杠螺母或滚珠丝杠传动。为了增加手臂的刚性，防止手臂在伸缩运动时绕轴线转动或产生变形，臂部伸缩机构需设置导向装置，或设计方形、花键等形式的臂杆。

常用的导向装置有单导向杆和双导向杆等，可根据手臂的结构、抓重等因素选取。

图 3-7 所示为采用四根导向柱的臂部伸缩机构。手臂的垂直伸缩运动由液压缸 3 驱动，其特点是行程长，抓重大。工件形状不规则时，为了防止产生较大的偏重力矩，可用四根导向柱，这种结构多用于箱体加工线上。

图 3-7　四导向柱式臂部伸缩机构

1—手部　2—夹紧缸　3—液压缸　4—导向柱　5—运行架　6—行走车轮　7—轨道　8—支座

2. 臂部俯仰机构

通常采用摆动液压（气）缸驱动、铰链连杆机构传动实现手臂的俯仰，如图 3-8 所示。

图 3-8　摆动气缸驱动连杆俯仰臂部机构

1—手部　2—夹紧缸　3—升降缸　4—小臂　5、7—摆动气缸　6—大臂　8—立柱

3. 臂部回转与升降机构

臂部回转与升降机构常采用回转缸与升降缸单独驱动，适用于升降行程短而回转角度小于 360°的情况，也有用升降缸与气动马达-锥齿轮传动的机构。

3.3　机器人的腕部机构

腕部是连接机器人的小臂与末端执行器（臂部和手部）之间的结构部件，其作用是利用自身的活动度来确定手部的空间姿态，从而确定手部的作业方向。对于一般的机器人，与手部相连接的腕部都具有独驱自转的功能，若腕部能在空间取任意方位，那么与之相连的手部就可在空间取任意姿态，即达到完全灵活。

3-3　机器人的腕部机构

多数机器人将腕部结构的驱动部分安排在小臂上。腕部是臂部与手部的连接部件，起支承手部和改变手部姿态的作用。目前，RRR 型三自由度腕部应用较普遍。

3.3.1　机器人腕部的运动

机器人一般具有 6 个自由度才能使手部（末端执行器）达到目标位置和处于期望的姿态。为了使手部能处于空间任意方向，要求腕部能实现对空间 3 个坐标轴 x、y、z 的旋转运动，如图 3-9 所示。这便是腕部的 3 个运动：腕部旋转、腕部弯曲、腕部侧摆，或称为 3 个自由度。

1. 腕部旋转

腕部旋转是指腕部绕小臂轴线的转动，又叫作臂转。有些机器人限制其腕部转动角度小于 360°。另一些机器人则仅仅受到控制电缆缠绕圈数的限制，腕部可以转几圈。如图 3-10a 所示。

图 3-9　腕部的三个运动和坐标系

a) 臂转　b) 手转　c) 腕摆　d) 腕部坐标系

2. 腕部弯曲

腕部弯曲是指腕部的上下摆动，这种运动也称为俯仰，又叫作手转。如图 3-9b 所示。

3. 腕部侧摆

腕部侧摆指机器人腕部的水平摆动，又叫作腕摆。腕部的旋转和俯仰两种运动结合起来可以看成是侧摆运动，通常机器人的侧摆运动由一个单独的关节提供。如图 3-9c 所示。

腕部结构多为上述三个回转方式的组合，组合的方式可以有多种形式，常用的腕部组合的方式有臂转-腕摆-手转结构、臂转-双腕摆-手转结构等，如图 3-10 所示。

a)   b)

图 3-10 腕部的组合方式

a) 臂转-腕摆-手转结构   b) 臂转-双腕摆-手转结构

3.3.2 机器人的柔顺腕部

一般来说，在用机器人进行精密装配作业中，当被装配零件不一致，工件的定位夹具、机器人的定位精度不能满足装配要求时，会导致装配困难。这就提出了装配动作的柔顺性要求。柔顺装配技术有两种，包括主动柔顺装配和被动柔顺装配。

1. 主动柔顺装配

从检测、控制的角度，采取各种不同的搜索方法，可以实现边校正边装配。如在手爪上装有视觉传感器、力传感器等检测元件，这种柔顺装配称为"主动柔顺装配"。主动柔顺腕部需装配一定功能的传感器，价格较贵；另外，由于反馈控制响应能力的限制，装配速度较慢。

2. 被动柔顺装配

从机械结构的角度在腕部配置一个柔顺环节，以满足柔顺装配的需要。这种柔顺装配技术称为"被动柔顺装配"（RCC）。被动柔顺腕部结构比较简单，价格比较便宜，装配速度较快。相比主动柔顺装配技术，它要求装配件要有倾角，允许的校正补偿量受到倾角的限制，轴孔间隙不能太小。采用被动柔顺装配技术的机器人腕部称为机器人的柔顺腕部。如图 3-11 所示。

（1）柔顺腕部的构成

在柔顺腕部中，图 3-11a 是一个具有水平和摆动浮动机构的柔顺腕部。水平浮动机构由平面、钢球和弹簧构成，实现在两个方向上进行浮动；摆动浮动机构由上、下浮动件和弹簧构成，实现两个方向的摆动。

（2）柔顺腕部的原理

在装配作业中如遇夹具定位不准或机器人手爪定位不准时可自行校正。其动作过程如图 3-11b 所示，在插入装配中，工件局部被卡住时，将会受到阻力，促使柔顺腕部起作用，使手爪有一个微小的修正量，工件便能顺利地插入。

图 3-11　柔顺腕部

a) 结构　b) 动作过程

1—机械手　2—上浮动件　3—下浮动件　4—钢球　5—中空固定件　6—螺钉　7、8—弹簧　9—工件

3.4　机器人的手部机构

人类的手是最灵活的肢体部分，能完成各种各样的动作和任务。同样，机器人的手部是完成抓握工件或执行特定作业的重要部件，也需要有多种结构。

3-4　机器人的手部机构

机器人的手部也叫作末端执行器，它是装在机器人腕部上，直接抓握工件或执行作业的部件。人的手有两种定义：一种是医学上把包括上臂、腕部在内的整体叫手；另一种是把手掌和手指部分叫手。机器人的手部接近于后一种定义。

机器人的手部是最重要的执行机构，从功能和形态上看，它可分为工业机器人的手部和仿人机器人的手部。目前，前者应用较多，也比较成熟。工业机器人的手部是用来握持工件或工具的部件。由于被握持工件的形状、尺寸、重量、材质及表面状态的不同，手部结构是多种多样的。大部分的手部结构都是根据特定的工件要求而专门设计的。

3.4.1　机器人手部的特点

机器人手部是一个独立的部件。假如把腕部归属于手臂，那么机器人机械系统的三大件就是机身、手臂和手部。

手部对于整个工业机器人来说是完成作业好坏以及作业柔性好坏的关键部件之一，具有

复杂感知能力的智能化手爪的出现增加了工业机器人作业的灵活性和可靠性。

（1）手部与腕部相连处可拆卸

手部与腕部有机械接口，也可能有电、气、液接头。工业机器人作业对象不同时，可以方便地拆卸和更换手部。

（2）手部是机器人末端执行器

它可以像人手那样具有手指，也可以不具备手指；可以是类人的手爪，也可以是进行专业作业的工具，比如装在机器人腕部上的喷漆枪、焊接工具等。

（3）手部的通用性比较差

机器人手部通常是专用的装置，例如，一种手爪往往只能抓握一种或几种在形状、尺寸、重量等方面相近似的工件；一种工具只能执行一种作业任务。

3.4.2 机器人手部的分类

1. 按手部的用途分类

手部按其用途划分，可以分为手爪和工具两类。

（1）手爪

手爪具有一定的通用性，它的主要功能是抓住工件、握持工件、释放工件。

抓住：在给定的目标位置和期望姿态上抓住工件，工件在手爪内必须具有可靠的定位，保持工件与手爪之间准确的相对位姿，并保证机器人后续作业的准确性。

握持：确保工件在搬运过程中或零件在装配过程中定义了的位置和姿态的准确性。

释放：在指定点上除去手爪和工件之间的约束关系。

如图 3-12 所示，手爪在夹持圆柱工件时，尽管夹紧力足够大，在工件和手爪接触面上有足够的摩擦力来支承工件重量，但是从运动学观点来看其约束条件不够，不能保证工件在手爪上的准确定位。

（2）工具

工具是进行某种作业的专用工具，如喷漆枪、焊具等，如图 3-13 所示。

图 3-12　平面钳爪夹持圆柱工件　　　　　图 3-13　专用工具

2. 按手部的抓握原理分类

手部按其抓握原理可分为夹持类手部和吸附类手部两类。

　　（1）夹持类手部

　　夹持类手部通常又叫作机械手爪，有靠摩擦力夹持和吊钩承重两种，前者是有指手爪，后者是无指手爪。产生夹紧力的驱动源可以有气动、液动、电动和电磁四种。

　　（2）吸附类手部

　　吸附类手部有磁力类手爪和真空类手爪两种。磁力类手爪主要是磁力吸盘，有电磁吸盘和永磁吸盘两种。真空类手爪主要是真空式吸盘，根据形成真空的原理可分为真空吸盘、气流负压吸盘和挤气负压吸盘三种。磁力类手爪及真空类手爪都是无指手爪。吸附式手部适应于大平面（单面接触无法抓取）、易碎（玻璃、磁盘、晶圆）、微小（不易抓取）的物体，因此使用面也比较大。

3．按手部的手指或吸盘数目分类

　　按手指数目可分为二指手爪及多指手爪。按手指关节可分为单关节手指手爪及多关节手指手爪。吸盘式手爪按吸盘数目可分为单吸盘式手爪及多吸盘式手爪。

　　如图 3-14 所示为一种三指手爪的外形图，每个手指是独立驱动的。这种三指手爪与二指手爪相比可以抓取类似立方体、圆柱体及球体等形状的物体。如图 3-15 所示为一种多关节柔性手指手爪，它的每个手指具有若干个被动式关节，每个关节不是独立驱动的。在拉紧夹紧钢丝绳后柔性手指环抱住物体，因此这种柔性手指手爪对物体形状有一定适应性。但是，这种柔性手指并不同于各个关节独立驱动的多关节手指。

放松钢丝绳
夹紧钢丝绳

图 3-14　三指手爪　　　　　　　　图 3-15　多关节柔性手指手爪

4．按手部的智能化分类

　　按手部的智能化划分，可以分为普通式手爪和智能化手爪两类。普通式手爪不具备传感器。智能化手爪具备一种或多种传感器，如力传感器、触觉传感器及滑觉传感器等，手爪与传感器集成成为智能化手爪。

3.4.3　机器人的夹持类手部

　　夹持类手部除常用的夹钳式外，还有钩托式和弹簧式。此类手部按其手指夹持工件时的运动方式不同，又可分为手指回转型和指面平移型。

1. 夹钳式手部

夹钳式是工业机器人最常用的一种手部形式。夹钳式一般由手指、驱动装置、传动机构、支架等组成，如图3-16所示。

图3-16 夹钳式手部的组成

1—手指 2—传动机构 3—驱动装置 4—支架 5—工件

手指是直接与工件接触的构件。手部松开和夹紧工件，就是通过手指的张开和闭合来实现的。一般情况下，机器人的手部只有两个手指，少数有三个或多个手指。它们的结构形式常取决于被夹持工件的形状和特性。指端的形状分为 V 形指、平面指、尖指和特形指，如图3-17所示。

图3-17 夹钳式手部的手指

a) V形指 b) 平面指 c) 尖指 d) 特形指

根据工件形状、大小及被夹持部位材质的软硬、表面性质等的不同，手指的指面有光滑指面、齿型指面和柔性指面三种形式。对于夹钳式手部，其手指材料可选用一般碳素钢和合金结构钢。为使手指经久耐用，指面可镶嵌硬质合金；高温作业的手指，可选用耐热钢；在腐蚀性气体环境下工作的手指，可镀铬或进行搪瓷处理，也可选用耐腐蚀的玻璃钢或聚四氟乙烯。

夹钳式手部的爪钳是与工件直接接触的部分，它们的形状和材料对夹紧力有很大影响。夹紧工件的接触点越多，所要求的夹紧力越小，对夹持工件来说显得更安全。图 3-18 所示是表面具有 V 形爪钳的手爪，其有四条折线与工件相接触，形成力为封闭形式的夹持状态，比平面爪钳夹持安全可靠很多。

图 3-18　V 形爪钳

2．钩托式手部

钩托式手部主要特征是不靠夹紧力来夹持工件，而是利用手指对工件钩、托、捧等动作来托持工件。应用钩托方式可降低驱动力的要求，简化手部结构，甚至可以省略手部驱动装置。它适用于在水平面内和垂直面内做低速移动的搬运工作，尤其对大型笨重的工件或结构粗大而质量较轻且易变形的工件更为有利。钩托式手部可分为无驱动装置型和有驱动装置型。

（1）无驱动装置型

无驱动装置型的钩托式手部，手指动作通过传动机构，借助臂部的运动来实现，手部无单独的驱动装置。图 3-19a 为一种无驱动型，手部在臂的带动下向下移动，当手部下降到一定位置时齿条 1 下端碰到撞块，臂部继续下移，齿条便带动齿轮 2 旋转，手指 3 即进入工件钩托部位。手指托持工件时，销 4 在弹簧力作用下插入齿条缺口，保持手指的钩托状态并可使手臂携带工件离开原始位置。在完成钩托任务后，由电磁铁将销向外拔出，手指又呈自由状态，可继续下一个工作循环程序。

图 3-19　钩托式手部

a) 无驱动装置　b) 有驱动装置

1—齿条　2—齿轮　3—手指　4—销　5—液压缸　6、7—杠杆手指

（2）有驱动装置型

图 3-19b 为一种有驱动装置型的钩托式手部。其工作原理是依靠机构内力来平衡工件重

力而保持托持状态。驱动液压缸 5 以较小的力驱动杠杆手指 6 和 7 回转，使手指闭合至托持工件的位置。手指与工件的接触点均在其回转支点 O_1、O_2 的外侧，因此在手指托持工件后工件本身的重量不会使手指自行松脱。

3．弹簧式手部

弹簧式手部靠弹簧力的作用将工件夹紧，手部不需要专用的驱动装置，结构简单。它的使用特点是工件进入手指和从手指中取下工件都是强制进行的。由于弹簧力有限，故只适用于夹持轻小工件。

如图 3-20 所示为一种结构简单的簧片手指弹性手爪。手臂带动夹钳向坯料推进时，弹簧片 3 由于受到压力而自动张开，于是工件进入钳内，受弹簧作用而自动夹紧。当机器人将工件传送到指定位置后，手指不会将工件松开，必须先将工件固定后，手部后退，强迫手指撑开后留下工件。这种手部只适用于定心精度要求不高的场合。

图 3-20 弹簧式手部

1—工件 2—套筒 3—弹簧片 4—扭簧 5—销钉 6—螺母 7—螺钉

3.4.4 机器人的吸附式手部

吸附式手部靠吸附力取料。根据吸附力的不同有气吸附和磁吸附两种。吸附式手部适用于大平面（单面接触无法抓取）、易碎（玻璃、磁盘）、微小（不易抓取）的物体，因此适用面也较大。

1．气吸式手部

气吸式手部是工业机器人常用的一种吸持工件的装置。它由吸盘（一个或几个）、吸盘架及进排气系统组成。

气吸式手部具有结构简单、重量轻、使用方便可靠等优点，主要用于搬运体积大，重量轻的零件，如冰箱壳体、汽车壳体等；也广泛用于需要小心搬运的物件，如显像管、平板玻璃等；以及非金属材料，如板材、纸张等；或材料的吸附搬运。

气吸式手部的另一个特点是对工件表面没有损伤，且对被吸持工件预定的位置精度要求不高；但要求工件上与吸盘接触部位光滑平整、清洁，被吸工件材质致密，没有透气空隙。

气吸式手部是利用吸盘内的压力与大气压之间的压力差工作的。按形成压力差的方法，可分为真空气吸、气流负压气吸、挤压排气气吸三种。

（1）真空气吸附手部

吸盘吸力在理论上决定于吸盘与工件表面的接触面积和吸盘内、外压差，但实际上其与工件表面状态有十分密切的关系，工件表面状态影响负压的泄漏。采用真空泵能保证吸盘内持续产生负压，所以这种吸盘比其他形式吸盘的吸力大。

如图 3-21 所示为真空气吸附手部结构。真空的产生是利用真空系，真空度较高，主要零件为橡胶吸盘 1，通过固定环 2 安装在支承杆 4 上，支承杆由螺母 6 固定在基板 5 上。取料时，橡胶吸盘与物体表面接触，橡胶吸盘的边缘起密封和缓冲作用，然后真空抽气，吸盘内腔形成真空，进行吸附取料。放料时，管路接通大气，失去真空，物体放下。为了避免在取放料时产生撞击，有的还在支承杆上配有弹簧缓冲；为了更好地适应物体吸附面的倾斜状况，有的在橡胶吸盘背面设计有球铰链。

图 3-21　真空气吸附手部

1—橡胶吸盘　2—固定环　3—垫片　4—支承杆　5—基板　6—螺母

（2）气流负压气吸附手部

图 3-22 为气流负压吸附手部，压缩空气进入喷嘴后，利用伯努利效应使橡胶皮腕内产生负压。当需要取物时，压缩空气高速流经喷嘴 5 时，其出口处的气压低于吸盘腔内的气压，于是，腔内的气体被高速气流带走而形成负压，完成取物动作。当需要释放时，切断压缩空气即可。气流负压吸附手部需要压缩空气，工厂一般都有空压机站或空压机，比较容易获得空压机气源，不需要专为机器人配置真空泵，所以气流负压吸盘在工厂内使用方便，成本较低。

（3）挤压排气气吸附手部

图 3-23 为挤压排气式手部结构。其工作原理为：取料时手部先向下，吸盘压向工件 5，橡胶吸盘 4 形变，将吸盘内的空气挤出；之后，手部向上提升，压力去除，橡胶吸盘恢复弹性形变使吸盘内腔形成负压，将工件牢牢吸住，机械手即可进行工件搬运。到达目标位置后要释放工件时，用碰撞力 F_P 或电磁力使压盖 2 动作，使吸盘腔与大气连通而失去负压，破坏吸盘腔内的负压，释放工件。

挤压排气式手部结构简单，既不需要真空泵系统也不需要压缩空气气源，比较经济方便。但要防止漏气，不宜长期停顿，可靠性比真空吸盘和气流负压吸盘差。挤气负压吸盘的吸力计算是在假设吸盘与工件表面气密性良好的情况下进行的，利用热力学定律和静力平衡公式计算内腔最大负压和最大极限吸力。对市场供应的三种型号耐油橡胶吸盘进行吸力理论计算及实测的结果表明，理论计算误差主要由假定工件表面为理想状况所造成。实验表明，在工件表面清洁度、平滑度较好的情况下牢固吸附时间可达到 30s，能满足一般工业机器人工作循环时间的要求。

图 3-22　气流负压气吸附手部

1—橡胶吸盘　2—心套　3—通气螺钉　4—支承杆

5—喷嘴　6—喷嘴套

图 3-23　挤压排气气吸附手部

1—吸盘架　2—压盖　3—密封垫　4—橡胶吸盘　5—工件

（4）真空吸盘的新设计

1）自适应吸盘。如图 3-24 所示的自适应吸盘具有一个球关节，使吸盘能倾斜自如，适应工件表面倾角的变化，这种自适应吸盘在实际应用中获得了良好的效果。

2）异形吸盘。图 3-25 为异形吸盘中的一种。通常吸盘只能吸附一般的平整工件，而该异形吸盘可用来吸附鸡蛋、锥颈瓶等物件，扩大了真空吸盘在工业机器人上的应用。

真空

球关节

吸盘

图 3-24　自适应吸盘

图 3-25　异形吸盘

2. 磁吸式手部

磁吸式手部是利用永久磁铁或电磁铁通电后产生的磁力来吸附材料工件的，应用较广。磁吸式手部不会破坏被吸件表面质量。

（1）磁吸式手部的特点

磁吸式手部比气吸式手部优越的方面是：有较大的单位面积吸力，对工件表面粗糙度及通孔、沟槽等无特殊要求。磁吸式手部的不足之处是：被吸工件存在剩磁，吸附头上常吸附磁性屑（如铁屑等），影响正常工作。因此对那些不允许有剩磁的零件要禁止使用，如钟表零件及仪表零件，不能选用磁力吸盘，可用真空吸盘。电磁吸盘只能吸住铁磁材料制成的工件，如钢铁等黑色金属工件，吸不住有色金属和非金属材料的工件。对钢、铁等材料制品，温度超过 723℃就会失去磁性，故在高温下无法使用磁吸式手部。磁力吸盘要求工件表面清洁、平整、干燥，以保证可靠地吸附。

（2）磁吸式手部的原理

磁吸式手部按磁力来源可分为永久磁铁手部和电磁铁手部。电磁铁手部由于供电不同又可分为交流电磁铁和直流电磁铁手部。

如图 3-26 所示的是电磁铁手部的结构示意图。在线圈通电的瞬时，由于空气间隙的存在，磁阻很大，线圈的电感和启动电流很大，这时产生磁性吸力将工件吸住，一旦断电，磁吸力消失，工件松开。若采用永久磁铁作为吸盘，则必须强迫性地取下工件。

磁力吸盘的计算主要是电磁吸盘中电磁铁吸力的计算以及铁心截面积、线圈导线直径和线圈匝数等参数的设计。要根据实际应用环境选择工作情况系数和安全系数。

图 3-26　电磁铁手部结构

1—电磁吸盘　2—防尘盖　3—线圈　4—外壳体

3.4.5　仿人手机器人手部

目前，大部分工业机器人的手部只有两个手指，而且手指上一般没有关节。因此取料不能适应物体外形的变化，不能使物体表面承受比较均匀的夹持力，因此无法满足对复杂形状、不同材质的物体实施夹持和操作。

为了提高机器人手部和腕部的操作能力、灵活性和快速反应能力，使机器人能像人手一样进行各种复杂的作业，如装配作业、维修作业、设备操作等，就必须有一个运动灵活、动作多样的灵巧手，即仿人手机器人手部。

1. 柔性手

柔性手可对不同外形物体实施抓取，并使物体表面受力比较均匀。

如图 3-27 所示为多关节柔性手，图 3-27a 为其外观结构，每个手指由多个关节串接而成。图 3-27b 为其手指传动原理，手指传动部分由牵引钢丝绳及摩擦滚轮组成，每个手指由两根钢丝绳牵引，一侧为握紧，一侧为放松。这样的结构可抓取凹凸外形并使物体受力较为均匀。

图 3-27 多关节柔性手

a) 柔性手外观结构 b) 手指传动原理

2. 多指灵活手

机器人手部和腕部最完美的形式是模仿人手的多指灵活手。多指灵活手由多个手指组成，每一个手指有三个回转关节，每一个关节自由度都是独立控制的，这样各种复杂动作都能模仿。如图 3-28 所示的是三指灵活手和四指灵活手。

图 3-28 多指灵活手

a) 三指灵活手示意图 b) 四指灵活手示意图

3.5 机器人的行走机构

行走机构是行走机器人的重要执行部件，它由驱动装置、传动机构、位置检测元件、传感器、电缆及管路等组成。它一方面支承机器人的机身、臂部和手部，另一方面还根据工作任务的要求，带动机器人实现在更广阔的空间内运动。

3-5 机器人的行走机构

一般而言，行走机器人的行走机构主要有车轮式行走机构、履带式行走机构、足式行走机构，此外，还有步进式行走机构、蠕动式行走机构、混合式行走机构和蛇行式行走机构等，以适应各种特殊的场合。下面主要介绍车轮式行走机构、履带式行走机构和足式行走机构，及其有代表性的典型机构。

3.5.1　机器人行走机构的特点

行走机构按其行走移动轨迹可分为固定轨迹式和无固定轨迹式。固定轨迹式行走机构主要用于工业机器人。无固定轨迹式按行走机构的特点可分为步行式、轮式和履带式。在行走过程中，步行式为间断接触，轮式和履带式与地面为连续接触；前者为类人（或动物）的腿脚式，后两者的形态为运行车式。运行车式行走机构用得比较多，多用于野外作业，比较成熟。步行式行走机构正在发展和完善中。

1. 固定轨迹可移动机器人

该机器人机身底座安装在一个可移动的拖板座上，靠丝杠螺母驱动，整个机器人沿丝杠纵向移动。这类机器人除了采用这种直线驱动方式外，有时也采用类似起重机梁行走方式等。这种可移动机器人主要用在作业区域大的场合，比如大型设备装配，立体化仓库中的材料搬运、材料堆垛和储运及大面积喷涂等。

2. 无固定轨迹式行走机器人

工厂对机器人行走性能的基本要求是机器人能够从一台机器旁边移动到另一台机器旁边，或者在一个需要焊接、喷涂或加工的物体周围移动。这样，就不用再把工件送到机器人面前。这种行走性能也使机器人能更加灵活地从事更多的工作。在一项任务不忙的时候，它还能够去干另一项工作，就好像真正的工人一样。要使机器人能够在被加工物体周围移动或者从一个工作地点移动到另一个工作地点，首先需要机器人能够面对一个物体自行重新定位。同时，行走机器人应能够绕过其运行轨道上的障碍物。计算机视觉系统是提供上述能力的方法之一。

运载机器人的行走车辆必须能够支承机器人的重量。当机器人四处行走对物体进行加工的时候，移动车辆还需具有保持稳定的能力。这就意味着机器人本身既要平衡可能出现的不稳定力或力矩，又要有足够的强度和刚度，以承受可能施加于其上的力和力矩。为了满足这些要求。可以采用以下两种方法：一是增加机器人移动车辆的重量和刚性；二是进行实时计算和施加所需要的平衡力。由于前一种方法容易实现，所以它是目前改善机器人行走性能的常用方法。

3.5.2　车轮式行走机构

车轮式行走机器人是机器人中应用最多的一种，在相对平坦的地面上，用车轮移动方式行走是相当优越的。

1. 车轮的形式

车轮的形状或结构形式取决于地面的性质和车辆的承载能力。在轨道上运行的多采用实心钢轮，室外路面行驶多采用充气轮胎，室内平坦地面上的可采用实心轮胎。

如图 3-29 所示的是不同地面上采用的不同车轮形式。图 3-29a 的充气球轮适合于沙丘地形；图 3-29b 的半球形轮是为火星表面而开发的；图 3-29c 的传统车轮适合于平坦的坚硬路面；图 3-29d 为车轮的一种变形，称为无缘轮，用来爬越阶梯，以及在水田中行驶。

图 3-29 不同车轮形式

a) 充气球轮 b) 半球形轮 c) 传统车轮 d) 无缘轮

如图 3-30 所示的是中国登月工程中月球车"玉兔"的图片，其车轮是镂空金属带轮，镂空是为了减少扬尘。因为在月面环境影响下，"玉兔"行驶时很容易打滑，月壤细粒会大量扬起飘浮，进而对巡视器等敏感部件产生影响，引起机械结构卡死、密封机构失效、光学系统灵敏度下降等故障。为应付"月尘"困扰，"玉兔"轮子的辐条采用钛合金，筛网用金属丝编制，在保持高强度和抓地力的同时，减轻了轮子的重量，轮子是镂空的，同时还能起到减少扬尘的作用。轮子上还有二十几个抓地爪露在外面。

图 3-30 "玉兔"月球车车轮

2. 车轮的配置和转向机构

车轮行走机构依据车轮的多少分为一轮、二轮、三轮、四轮以及多轮机构。一轮和二轮行走机构在实现上的主要障碍是稳定性问题，实际应用的车轮式行走机构多为三轮和四轮。

（1）一般三轮行走机构

三轮行走机构具有一定的稳定性，代表性的车轮配置方式是一个前轮，两个后轮，如图 3-31 所示，图 3-31a 是两个后轮独立驱动，前轮仅起支承作用，靠后轮的转速差实现转向；图 3-31b 则是采用前轮驱动，前轮转向的方式；图 3-31c 为利用两后轮差动减速器驱动，前轮转向的方式。

（2）轮组三轮行走机构

如图 3-32 所示的是具有三组轮子的轮组三轮行走机构。三组轮子呈等边三角形分布在机器人的下部，每组轮子由若干个滚轮组成。这些轮子能够在驱动电动机的带动下自由地转动，使机器人移动。驱动电动机控制系统既可以同时驱动三组轮子，也可以分别驱动其中两组轮子，这样，机器人就能够在任何方向上移动。该机器人的行走机构设计得非常灵活，它不但可以在工厂地面上运动，而且能够沿小路行驶。这种轮系存在的问题是稳定性不够，容易倾倒，而且运动稳定性随着负载轮子的相对位置不同而变化；在轮子与地面的接触点从一个滚轮移到另一个滚轮上的时候，还会出现颠簸。

图 3-31　三轮行走机构

a) 两后轮独立驱动　b) 前轮驱动和转向　c) 后轮差动、前轮转向

图 3-32　三组轮子的轮组三轮行走机构

为了改进该机器人的稳定性，重新设计的三轮机器人是使用长度不同的两种滚轮，长滚轮呈锥形，固定在短滚轮的凹槽里，这样可大大减小滚轮之间的间隙，减小了轮子的厚度，提高了机器人的稳定性。此外，滚轮上还附加了软橡皮，具有足够的变形能力，可使滚轮的接触点在相互替换时不发生颠簸。

（3）四轮行走机构

四轮行走机构的应用最为广泛，四轮机构可采用不同的方式实现驱动和转向，如图 3-33 所示。图 3-33a 为后轮分散驱动；图 3-33b 为用连杆机构实现四轮同步转向机构，当前轮转向时，通过四连杆机构使后轮得到相应的偏转。这种车辆相比仅有前轮转向的车辆可实现更小的转向回转半径。

图 3-33　四轮行走机构

a) 后轮分散驱动　b) 四轮同步转向

具有四组轮子的轮系其运动稳定性有很大提高。但是，要保证四组轮子同时和地面接触，必须使用特殊的轮系悬挂系统。它需要四个驱动电动机，控制系统也比较复杂，造价也较高。

3. 越障轮式机构

普通车轮行走机构对崎岖不平的地面适应性很差，为了提高轮式车辆的地面适应能力，设计了越障轮式机构。这种行走机构往往是多轮式行走机构。

（1）三小轮式车轮机构

图 3-34 是三小轮式车轮机构示意图。当①～④小车轮自转时，用于正常行走；当⑤、⑥车轮公转时，用于上台阶，⑦是支臂撑起负载的时候。

图 3-34　三小轮式车轮机构

（2）多节车轮式结构

多节车轮式结构是由多个车轮用轴关节或伸缩关节连在一起形成的轮式行走结构。这种多轮式行走机构非常适合于行驶在崎岖不平的道路上，对于攀爬台阶，也非常有效。图 3-35 为这种行走机构的组成原理图。

图 3-35　多节车轮式行走机构组成原理图

（3）摇臂车轮式结构

摇臂车轮式结构的行走机构，更有利于在未知的地况下行走，如图 3-36 所示的是"玉兔"月球车，它是由 6 个独立的摇臂作为每个车轮的支撑，每个车轮可以独立驱动、独立旋转、独立伸缩。"玉兔"月球车可以凭借 6 个轮子实现前进、后退、原地转向、行进间转向、20°爬坡、20cm 越障等。六轮摇臂车轮式行走结构，可使它们同时适应不同高度，保持 6 个轮子同时着地，是一个真正的"爬行高手"。

图 3-36　"玉兔"月球车

3.5.3　履带式行走机构

履带式行走机构适合在未经建造的天然路面行走，它是轮式行走机构的拓展，履带本身起着给车轮连续铺路的作用。

1．履带行走机构的构成

（1）履带行走机构的组成

履带行走机构由履带、驱动链轮、支承轮、托带轮和张紧轮组成。如图 3-37 所示。

图 3-37　履带行走机构

（2）履带行走机构的形状

履带行走机构的形状有很多种，主要是一字形、倒梯形等，如图 3-38 所示。图 3-38a为一字形，驱动轮及张紧轮兼作支承轮，增大支承地面面积，改善了稳定性，此时驱动轮和导向轮只略微高于地面。图 3-38b 为倒梯形，不作支承轮的驱动轮与张紧轮装得高于地面，链条引入引出时角度达 50°，其好处是适合穿越障碍，另外，因为减少了泥土夹入引起的磨损和失效，可以提高驱动轮和张紧轮的寿命。

图 3-38　履带行走机构的形状

a）一字形　b）倒梯形

2. 履带行走机构的特点

（1）履带行走机构的优点

1）支承面积大，接地比压小，适合在松软或泥泞场地进行作业，下陷度小，滚动阻力小。

2）越野机动性好，可以在有些凹凸的地面上行走，可以跨越障碍物，能爬梯度不太高的台阶，爬坡、越沟等性能均优于轮式行走机构。

3）履带支承面上有履齿，不易打滑，牵引附着性能好，有利于发挥较大的牵引力。

（2）履带行走机构的缺点

1）由于没有自定位轮，没有转向机构，只能靠左右两个履带的速度差实现转弯，所以在横向和前进方向都会产生滑动。

2）转弯阻力大，不能准确地确定回转半径。

3）结构复杂，重量大，运动惯性大，减振功能差，零件易损坏。

3. 履带行走机构的变形

（1）形状可变履带行走机构

如图 3-39 所示为形状可变履带行走机构。随着主臂杆和曲柄的摇摆，整个履带可以随意变成各种类型的三角形形态，即其履带形状可以为适应台阶而改变，这样会比普通履带机构的动作更为自如，从而使机器人的机体能够任意进行上下楼梯和越过障碍物的行走，如图 3-40 所示。

图 3-39　形状可变履带行走机构

图 3-40　形状可变履带行走机构的上下楼梯

1—驱动轮　2—履带架　3—导向轮　4—主臂杆　5—曲柄
6—行星轮　7—履带　8—摄像机　9—机体

（2）位置可变履带行走机构

如图 3-41 所示为位置可变履带行走机构。随着主臂杆和曲柄的摇摆，4 个履带可以随意变成朝前和朝后的多种位置组合形态，从而使机器人的机体能够进行上下楼梯、越过障碍物甚至是跨越横沟的行走，如图 3-42 所示。如图 3-43 所示为位置可变履带行走机构的其他实例。

图 3-41　位置可变履带行走机构

a)　　　　　　　　　　　　　　b)

图 3-42　位置可变履带行走机构的上下楼梯和跨越横沟

a) 上下楼梯　b) 跨越横沟

图 3-43　位置可变履带行走机构的其他实例

（3）装有转向机构的履带行走机构

如图 3-44 所示为装有转向机构的履带式机器人。它可以转向，可以上下台阶。如图 3-45 所示为双重履带式可转向行走机构机器人，其行走机构的主体前后装有转向器，并装有使转向器绕图中的 A—A'轴旋转的提起机构，这使得机器人上下台阶非常顺利，能得到诸如用折叠方式向高处伸臂，在斜面上保持主体水平等各种各样的姿势。

图 3-44 装有转向机构的履带式机器人

图 3-45 双重履带式可转向行走机构机器人

3.5.4 足式行走机构

车轮式行走机构只有在平坦坚硬的地面上行驶才有理想的运动特性。如果地面凸凹程度和车轮直径相当或地面很软，则它的运动阻力将大大增加。履带式行走机构虽然可在高低不平的地面上运动，但它的适应性不够，行走时晃动太大，在软地面上行驶运动效率低。根据调查，地球上近一半的地面不适合传统的轮式或履带式车辆行走。但是一般多足动物却能在这些地方行动自如，显然足式与轮式和履带式行走方式相比具有独特的优势。

1. 足式行走特点

（1）足式行走的优点

足式行走对崎岖路面具有很好的适应能力，足式运动方式的立足点是离散的点，可以在可能到达的地面上选择最优的支撑点，而轮式和履带行走工具必须面临最差的地形上的几乎所有点；足式行走机构有很大的适应性，尤其在有障碍物的通道（如管道、台阶或楼梯）或很难接近的工作场地更有优越性。足式运动方式还具有主动隔振能力，尽管地面高低不平，机身的运动仍然可以相当平稳；足式行走在不平地面和松软地面上的运动速度较高，能耗较少。

（2）足的数目

现有的步行机器人的足数分别为单足、双足、三足、四足、六足、八足甚至更多。足的数目多，适合于重载和慢速运动。双足和四足具有最好的适应性和灵活性，也最接近人类和动物。

图 3-46 显示了单足、双足、三足、四足和六足行走结构。不同足数对行走能力的评价如表 3-1 所示。

图 3-46　足式行走机构

a) 单足跳跃机器人 b) 双足机器人 c) 三足机器人 d) 四足机器人 e) 六足机器人

表 3-1　不同足数对行走能力的评价

评价指标 ＼ 足数	1	2	3	4	5	6	7	8
保持稳定姿态的能力	无	无	好	最好	最好	最好	最好	最好
静态稳定行走的能力	无	无	无	好	最好	最好	最好	最好
高速静态稳定行走能力	无	无	无	有	好	最好	最好	最好
动态稳定行走的能力	有	有	最好	最好	最好	好	好	好
用自由度数衡量的结构简单性	最好	最好	好	好	好	有	有	有

2．足式行走机构的平衡和稳定性

（1）静态稳定的多足机构

机器人机身的稳定通过足够数量的足支承来保证。在行走过程中，机身重心的垂直投影始终落在支承足着落地点垂直投影所形成的凸多边形内。这样，即使在运动中的某一瞬时将运动"凝固"，机体也不会有倾覆的危险。这类行走机构的速度较慢，它的步态为爬行或步行。

四足机器人在静止状态是稳定的，在步行时，当一只脚抬起，另三只脚支承自重时，必须移动身体，让重心落在三只脚接地点所组成的三角形内。六足、八足步行机器人由于行走时可保证至少有三足同时支承机体，在行走时更容易得到稳定的重心位置。

（2）动态稳定的多足机构

动态稳定的典型例子是踩高跷。高跷与地面只是单点接触，两根高跷在地面不动时站稳是非常困难的，要想原地停留，必须不断踏步，不能总是保持步行中的某种瞬间姿态。

在动态稳定中，机体重心有时不在支承图形中，利用这种重心超出面积外而向前产生倾倒的分力作为行走的动力，并不停地调整平衡点以保证不会跌倒。这类机构一般运动速度较快，消耗能量小。其步态可以是小跑和跳跃。

双足行走和单足行走有效地利用了惯性力和重力，利用重力使身体向前倾倒来向前运动。这就要求机器人控制器必须不断地将机器人的平衡状态反馈回来，通过不停地改变加速度或者重心的位置来满足平衡或定位的要求。

3．典型的足式行走机构

（1）两足步行式机器人

两足步行式机器人具有最好的适应性，也最接近人类，故也称之为类人双足行走机器人。类人双足行走机构是多自由度的控制系统，是现代控制理论很好的应用对象。这种机构除结构简单外，在保证静、动行走性能及稳定性和高速运动等方面都是最困难的。

如图 3-47 所示的两足步行式机器人行走机构是一空间连杆机构。在行走过程中，行走机构始终满足静力学的静平衡条件，也就是机器人的重心始终落在接触地面的一只脚上。

图3-47　两足步行式机器人行走机构原理图

（2）四足、六足步行式机器人

这类步行式机器人是模仿动物行走的机器人。四足步行式机器人除了关节式外，还有缩放式步行机构。如图 3-48 所示为四足缩放式步行机器人在平地上行走的初始姿态，通常使机体与支承面平行。四足对称姿态比两足步行容易保持运动过程中的稳定，控制也容易些，其运动过程是一只腿抬起，三腿支承机体向前移动。如图 3-49 所示为六足缩放式步行机构原理，每条腿有三个转动关节。行走时，三条腿为一组，足端以相同位移移动，两组相差一定时间间隔进行移动，可以实现 XY 平面内任意方向的行走和原地转动。

图 3-48　四足缩放式腿步行机器人的平面几何模型

图 3-49　六足缩放式步行机构

练习与思考

1．机器人的机械结构系统有哪些组成部分？各部分是如何连接的？
2．介绍机器人的升降回转型机身机构的特点，说明它是如何工作的。
3．机器人的俯仰型机身机构是如何工作的？
4．介绍机器人的直移型、类人型机身机构的特点。
5．机器人的臂部机构组成有哪些？其运动有哪几类？
6．机器人的臂部机构配置有哪几类？各有何种特点？
7．机器人的臂部机构有哪几类？各有何种特点？
8．机器人腕部机构的转动方式有哪几种？
9．解释一下机器人的柔顺腕部的作用机理。
10．介绍一下机器人的手部机构的特点，机器人手部有哪些种类？
11．机器人手部按照握持原理分为哪几类？
12．夹持类手部有哪几类？夹钳式手部由哪几个部分组成？
13．夹钳式手部的手指指端形状有哪几种？各有什么优势与特点？
14．夹钳式手部的手指材料有哪几种？各有什么优势和特点？
15．钩托式手部的主要特征是什么？与其他手部相比有什么好处？
16．弹簧式手部原理是什么？
17．吸附类手部有哪几类？为什么要用吸附类手部？
18．气吸式手部有哪几类？各依靠什么原理？
19．磁吸式手部有哪几类？各有什么优缺点？
20．气吸式与磁吸式手部各有什么优缺点？
21．仿人手机器人手部有哪几类？

22. 机器人行走机构有哪些部分组成？主要作用有哪些？

23. 机器人行走机构有哪几类？各有什么特点？

24. 车轮式行走机构有几种轮型？取决于哪些因素？

25. 车轮式行走机构的配置与转向机构有哪几种？

26. 越障轮式机构有哪几种？如何实现上下楼梯？

27. 履带式行走机构有哪些部分组成？形状有几种？

28. 履带式行走机构有哪些特点？其变形种类有几种？

29. 越障履带式机构有哪几种？如何实现上下楼梯？

30. 履带式行走机构有什么优点和缺点？

31. 足式行走机构有什么优点和缺点？

32. 足式步行机器人中足的数目有哪些种类？足的配置有哪些种类？

33. 从稳定性和高速行走能力上看，应该首选哪种类型的足？

34. 典型两足式步行机器人需要多少个自由度？

第4章 机器人的驱动系统

【内容提要】

本章主要讲述的是机器人的驱动系统。介绍了机器人的转动关节与移动关节、直线驱动与旋转驱动、直接驱动与间接驱动、电动机驱动与气液驱动，回转传动机构、直线传动机构、带传动机构、制动机构，伺服系统、伺服电动机、步进电动机等组成的电动驱动系统，动力元件、执行元件、控制元件组成的液压驱动系统，气源设备、气动控制元件、气动执行元件组成的气压驱动系统，比较了驱动元件采用电动、液动与气动时的优缺点。

【教学提示】

学习完本章的内容后，能够：了解机器人的基本关节种类及其不同的驱动方式，了解直线和旋转、直接和间接、电动/气动/液动的驱动方式，了解不同的传动机构和制动机构；能熟练地分析各驱动机构的组成、特点与工作原理。熟悉各个驱动系统的关键元件；能用上述知识分析实际应用机器人的驱动方式、原理、故障判断。

机器人是运动的，各个部位都需要能源和动力，因此设计和选择合适的驱动系统是非常重要的。本节主要介绍机器人驱动系统的几个主要指标：驱动方式、驱动元件、传动机构、制动机构。

4.1 机器人的驱动系统概述

早期的工业机器人都用液压、气压方式来进行伺服驱动。随着大功率交流伺服驱动技术的发展，目前大部分被电气驱动方式所代替，只有在少数要求超大的输出功率、防爆、低运动精度的场合才考虑使用液压和气压驱动。电气驱动无环境污染，响应快，精度高，成本低，控制方便。

4-1 机器人的驱动系统概述

4.1.1 转动关节与移动关节

机器人的驱动方式与方法多种多样。无论何种方式，都是对机器人关节的驱动。机器人关节有转动型和移动型，分别称为转动关节和移动关节。

1. 转动关节

转动关节既连接各机构，又传递各机构间的回转运动（或摆动），用于基座与臂部、臂部之间、臂部和手部等连接部位。关节由回转轴、轴承和驱动机构组成。

关节与驱动机构的连接方式有多种，因此转动关节也有多种形式，如图4-1所示。

1）驱动机构和回转轴同轴式。这种形式直接驱动回转轴，有较高的定位精度。但是，为减轻重量，要选择小型减速器并增加臂部的刚性。它适用于水平多关节型机器人。

2）驱动机构与回转轴正交式。重量大的减速机构安放在基座上，通过臂部的齿轮、链条传递运动。这种形式适用于要求臂部结构紧凑的场合。

3）外部驱动机构驱动臂部的形式。这种形式适合于传递大转矩的回转运动，采用的传动机构有滚珠丝杠、液压缸和气缸。

4）驱动电动机安装在关节内部的形式。这种方式称为直接驱动方式。

图4-1 转动关节的形式

a) 驱动机构和回转轴同轴式　b) 驱动机构与回转轴正交式　c) 外部驱动机构驱动臂部的形式

d) 驱动电动机安装在关节内部的形式

2. 移动关节

移动关节由直线运动机构和在整个运动范围内起直线导向作用的直线导轨部分组成。导轨部分分为滑动导轨、滚动导轨、静压导轨和磁悬浮导轨等形式。

一般要求机器人导轨间隙小或能消除间隙；在垂直于运动方向上要求刚度高，摩擦系数小且不随速度变化，并且有高阻尼、小尺寸和小惯量。通常，由于机器人在速度和精度方面的要求很高，故一般采用结构紧凑且价格低廉的滚动导轨。

滚动导轨按直线导轨的种类、轨道形状和滚动体的分类如下。

1）按滚动体分为球、圆柱滚子和滚针。

2）按轨道分为圆轴式、平面式和滚道式。

3）按滚动体是否循环分类为循环式、非循环式。

这些滚动导轨各有特点，装有滚珠的滚动导轨适用于中小载荷和小摩擦的场合；装有滚柱的滚动导轨适用于重载和高刚性的场合。受轻载滚柱的特性接近于线性弹簧，呈硬弹簧特性；而滚珠的特性接近于非线性弹簧，刚性要求高时应施加一定的预紧力。

4.1.2 旋转驱动与直线驱动

根据驱动机构驱动关节形式的不同分为驱动转动关节的旋转驱动方式和驱动移动关节的直线驱动方式。

1．旋转驱动机构

对于转动关节，配套的驱动机构是旋转驱动机构。多数普通电动机和伺服电动机都能够直接产生旋转运动，但其输出力矩比所需要的力矩小，转速比所需要的转速高。因此，需要采用各种传动装置把较高的转速转换成较低的转速，并获得较大的力矩。有时也采用直线液压缸或直线气缸作为动力源，这就需要把直线运动转换成旋转运动。这种运动的传递和转换必须高效率地完成，并且不能有损于机器人系统所需要的特性，特别是定位精度、重复精度和可靠性。

运动的传递和转换可以选择齿轮链传动、同步带传动和谐波齿轮等传动方式。由于旋转驱动的旋转轴强度高、摩擦小、可靠性好等优点，在结构设计中应尽量多采用。

2．直线驱动机构

对于移动关节，配套的驱动机构是直线驱动机构。机器人采用的直线驱动包括直角坐标系的 X、Y、Z 向驱动，圆柱坐标系的径向驱动和垂直升降驱动，以及球坐标系的径向伸缩驱动。直线运动可以直接由气缸或液压缸和活塞产生，也可以采用齿轮齿条、丝杠、螺母等传动方式把旋转运动转换成直线运动。

3．行走机构的驱动

在行走机构关节中，大多数是采用旋转驱动机构来实现行走的。但是，完全采用旋转驱动在实现关节伸缩方面有一定的缺点。旋转运动虽然也能转化成直线运动，但在高速运动时，关节伸缩的加速度不能忽视，它可能产生振动。因此，为了提高着地点选择的灵活性，还必须增加直线驱动机构。在这些情况下采用直线驱动更为合适。有些要求精度高的地方也要选用直线驱动。

直线气缸仍是目前该类驱动装置中最廉价的动力源，凡能够使用直线气缸的地方，还是应该选用它。

4.1.3　直接驱动与间接驱动

1．直接驱动方式

直接驱动方式是驱动器的输出轴和机器人手臂的关节轴直接相连的驱动方式。直接驱动方式的驱动器和关节之间的机械系统较少，因而能够减少摩擦等非线性因素的影响，控制性能比较好。然而，为了直接驱动手臂的关节，驱动器的输出转矩必须很大。此外，由于不能忽略动力学对手臂运动的影响，因此控制系统还必须考虑到手臂的动力学问题。

高输出转矩的驱动器有液压缸式液压装置，另外还有力矩电动机（直驱马达）等，其中液压式装置在结构和摩擦等方面的非线性因素很强，所以很难体现出直接驱动的优点。而力矩电动机，采用了轴承机械系统，得到了优良的逆向驱动能力（以关节一侧带动驱动器的输出轴）。图 4-2 中显示了使用力矩电动机直接驱动方式的关节机构实例。

图 4-2　关节直接驱动方式

使用这样的直接驱动方式的机器人，通常称为 DD 机器人（Direct Drive Robot），简称 DDR。DD 机器人驱动电动机通过机械接口与关节直接连接。DD 机器人的特点是驱动电动机和关节之间没有速度和转矩的转换。

DD 机器人的其他优点包括：机械传动精度高；振动小，结构刚度好；机械传动损耗小；结构紧凑，可靠性高；电动机峰值转矩大，电气时间常数小，短时间内可以产生很大转矩，响应速度快，调速范围宽；控制性能较好。DD 机器人目前存在的问题有：载荷变化、耦合转矩及非线性转矩对驱动及控制影响显著，使控制系统设计困难和复杂；对位置、速度的传感元件提出了相当高的要求；需开发小型实用的 DD 电动机；电动机成本高。

2. 间接驱动方式

间接驱动方式是把驱动器的动力经过减速器、钢丝绳、皮带、平行连杆等装置后传递给关节。间接驱动方式中包含带减速器的电动机驱动、远距离驱动等两种。

（1）带减速器的电动机驱动

目前大部分机器人的关节是间接驱动。中小型机器人一般采用普通的直流伺服电动机、交流伺服电动机或步进电动机作为机器人的执行电动机，由于电动机速度较高，输出转矩又大大小于驱动关节所需要的力矩，所以必须使用带减速器的电动机驱动。但是，间接驱动带来了机械传动中不可避免的误差，引起冲击和振动，影响机器人系统的可靠性，并且增加关节重量和尺寸。由于手臂通常采用悬臂梁结构，所以多自由度机器人关节上安装减速器会使手臂根部关节驱动器的负载增大。

（2）远距离驱动

远距离驱动将驱动器与关节分离，目的在于减少关节的体积、减轻关节重量。一般来说，驱动器的输出力矩都远远小于驱动关节所需要的力，因此也需要通过减速器来增大驱动力。远距离驱动的优点在于能够将多自由度机器人关节驱动所必需的多个驱动器设置在合适的场所。由于机器人手臂都采用悬臂梁结构，远距离驱动是减轻位于手臂根部关节驱动器负载的一种措施。

4.1.4 电动机驱动与气/液压驱动

执行装置是按照信号的指令，将来自电、液压和气压等各种能源的能量转换成旋转运动、直线运动等方式的机械能的装置。按利用的能源来分类，主要可分为电动执行装置、液压执行装置和气压执行装置。因此，机器人关节的驱动元件有电动式、液动式和气动式。

1. 电动机驱动（电动）

电动机驱动可分为普通交、直流电动机驱动，交、直流伺服电动机驱动和步进电动机驱动。

普通交、直流电动机驱动需增加减速装置，输出力矩大，但控制性能差，惯性大，适用于中型或重型机器人。伺服电动机和步进电动机输出力矩相对小，控制性能好，可实现速度和位置的精确控制，适用于中小型机器人。

交、直流伺服电动机驱动一般用于闭环控制系统，而步进电动机驱动则主要用于开环控制系统，一般用于速度和位置精度要求不高的场合。关于电动机驱动将在第 5 章进行详细分析。

电动机使用简单，且随着材料性能的提高，电动机性能也逐渐提高。所以总的看来，目前机器人关节驱动逐渐为电动式所代替。

2．液压驱动（液动）

液压驱动的输出力和功率更大，能构成伺服机构，常用于大型机器人关节的驱动。美国 Unimatior 公司生产的 Unimate 型机器人采用了直线液压缸作为径向驱动源，其 Versatran 机器人也使用直线液压缸作为圆柱坐标式机器人的垂直驱动源和径向驱动源。

（1）机器人采用液压驱动的优点

1）液压容易达到较高的单位面积压力（常用油压为 25～63kg/cm²），体积较小。

2）可以获得较大的推力或转矩；功率/重量比大，可以减小执行装置的体积。

3）介质可压缩性小，刚度高，工作平稳可靠，能够实现高速、高精度的位置控制。

4）液压传动中，通过流量控制可以实现无级变速，力、速度比较容易实现自动控制。

5）液压系统采用油液作介质，具有防锈性和自润滑性能，可以提高机械效率，使用寿命长。

（2）机器人采用液压驱动的缺点

1）油液的黏度随温度变化而变化，影响工作性能，高温容易引起燃烧爆炸等危险。

2）液体的泄漏难于克服，要求液压元件有较高的精度和质量，故造价较高。

3）需要相应的供油系统，尤其是电液伺服系统要求严格的过滤装置，否则会引起故障。

4）必须对油的污染进行控制，稳定性较差。

5）液压油源和进油、回油管路等附属设备占空间较大；造价较高。

3．气压驱动（气动）

气压驱动多用于开关控制和顺序控制的机器人。与液压驱动相比，气压驱动的特点如下。

（1）优点

1）压缩空气黏度小，容易实现高速（1m/s）。

2）利用工厂集中的空气压缩机站供气，不必添加动力设备。

3）空气介质对环境无污染，使用安全，可直接应用于高温作业。

4）气动元件工作压力低，故制造要求也比液压元件低。

（2）缺点

1）压缩空气常用压力为 0.4～0.6MPa，若要获得较大的力，其体型就要相对增大。

2）空气压缩性大，工作平稳性差，速度控制困难，要实现准确的位置控制很困难。

4）压缩空气的除水问题处理不当会使钢类零件生锈，导致机器人失灵。

5）排气还会造成噪声污染。

4．驱动元件的特点

各种驱动方式的特点比较如表 4-1 所示。

表4-1 各种驱动方式特点比较

驱动元件		特　点					
		输出力	控制性能	维修	体积	使用范围	制造成本
液压驱动		压力高，可获得大的输出力	油液不可压缩，压力、流量均容易控制，可无级调速，反应灵敏，可实现连续轨迹控制	维修方便，液体对温度变化敏感，油液泄漏易着火	在输出力相同的情况下，体积比气压驱动方式小	中、小型及重型机器人	液压元件成本较高，油路比较复杂
气压驱动		压力低，输出力较小，如需要输出力大时，其结构尺寸过大	可高速，冲击较严重，精确定位困难。气体压缩性大，运动速度稳定性差，低速不易控制，不易与CPU连接	维修简单，能在高温、粉尘等恶劣环境中使用，泄漏无影响	体积较大	中、小型机器人	结构简单，能源方便，成本低
电动机驱动	异步电动机直流电动机	输出力较大	控制性能较差，惯性大，不易精确定位	维修方便	需要减速装置，体积较大	速度低，持重大的机器人	成本低
	步进电动机伺服电动机	输出力较小或较大	容易与CPU连接，控制性能好，响应快，可精确定位，但控制系统复杂	维修较复杂	体积效小	程序复杂、运动轨迹要求严格的机器人	成本较高

4.1.5　机器人的制动机构

许多机器人的机械臂都需要在各关节处安装制动器，其作用是：在机器人停止工作时，保持机械臂的位置不变；在电源发生故障时，保护机械臂和它周围的物体不发生碰撞。例如齿轮链、谐波齿轮机构和滚珠丝杠等元件的表面质量要求较高，一般其摩擦力都很小，在驱动器停止工作的时候，它们是不能承受负载的。如果不采用如制动器、夹紧器或止挡等装置，一旦电源关闭，机器人的各个部件就会在重力的作用下滑落。因此，机器人制动装置是十分必要的。

制动器通常是按失效抱闸方式工作的，即要放松制动器就必须接通电源，否则各关节不能产生相对运动。它的主要目的是在电源出现故障时起保护作用。其缺点是在工作期间要不断耗费电力使制动器放松。

假如需要的话也可以采用一种省电的方法，其原理是：需要各关节运动时，先接通电源，松开制动器，然后接通另一电源，驱动一个挡销将制动器锁在放松状态。这样所需要的电力仅需把挡销放到位。

为了使关节定位准确，制动器必须有足够的定位精度。制动器应当尽可能地放在系统的驱动输入端，这样利用传动链速比，能够减小制动器的轻微滑动所引起的系统移动，保证了在承载条件下仍具有较高的定位精度。在许多实际应用中机器人都采用了制动器。

4.2　机器人的传动系统

传动系统用来把驱动器的运动传递到关节和动作部位。机器人的传动系统要求结构紧凑、重量轻、转动惯量和体积小，要求消除传动间隙，提高其运动和位置精度。

工业机器人传动装置除齿轮传动、蜗杆传动、带传动及链传动和行星齿轮传动外，还常用滚珠丝杠、谐波齿轮、钢带、同步齿形带、绳轮传动、流体传动、连杆机构和凸轮传动。

表 4-2 所示为常用传动方式的图例与特点比较。

表 4-2　常用传动方式的图例与特点比较

传动方式	特　点	运动形式	传动距离	简　图	应用部件	实例（机器人型号）
圆柱齿轮	用于为手臂第一转动轴提供大转矩	转转	近		臂部	Unimate FUMA560
锥齿轮	转动轴方向垂直相交	转转	近		臂部 腕部	Unimate
蜗轮蜗杆	大传动比，重量大，有发热问题	转转	近		臂部 腕部	FANUC M1
行星传动	大传动比，价格高，重量大	转转	近		臂部 腕部	Unimate PUMA560
谐波传动	很大的传动比，尺寸小，重量轻	转转	近		臂部 腕部	ASEA
链传动	无间隙，重量大	转转 转移 移转	远		足部 腕部	ASEA IR66
同步齿形带	有间隙和振动，重量轻	转转 转移 移转	远		腕部 手部	KUKA
钢丝传动	远距离传动很好，有轴向伸长问题	转转 转移 移转	远		腕部 手部	S. Hirose
四杆传动	远距离传动力性能很好	转转	远		臂部 手部	Unimate 2000
曲柄滑块机构	特殊应用场合	转移 移转	远		腕部 手部 臂部	大量的手爪将液压（气）缸的运动转化为手指摆动
丝杠螺母	高传动比，摩擦与润滑问题	转移	远		腕部 手部	精工 PT300H
滚珠丝杠螺母	很大的传动比，高精度，高可靠性，昂贵	转移	远		臂部 腕部	Motoman L10
齿轮齿条	精度高，价格低	转移 移转	远		腕部 手部 臂部	Unimate 2000
液压 气压	液压和气动的各种变型形式	移移	远		腕部 手部 臂部	Unimate 2

4.2.1 回转传动机构

电动机是高转速、小转矩的驱动器，而机器人通常却要求低转速、大力矩，因此，常用行星齿轮传动机构和谐波传动机构做成的减速器来完成速度和力矩的变换与调节。

1.行星齿轮传动机构

图4-3所示为行星齿轮传动结构简图。行星齿轮传动尺寸小，惯量低；一级传动比大，结构紧凑；载荷分布在若干个行星齿轮上，内齿轮也具有较高的承载能力。

轴入轴　　　　　轴出轴

图4-3　行星齿轮传动

2.谐波传动机构

谐波传动是一种具有柔性齿圈的行星传动，它在机器人上获得比行星齿轮传动更加广泛的应用。

谐波发生器是在椭圆形凸轮的外周嵌入薄壁轴承制成的部件。轴承内圈固定在凸轮上，外圈依靠钢球发生弹性变形，一般与输入轴相连。柔轮是杯状薄壁金属弹性体，杯口外圆切有齿，底部称为柔轮底，用来与输出轴相连。刚轮内圆有很多齿，齿数比柔轮多两个，一般固定在壳体。

谐波发生器通常由凸轮或偏心安装的轴承构成。刚轮为刚性齿轮，柔轮为能产生弹性变形的齿轮。当谐波发生器连续旋转时，产生的机械力使柔轮变形，变形曲线为一条基本对称的谐波曲线。发生器波数表示谐波发生器转一周时，柔轮某一点变形的循环次数。其工作原理是：当谐波发生器在柔轮内旋转时，迫使柔轮发生变形，同时进入或退出刚轮的齿间。在谐波发生器的短轴方向，刚轮与柔轮的齿间处于啮入或啮出的过程，伴随着发生器的连续转动，齿间的啮合状态依次发生变化，即产生啮入—啮合—啮出—脱开—啮入的变化过程。这种错齿运动可以把输入运动变为输出的减速运动。

图4-4所示是谐波传动的结构简图。由于谐波发生器4的转动使柔轮6上的柔轮齿圈7与刚轮（圆形花键轮）1上的刚轮内齿圈2相啮合。输入轴为3，如果刚轮1固定，则轴5为输出轴；如果轴5固定，则刚轮1的轴为输出轴。

图 4-4　谐波传动

1—刚轮　2—刚轮内齿圈　3—输入轴　4—谐波发生器　5—轴　6—柔轮　7—柔轮齿圈

4.2.2　直线传动机构

1. 丝杠传动

丝杠传动有滑动式、滚动式和静压式等。机器人传动用的丝杠具备结构紧凑、间隙小和传动效率高等特点。

滑动式丝杠螺母机构是连续的面接触，传动中不会产生冲击，传动平稳，无噪声，并且能自锁。因丝杠的螺旋升角较小，所以用较小的驱动力矩可获得较大的牵引力。但是，丝杠与螺母螺旋面之间的摩擦为滑动摩擦，故传动效率低。滚珠丝杠传动效率高，而且传动精度和定位精度均很高，传动时灵敏度和平稳性也很好。由于磨损小，滚珠丝杠的使用寿命比较长，但成本较高。

滚动丝杠分为滚珠丝杠和滚柱丝杠。图 4-5 所示为滚珠丝杠的基本组成。导向槽 4 连接螺母的第一圈和最后两圈，使其形成滚动体可以连续循环的导槽。滚珠丝杠在工业机器人上的应用比滚柱丝杠多，因为后者结构尺寸大（径向和轴向），传动效率低。

图 4-5　滚珠丝杠的基本组成

1—丝杠　2—螺母　3—滚珠　4—导向槽

2. 连杆与凸轮传动

重复完成简单动作的搬运机器人（固定程序机器人）中广泛采用杆、连杆与凸轮机构，例如，从某位置抓取物体放在另一位置上的作业。

连杆机构的特点是用简单的机构可得到较大的位移，而凸轮机构具有设计灵活、可靠性高和形式多样等特点，外凸轮机构是最常见的机构，它借助于弹簧可得到较好的高速性能；内凸轮驱动时要求有一定的间隙，其高速性能不如前者；圆柱凸轮用于驱动摆杆，而摆杆在与凸轮回转方向平行的面内摆动。设计时，应选用能得到较大位移的连杆机构，如图 4-6 所示的曲柄式和拨叉式，以及能适应大负载的凸轮曲线（修正梯形和修正正弦曲线等），如图 4-7 所示的外凸轮、内凸轮、圆柱凸轮。

图 4-6 连杆机构

a) 曲柄式 b) 拨叉式

a) b) c)

图 4-7 凸轮机构

a) 外凸轮 b) 内凸轮 c) 圆柱凸轮

3．流体传动

流体传动分为液压传动和气压传动。液压传动由液压泵、液压马达或液压缸组成，可得到高转矩-惯性比。气压传动运动精度差，但由于容易达到高速，多数用在完成简易作业的搬运机器人上。液压、气压传动中，模块化和小型化的机构较易得到应用。例如，驱动机器人端部手爪是由多个伸缩动作气缸集成的内装式移动模块实现的；气缸与基座或滑台一体化设计，并由滚动导轨引导并移动支承转动部分的基座和滑台内的后置式模块等。

图 4-8 所示为手臂做回转运动的结构。活塞液压缸两腔分别进压力油，推动齿条活塞做往复移动，而与齿条啮合的齿轮即做往复回转。由于齿轮与手臂固连，从而实现手臂的回转运动。在手臂的伸缩运动中，为了使手臂移动的距离和速度有定值的增加，可以采用齿轮齿条传动的增倍机构。

齿轮

齿条活塞

图 4-8 液压缸和齿轮齿条手臂机构

4.2.3 带传动机构

带传动和链传动用于传递平行轴之间的回转运动，或把回转运动转换成直线运动。机器人中的带传动和链传动分别通过带轮或链轮传递回转运动，有时还用来驱动平行轴之间的小齿轮。

1．同步带传动

同步带的传动面上有与带轮啮合的梯形齿。同步带传动时无滑动，初始张力小，作为被动轴的轴承不易过载。因无滑动，它除了用作动力传动外还适用于定位。同步带采用氯丁橡胶作为基材，并在中间加入玻璃纤维等伸缩刚性大的材料，齿面上覆盖耐磨性好的尼龙布。用于传递轻载荷的齿形带用聚氨基甲酸酯制造。

同步带传动属于低惯性传动，适合在电动机和高速级传动比减速器之间使用。同步带上安装滑座可完成与齿轮齿条机构同样的功能。由于同步带传动惯性小，且有一定的刚度，所以适合高速运动的轻型滑座。

2．滚子链传动

滚子链传动属于比较完善的传动机构，由于噪声小，效率高，因此得到了广泛的应用。但是，高速运动时滚子与链轮之间的碰撞会产生较大的噪声和振动，只有在低速时才能得到满意的效果，即滚子链传动适用于低惯性负载的关节传动。链轮齿数少，摩擦力会增加，要得到平稳运动，链轮的齿数应大于 17，并尽量采用奇数齿。

3．绳传动

绳传动广泛应用于机器人的手爪开合传动，特别适合有限行程的运动传递。绳传动的主要优点是：钢丝绳强度大，各方向上的柔软性好，尺寸小，预载后有可能消除传动间隙。绳传动的主要缺点是：不加预载时存在传动间隙；因为绳索的蠕变和索夹的松弛使传动不稳定；多层缠绕后，在内层绳索及支承中损耗能量；效率低；易积尘垢。

4．钢带传动

钢带传动的优点是传动比精确，传动件质量小，惯量小，传动参数稳定，柔性好，不需润滑，强度高。

4.3　机器人的电动驱动系统

电动机是一种机电能量转换的电磁装置。将直流电能转换为机械能的称为直流电动机，将交流电能转换为机械能的称为交流电动机，将脉冲步进电能转换成机械能的称为步进电动机。本节将主要介绍这几种用于机器人上的电动机的基本结构、原理和特性。

4-2　机器人的电动驱动

4.3.1　伺服电动机

伺服电动机（Servo Motor）在伺服系统中控制机械元件运转，是一种辅助电动机间接变速装置，分为直流和交流伺服电动机两大类。其主要特点是：当信号电压为零时无自转现象，转速随着转矩的增加而匀速下降，可使速度、位置精度控制非常准确。

在自动控制系统中，伺服电动机用作执行元件，可以将电压信号转化为转矩和转速以驱动控制对象。在机器人系统中，伺服电动机作为运动驱动元件，又称为执行电动机，把输入的电压信号变换成转轴的角位移或角速度输出，改变输入电压信号可以变更伺服电动机的转速和转向。

1. 直流伺服电动机

20世纪80年代以前，机器人广泛采用直流伺服电动机作为执行机构。直流伺服电动机具有起动转矩大，体积小，重量轻，转速易控制，效率高等优点。

机器人对直流伺服电动机的基本要求是：宽广的调速范围，机械特性和调速特性均为线性，无自转现象（控制电压降到零时，伺服电动机能立即自行停转），快速响应好等。

直流伺服电动机分传统型和低惯量型两种类型。传统型直流伺服电动机就是微型的他励直流电动机，它由定子、转子两部分组成。按定子磁极的种类分为两种，永磁式和电磁式。永磁式的磁极是永久磁铁；电磁式的磁极是电磁铁，磁极外面套着励磁绕组。低惯量型直流伺服电动机经过几十年的研究发展了许多不同的结构和形式，目前主要有两大类，一类是小惯量直流电动机，另一类是大惯量宽调速直流电动机。

（1）小惯量直流伺服电动机

小惯量直流伺服电动机的明显特点是转子轻、转动惯量小、快速响应好。按照电枢型式的不同分为盘型电枢直流伺服电动机、空心杯电枢永磁式直流伺服电动机及无槽电枢直流伺服电动机。

如图4-9所示，盘型电枢直流伺服电动机的定子是由永久磁铁和前后磁轭组成，转轴上装有圆盘，圆盘上有电枢绕组，可以是印制绕组，也可以是绕线式绕组，电枢绕组中的电流沿径向流过圆盘表面，与轴向磁通相互作用产生转矩。

图4-9 盘型电枢直流伺服电动机结构

1—定子 2—转子

如图4-10所示，空心杯电枢永磁式直流伺服电动机有一个外定子和一个内定子。外定子是两个半圆形的永久磁铁，内定子由圆柱形的软磁材料做成，空心杯电枢置于内外定子之间的圆周气隙中，并直接装在电动机轴上。当电枢绕组流过一定的电流时，空心杯电枢能在内外定子间的气隙中旋转，并带动电动机转轴旋转。

图4-10 空心杯电枢永磁式直流伺服电动机结构

1—空心杯电枢 2—内定子 3—外定子 4—磁极 5—气隙 6—导线 7—内定子中的磁路

小惯量直流电动机与一般直流电动机相比，其转子为光滑无槽的铁心，用绝缘黏合剂直接把线圈黏合在铁心表面上，且转子长而直径小，气隙尺寸比一般直流电动机大 10 倍以上，输出功率一般在几十瓦到10kW 以内，主要用于快速动作、功率较大的系统。

（2）大惯量宽调速电动机

小惯量直流电动机用减少电动机转动惯量来提高电动机的快速性，而大惯量宽调速直流电动机在不改变一般直流电动机大转动惯量的情况下用提高转矩的方法来改善其动态特性。它既有小惯量电动机的快速性，又有较好的输出转矩/惯量比，还可以在电动机内装测速发电动机、旋转变压器、编码器等测量装置。

目前，直流电动机可达到很大的转矩/惯量比，远高于步进电动机。除了在很大功率情况下，与液压驱动不相上下。直流驱动还能达到高精度，加速迅速，且可靠性高。由于以上原因，当今大部分机器人都采用直流伺服电动机驱动机器人的各个关节。因此，机器人关节的驱动部分设计包括直流伺服电动机的选定和传动比的确定。

2. 交流伺服电动机

直流伺服电动机上的电刷和换向器，需要定期更换电刷和进行维修，电动机使用寿命短，噪声大。尤其是直流电动机的容量小，电枢电压低，很多特性参数随速度而变化，限制了直流电动机向高速、大容量方向发展。交流电动机通常包括同步电动机与异步电动机。

同步电动机定子是永磁体，所谓同步是指转子速度与定子磁场速度相同。其体积小，用于要求响应速度快的中等速度以下的工业机器人。异步电动机转子和定子上都有绕组，所谓异步是指转子磁场和定子间存在速度差（不是角度差）。其转子惯量很小，响应速度很快，用于中等功率以上的伺服系统。

4.3.2 步进电动机

对于小型机器人或点位式控制机器人而言，其位置精度和负载力矩较小，有时可采用步进电动机驱动。这种电动机能在电脉冲控制下以很小的步距进行增量运动。计算机的打印机和磁盘驱动器常用步进电动机实现打印头和磁头的定位。在小型机器人上，有时也用步进电动机作为主驱动电动机。可以用编码器或电位器提供精确的位置反馈，所以步进电动机也可用于闭环控制。

1. 步进电动机的原理

步进电动机按照励磁方式分有反应式、永磁式和混合式。这里以反应式步进电动机为例说明其工作原理。图 4-11 所示为单定子、径向分相三相反应式伺服电动机的结构原理图。与普通电动机一样，该电动机有定子和转子两部分，其中定子又分定子铁心和定子绕组。定子铁心由电工钢片叠压而成。

定子绕组是绕置在定子铁心 6 个均匀分布的齿上的线圈，直径方向上相对的两个齿上的线圈串联在一起，构成一相控制绕组。若任一相绕组通电，便形成一组定子磁极，其方向即图中所示的 N、S 极。在定子的每个磁极即定子铁心上每个齿又开了 5 个小齿，齿槽等宽，齿间夹角是 9°，与磁极上的小齿一致。此外，三相定子磁极上的小齿在空间位置上依次错开 1/3 齿距。当 A 相磁极上的小齿与转子上的齿对齐时，B 相磁极上的小齿刚好超前或滞后转子上的齿 1/3 齿距角，C 相磁极超前或滞后 2/3 齿距角。

图 4-11 三相反应式步进电动机结构原理图

1—定子绕组 2—定子铁心 3—转子 4—A 相磁通

当 A 相绕组通电时，转子上的齿与定子 AA 上的小齿对齐。若 A 相断电，B 相通电，由于磁力的作用，转子的齿与定子 BB 上的小齿对齐，转子沿顺时针方向转过 3°。如果控制线路不断地按 A→B→C→A→…的顺序控制步进电动机绕组的通、断电，步进电动机的转子则不停地顺时针转动。若通电顺序改为 A→C→B→A→…，步进电动机的转子将逆时针转动。这种通电方式称为三相单三拍通电方式。通常为了得到小的步距角和较好的输出性能，用三相六拍通电方式，其通电顺序为 A→AB→B→BC→C→CA→A→…（顺时针）和 A→AC→C→CB→B→BA→A→…（逆时针），相应地绕组的通电状态每改变一次，转子转过 1.5°。

步进电动机的步距角为：

$$\theta = \frac{360}{mzk} \qquad (4\text{-}2)$$

式中：θ 为步进电动机的步距角；m 为定子绕组的相数；z 为转子的齿数；k 为通电方式常数，m 相 m 拍通电时 $k=1$，m 相 $2m$ 拍通电时 $k=2$。

步进电动机运动系统主要由步进电动机控制器、功率放大器及步进电动机组成。步进电动机控制器由脉冲发生器、环形分配器、控制逻辑等组成。它的作用是把代表转速的脉冲数分配到电动机的各个绕组上，使电动机按既定的方向和转速转到相应的位置。随着计算机和软件技术的发展，步进电动机控制器的功能逐步由软件来代替。

2. 步进电动机的系统

步进电动机一般作为开环伺服系统的执行机构，有时也用于闭环伺服系统，它是将脉冲电信号转换为角位移或直线位移的一种 D/A 转换装置。按照输出位移的不同，步进电动机可分为回转式步和直线式步进电动机。机器人中一般采用回转式步进电动机。如果把步进电动机装在机器人回转关节轴上，则每接收一个电脉冲，步进电动机就带动机器人的关节轴转过一个相应的角度。步进电动机连续不断地接收脉冲，则关节轴连续不断地转动。步进电动机转过的角度与接收的脉冲数成正比。

步进电动机是一种将电脉冲转化为角位移的执行机构。当步进驱动器接收到一个脉冲信号，它就驱动步进电动机按设定的方向转动一个固定的角度（步进角）。可以通过控制脉冲个数来控制角位移量，从而达到准确定位的目的；同时可以通过控制脉冲频率来控制电动机转动的速度和加速度，从而达到调速的目的。

　　要想完成上述任务，一个步进电动机的系统需要由步进电动机控制卡、步进电动机驱动器和步进电动机组成，如图 4-12 所示。

图 4-12　步进电动机的系统组成

　　步进电动机驱动器主要用于开环位置控制系统。优点是控制较容易，维修也较方便，而且控制为全数字化。缺点是由于开环控制，所以精度不高。

4.4　机器人的气/液驱动系统

　　液压驱动系统利用液压泵将原动机的机械能转换为液体的压力能，通过液体压力能的变化来传递能量，经过各种控制阀和管路的传递，借助于液压执行元件（液压缸或马达）把液体压力能转换为机械能，从而驱动工作机构，实现直线往复运动和回转运动。其中的液体称为工作介质，一般为矿物油，它的作用和机械传动中的传送带、链条和齿轮等传动元件类似。

4.4.1　机器人的液压驱动系统

　　液压驱动系统的作用为通过改变压强增大作用力。液压驱动方式的输出力和功率更大，能构成伺服机构，常用于大型机器人关节的驱动。

4-3　机器人的液压驱动

1. 液压驱动系统工作原理

　　液压驱动系统工作原理如图 4-13 所示。电动机驱动液压泵 2 从油箱 1 中吸油送至输送管路中，经过换向阀 4 改变液压油的流动方向，再经过节流阀 6 调整液压油的流量（流量大小由工作液压缸需要量决定），图 4-13a 所示的换向阀位置是液压油经换向阀进入液压缸 5 左侧空腔，推动活塞右移。液压缸活塞右侧腔内液压油经过换向阀已经开通的回油管，液压油卸压，流回油箱。

　　如操作换向阀手柄至图 4-13b 所示位置时，则有一定压力的液压油进入液压缸活塞右腔。活塞左侧空腔中的液压油经换向阀流回油箱。操作手柄的进出动作变换了液压油输入油缸的方向，推动活塞左右移动。液压泵输出的油压力按液压缸活塞工作能量需要由溢流阀 3调整控制。在溢流阀调压控制时，多余的液压油经溢流阀流回油箱。输油管路中的液压油压力在额定压力下安全流通，正常工作。

图 4-13　液压驱动系统工作原理
1—油箱　2—液压泵　3—溢流阀　4—换向阀　5—液压缸　6—节流阀

2．液压驱动系统的组成

从这个简单的液压驱动系统中可知，一个完整的液压系统由五个部分组成，即动力元件、控制元件、执行元件、辅助元件（附件）和工作介质。

动力元件包括电动机和液压泵，它的作用是利用液体把原动机的机械能转换成液压力能，是液压传动中的动力部分。

执行元件包括液压缸、液压马达等，它是将液体的液压能转换成机械能。其中，液压缸做直线运动，马达做旋转运动。

控制元件包括节流阀、换向阀、溢流阀等，它们的作用是对液压系统中工作液体的压力、流量和流向进行调节控制。

辅助元件是除上述三部分以外的其他元件，包括压力表、滤油器、蓄能装置、冷却器、管件各种管接头（扩口式、焊接式、卡套式）、高压球阀、快换接头、软管总成、测压接头、管夹及油箱等，它们同样十分重要。

工作介质是指各类液压传动中的液压油或乳化液，它经过液压泵实现能量转换。

采用液压缸作为液压传动系统的动力元件，能够省去中间动力减速器，从而消除了齿隙和磨损问题。加上液压缸的结构简单、价格便宜，因而使它在工业机器人机械手的往复运动装置和旋转运动装置上都获得广泛应用。

4.4.2　机器人的气压驱动系统

气压驱动系统，是以压缩空气为工作介质进行能量和信号传递的一项技术。气压系统的工作原理是利用空压机把电动机或其他原动机输出的机械能转换为空气的压力能，然后在控制元件的作用下，通过执行元件把压力能转换为直线运动或回转运动形式的机械能，从而完成各种动作，并对外做功。

4-4　机器人的气压驱动

由此可知，气压驱动系统和液压驱动系统类似，也是由四部分组成的，分别为气源装置、气动控制元件、气动执行元件和辅助元件。

1. 气源设备

气源装置是获得压缩空气的装置。其主体部分是空气压缩机，它将原动机供给的机械能转变为气体的压力能。

气压驱动系统中的气源装置是为气动系统提供满足一定质量要求的压缩空气，它是气压传动系统的重要组成部分。由空气压缩机产生的压缩空气，必须经过降温、净化、减压、稳压等一系列处理后，才能供给控制元件和执行元件使用。而用过的压缩空气排向大气时，会产生噪声，应采取措施，降低噪声，改善劳动条件和环境质量。

空气过滤减压器也叫作调压阀，由空气过滤器、减压阀和油雾器组成，称为气动三大件，减压阀是其中不可缺少的一部分。它是将较高的进口压力调节并降低到要求的出口压力，并能保证出口压力稳定，即起到减压和稳压作用。气动减压阀按压力调节方式，有直动式减压阀和先导式减压阀，后者适用于较大通径的场合，直动式减压阀用得最多。

空气过滤减压器是最典型的附件。它用于净化来自空气压缩机的气源，并能把压力调整到所需的压力值，具有自动稳压的功能。

2. 气动控制元件

气动控制元件是用来控制压缩空气的压力、流量和流动方向的，以便使执行机构完成预定的工作循环，它包括各种压力控制阀、流量控制阀和方向控制阀等。

（1）压力控制阀

气压系统不同于液压系统，一般每一个液压系统都自带液压源（液压泵）；而在气压系统中，一般来说由空气压缩机先将空气压缩，储存在贮气罐内，然后经管路输送给各个气动装置使用。而贮气罐的空气压力往往比各台设备实际所需要的压力高些，同时其压力波动值也较大。因此需要用减压阀（调压阀）将其压力减到每台装置所需的压力，并使减压后的压力稳定在所需压力值上。

有些气动回路需要依靠回路中压力的变化来实现控制两个执行元件的顺序动作，所用的这种阀就是顺序阀。顺序阀与单向阀的组合称为单向顺序阀。

所有的气动回路或贮气罐为了安全起见，当压力超过允许压力值时，需要实现自动向外排气，这种压力控制阀叫作安全阀（溢流阀）。

（2）流量控制阀

在气压传动系统中，有时需要控制气缸的运动速度，有时需要控制换向阀的切换时间和气动信号的传递速度，这些都需要调节压缩空气的流量来实现。流量控制阀就是通过改变阀的通流截面积来实现流量控制的元件。流量控制阀包括节流阀、单向节流阀、排气节流阀和快速排气阀等。

（3）方向控制阀

方向控制阀是气压传动系统中通过改变压缩空气的流动方向和气流的通断，来控制执行元件启动、停止及运动方向的气动元件。根据方向控制阀的功能、控制方式、结构方式、阀内气流的方向及密封形式等，可将方向控制阀分为气压控制换向阀、电磁控制换向阀、机械控制换向阀、人力控制换向阀和时间控制换向阀。

3．气动执行元件

气动执行元件是将压缩空气的压力能转换为机械能的装置。它包括气缸和气马达。气缸用于直线往复运动或摆动，气马达用于实现连续回转运动。

（1）气缸

气缸是气动系统的执行元件之一。除几种特殊气缸外，普通气缸种类及结构形式与液压缸基本相同。目前最常选用的是标准气缸，其结构和参数都已系列化、标准化、通用化。通常有无缓冲普通气缸，有缓冲普通气缸等。其他几种较为典型的特殊气缸有气液阻尼缸、薄膜式气缸和冲击式气缸等。

冲击式气缸是一种体积小、结构简单、易于制造、耗气功率小但能产生相当大的冲击力的特殊气缸。与普通气缸相比，冲击气缸的结构特点是增加了一个具有一定容积的蓄能腔和喷嘴。它的工作原理如图4-14所示。

图4-14　冲击式气缸工作原理图

（2）气动马达

气动马达也是气动执行元件的一种。它的作用相当于电动机或液压马达，即输出转矩，拖动机构做旋转运动。气动马达是以压缩空气为工作介质的原动机。如图4-15所示。

图4-15　气动马达

气动马达按结构形式可分为：叶片式气动马达、活塞式气动马达和齿轮式气动马达等。最为常见的是活塞式气动马达和叶片式气动马达。叶片式气动马达制造简单，结构紧凑，但低速运动转矩小，低速性能不好，适用于中、低功率的机械。活塞式气动马达在低速情况下有较大的输出功率，它的低速性能好，适用于载荷较大和要求低速转矩的机械，如起重机、绞车、绞盘、拉管机等。

练习与思考

1. 关节有哪两种？各种关节的驱动方式有哪些？
2. 什么是直接驱动方式？什么是间接驱动方式？各有何种特点？
3. 机器人关节的驱动元件有哪些种？这些驱动元件的优缺点有哪些？
4. 从控制性能上看，各种驱动方式有何区别？
5. 驱动机构有哪些类型？可以用图例表示吗？各有何种特点？
6. 传动机构有哪些类型？可以用图例表示吗？各有何种特点？
7. 机器人是否可以没有制动器？谈谈制动器的作用。
8. 电动驱动种类有哪些？
9. 什么是伺服系统？什么是伺服电动机？
10. 谈谈伺服电动机驱动优缺点。
11. 直流电动机的结构与参数有哪些？
12. 交流伺服电动机的原理与种类有哪些？
13. 谈谈步进电动机的种类和原理。
14. 谈谈步进电动机的优缺点。
15. 什么是直线步进电动机？
16. 液压驱动系统由哪些设备组成的？谈谈其工作原理。
17. 液压缸有哪些种类？各有何种作用？
18. 气压驱动系统由哪些设备组成的？谈谈其工作原理。
19. 气压阀门组件有哪些种类？各有何种作用？
20. 气缸有哪些种类？各有何种作用？

第5章　机器人的控制系统

【内容提要】

本章主要介绍了机器人的控制系统。内容包括机器人控制系统的特点与方式，机器人的控制功能与基本单元；伺服控制系统的概念、原理与组成、分类；机器人控制系统的基本结构、分层结构；机器人控制的示教方式，关节运动的指令生成、伺服控制，控制软件与机器人示教实例；机器人运动控制器及芯片，MOTOMAN UP6 机器人控制系统。

【教学提示】

学习完本章的内容后，学生应能够：了解机器人控制系统的特点与方式，掌握控制功能与基本单元；能够熟练地分析各种结构机器人控制系统的特点与性能。掌握控制系统的种类，伺服控制系统的组成、分类；能够运用这些知识解释机器人的控制系统技术内容，能够解读机器人的控制框图。熟悉伺服电动机的调速原理，了解机器人控制系统的结构；能够运用这些调速方法、结构概念于课程学习中。熟悉机器人控制的示教方式，了解关节运动的伺服控制；能够读懂控制机器人示教实例；了解机器人运动控制器及芯片；具备可实际操作 MOTOMAN UP6 机器人示教控制系统的能力。

机器人的控制系统主要对机器人工作过程中的动作顺序、应到达的位置及姿态、路径轨迹及规划、动作时间间隔以及末端执行器施加在被作用物上的力和转矩等进行控制。

近年来，智能机器人的研究如火如荼。这类机器人的控制机多为计算机，处理的信息量大，控制算法复杂。同时配备了多种内部、外部传感器，不但能感知内部关节运行速度及力的大小，还能对外部的环境信息进行感知、反馈和处理。

5.1　机器人的控制系统概述

目前广泛使用的工业机器人中，控制机多为微型计算机，外部用控制柜封装。如瑞典 ABB 公司的 IRB 系列机器人、德国 KUKA 公司的 KB 系列机器人、日本安川公司的 MOTOMAN 机器人、日本 FANUC 公司的 Mate 系列机器人等。这类机器人一般采用示教-再现的工作方式，机器人的作业路径、运动参数由操作者手把手示教或通过程序设定，机器人重复再现示教的内容；机器人配有简单的内部传感器，用来感知运行速度、位置和姿态等，还可以配备简易的视觉、力传感器感知外部环境。

5-1　机器人的控制系统概述

5.1.1　机器人控制器

1．机器人控制器的主要作用

机器人控制器是机器人的核心部件，它实施机器人的全部信息处理和对机械手的运动控制。工业机器人控制器有如下主要作用。

（1）作业点及作业内容的示教

为了让机器人完成某项作业，把完成该项作业内容的实现方法及机器人的位置进行示教。作业内容包括让机器人产生应有的动作，也包括机器人周边装置的控制和通信等方面的内容。

（2）轨迹生成

接收示教系统送来的各种示教点位置和姿态信息、运动参数和工艺参数，通过计算把各点的示教（关节）坐标值转换成直角坐标值并存入计算机内存，机器人再现时，从内存中逐点取出其位置和姿态坐标值，按一定的时间节拍（又称采样周期）对它进行圆弧或直线插补运算，算出各插补点的位置和姿态坐标值，这就是路径规划生成。然后逐点地把各插补点的位置和姿态坐标值转换成关节坐标值，分送各个关节。为了控制机器人在被示教的作业点之间按照机器人语言所描述的指定轨迹运动，必须计算配置在机器人各关节处马达的控制量。

（3）伺服控制

把从轨迹生成部分输出的控制量作为指令值，再把这个指令值与位置和速度等传感器来的信号进行比较，用比较后的指令值控制电动机的转动。

2．机器人控制器的主要功能

机器人控制器是机器人控制系统的核心，能使机器人等机构进行人所期望的运动的一种控制装置。机器人控制器的主要功能就是对机器人工作过程中的动作顺序、位置、姿态、路径、动作时间，末端执行器施加的力和力矩等进行控制。

（1）示教再现功能

示教再现是指示教人员将机器人作业的各项运动参数预先教给机器人，在示教的过程中，机器人控制系统的记忆装置就将所教的操作过程自动地记录在存储器中。当需要机器人工作时，机器人的控制系统就调用存储器中存储的各项数据，使机器人再现示教过的操作过程，由此机器人即可完成要求的作业任务。

机器人的示教再现易于实现，编程方便，在机器人的初期得到了较多的应用。

（2）运动控制功能

运动控制是指通过对机器人手部在空间的位姿、速度、加速度等参数的控制，使机器人的手部按照作业的要求进行动作，最终完成给定的作业任务。

它与示教再现的区别：在示教再现控制中，机器人手部的各项运动参数是由示教人员教给它的，其精度取决于示教人员的熟练程度。而在运动控制中，机器人手部的各项运动参数是由机器人的控制系统经过运算得来的，且在工作人员不能示教的情况下，通过编程指令仍然可以控制机器人完成给定的作业任务。

5.1.2　机器人的控制方式

1．机器人手部在空间的运动

按照机器人手部在空间的运动方式，机器人的控制方式分为点位式和轨迹式。

（1）点位式

很多机器人要求能准确地控制末端执行器的工作位置，而对路径不做重点要求。例如，在印制电路板上安插元件、点焊、装配等工作，都属于点位式工作方式。一般来说这种方式比较简单，但是要达到 $2\sim3\mu m$ 的定位精度也是相当困难的。

这种控制方式的主要技术指标是定位精度和运动所需的时间。常常被应用在上下料、搬运、点焊和在电路板上插接元器件等定位精度要求不高且只要求机器人在目标点处保持手部具有准确位姿的作业中。

（2）轨迹式

在很多工作中，要求机器人末端执行器按照示教的轨迹和速度运动。如果偏离预定的轨迹和速度，就会使产品报废。其控制方式类似于控制原理中的跟踪系统，可称之为轨迹伺服控制。其特点是连续地控制机器人手部在作业空间中的位姿，要求其严格地按照预定的路径和速度在一定的精度范围内运动。

这种控制方式的主要技术指标是机器人手部位姿的轨迹跟踪精度及平稳性。通常弧焊、喷漆、去毛边和检测作业的机器人都采用这种控制方式。

有的机器人在设计控制系统时，上述两种控制方式都具有，如对进行装配作业的机器人的控制等。

2．机器人控制的反馈

按照机器人控制反馈方式，机器人的控制方式分为非伺服型控制方式和伺服型控制方式。

（1）非伺服型控制方式

非伺服型控制方式是指未采用反馈环节的开环控制方式。在这种控制方式下，机器人作业时严格按照在进行作业之前预先编制的控制程序来控制机器人的动作顺序，在控制过程中没有反馈信号，不能对机器人的作业进展及作业的质量好坏进行监测，因此，这种控制方式只适用于作业相对固定、作业程序简单、运动精度要求不高的场合，它具有费用省，操作、安装、维护简单的优点。

（2）伺服型控制方式

伺服型控制方式是指采用了反馈环节的闭环控制方式。这种控制方式的特点是在控制过程中采用内部传感器连续测量机器人的关节位移、速度、加速度等运动参数，并反馈到驱动单元。

如果是适应型或智能型机器人的伺服控制，则增加了机器人用外部传感器对外界环境的检测，使机器人对外界环境的变化具有适应能力，从而构成总体闭环反馈。

3．机器人控制的输出

按照机器人的控制作用输出方式，机器人的控制方式分为力控制方式、速度控制方式等类型。

（1）力控制方式

在完成装配、抓放物体等工作时，除要求准确定位之外，还要求使用适度的力或力矩进行工作，这时就要利用力（力矩）伺服方式。这种方式的控制原理与位置伺服控制原理基本相同，只不过输入量和反馈量不是位置信号，而是力（力矩）信号，因此系统中必须有力（力矩）传感器。有时也利用接近、滑动等传感功能进行自适应式控制。

（2）速度控制方式

机器人运动的控制实际上是通过对各轴伺服系统分别控制来实现分解运动的速度控制，要求各伺服系统的驱动器以不同的分速度同时联合运行，能保证机器人末端执行器沿笛卡儿坐标轴稳定地运行。控制时先把末端执行器期望的笛卡尔位姿分解为各关节的期望速度，然后再对各关节进行伺服控制。

5.2　伺服控制系统

伺服控制系统是用来精确地跟随或复现某个过程的反馈控制系统，又称随动系统。在很多情况下，伺服系统专指被控制量（系统的输出量）是机械位移或位移速度、加速度的反馈控制系统，其作用是使输出的机械位移（或转角）准确地跟踪输入的位移（或转角）。

5-2　伺服控制系统

5.2.1　伺服控制系统的概念与原理

伺服系统的结构组成与其他形式的反馈控制系统没有原则上的区别。

1. 伺服控制系统的概念

伺服系统（Servo Mechanism）是使物体的位置、方位、状态等输出被控量能够跟随输入目标（或给定值）任意变化的自动控制系统。它的主要任务是按控制命令的要求、对功率进行放大、变换与调控等处理，使驱动装置输出的力矩、速度和位置控制非常灵活方便。

伺服主要靠脉冲来定位，伺服电动机接收到 1 个脉冲，就会旋转 1 个脉冲对应的角度，从而实现位移。因为伺服电动机本身具备发出脉冲的功能，所以伺服电动机每旋转一个角度，都会发出对应数量的脉冲，这样，和伺服电动机接收的脉冲形成了呼应，或者叫闭环。如此一来，系统就会知道发了多少脉冲给伺服电动机，同时又收了多少脉冲回来，这样就能够精确地控制电动机的转动，从而实现精确的定位，精度可以达到 0.001mm。

早期的工业机器人都用液压、气动方式来进行伺服驱动。随着大功率交流伺服驱动技术的发展，目前大部分被电气驱动方式所代替，只有在少数要求超大输出功率、防爆、低运动精度的场合才考虑使用液压和气压驱动。电气驱动按照驱动执行元件的不同又分为步进电动机驱动、直流伺服电动机驱动和交流伺服电动机驱动三种不同形式；按照伺服控制方式分可分为开环、闭环和半闭环伺服控制系统。步进电动机驱动一般用在开环伺服系统中，这种系统没有位置反馈装置，控制精度相对较低，适用于位置精度要求不高的机器人中；交、直流伺服电动机用于闭环和半闭环伺服系统中，这类系统可以精确测量机器人关节和末端执行器的实际位置信息，并与理论值进行比较，把比较后的差值反馈输入，修改指令进给值，所以这类系统具有很高的控制精度。

由于伺服系统服务对象很多，如机器人臂部位置控制、手部末端轨迹控制、计算机光盘驱动控制、雷达跟踪系统、进给跟踪系统等，因而对伺服系统的要求也有所差别。

2．伺服系统的组成和原理

从自动控制理论的角度来分析，伺服控制系统一般包括调节环节（控制器）、被控对象、执行环节、检测环节和比较环节等五部分。伺服控制系统组成原理框图如图5-1所示。

图5-1　伺服控制系统组成原理图

1）比较环节将输入的指令信号与系统的反馈信号进行比较，以获得输出与输入间的偏差信号的环节，通常由专门的电路或计算机来实现。

2）调节环节即控制器，通常是计算机或 PID 控制电路，其主要任务是对比较元件输出的偏差信号进行变换处理，以控制执行元件按要求动作。

3）执行环节的作用是按控制信号的要求，将输入的各种形式的能量转换成机械能，驱动被控对象工作。

4）被控对象是指被控制的机构或装置，是直接完成系统目的的主体。被控对象一般包括传动系统、执行装置和负载。

5）检测环节是指能够对输出进行测量并转换成比较环节所需要的量纲的装置，一般包括传感器和转换电路。

在实际的伺服控制系统中，上述每个环节在硬件特征上并不是完全独立，可能几个环节在一个硬件中，如测速直流电动机既是执行元件又是检测元件。

5.2.2　电动伺服控制系统

电动伺服控制系统目前主要有三种控制方式：简单位置控制、伺服复杂控制、直线驱动控制。简单位置控制系统的结构比较简单，成本比较低，运转速度快。不足是系统无反馈，控制精度低，反应特性差。

按不同的控制原理，伺服控制系统可分为开环、全闭环和半闭环等伺服系统。前者为简单位置控制，后两者为伺服复杂控制。

1．简单位置控制

若控制系统没有检测反馈装置则称为开环伺服系统（open loop）。它主要由驱动电路、执行元件和被控对象三大部分组成。常用的执行元件是步进电动机，通常以步进电动机作为执行元件的开环系统是步进式伺服系统，在这种系统中，如果是大功率驱动，常用步进电动机作为执行元件。驱动电路的主要任务是将指令脉冲转化为驱动执行元件所需的信号。开环伺服系统结构简单，但精度不是很高。目前，大多数经济型数控机床采用这种没有检测反馈的开环控制结构。近年来，老式机床在数控化改造时，工作台的进给系统广泛采用开环控制，这种控制系统的结构简图如图 5-2 所示。

图 5-2　开环伺服系统结构简图

数控装置发出脉冲指令，经过脉冲分配和功率放大后，驱动步进电动机和传动件的累积误差。因此，开环伺服系统的精度低，一般可达到 0.01mm 左右，且速度也有一定的限制。

虽然开环控制在精度方面有不足，但其结构简单、成本低、调整和维修都比较方便，另外，由于被控量不以任何形式反馈到输入端，所以其工作稳定、可靠，因此，在一些精度、速度要求不很高的场合，如线切割机、办公自动化设备中还是获得了广泛应用。

2. 伺服复杂控制

（1）半闭环伺服系统（semi-closed loop）

通常把安装在电动机轴端的检测元件组成的伺服系统称为半闭环系统，由于电动机轴端和被控对象之间传动误差的存在，半闭环伺服系统的精度要比闭环伺服系统的精度低一些。

如图 5-3 所示是一个半闭环伺服系统的结构简图。工作台的位置通过电动机上的传感器或是安装在丝杠轴端的编码器间接获得，它与全闭环伺服系统的区别在于其检测元件位于系统传动链的中间，故称为半闭环伺服系统。

图 5-3　半闭环伺服系统结构简图

显然，由于有部分传动链在系统闭环之外，故其定位精度比全闭环的稍差。但由于测量角位移比测量线位移容易，并可在传动链的任何转动部位进行角位移的测量和反馈，故结构比较简单，调整、维护也比较方便。由于将惯性质量很大的工作台排除在闭环之外，因此这种系统调试较容易、稳定性好，具有较高的性价比，被广泛应用于各种机电一体化设备。

（2）全闭环伺服系统（full-closed loop）

全闭环伺服系统主要由执行元件、检测元件、比较环节、驱动电路和被控对象五部分组成。在闭环系统中，检测元件将被控对象移动部件的实际位置检测出来并转换成电信号反馈给比较环节。常见的检测元件有旋转变压器、感应同步器、光栅、磁栅和编码器等。

如图 5-4 是一个全闭环伺服系统结构简图，安装在工作台上的位置检测器可以是直线感应同步器或长光栅，它可将工作台的直线位移转换成电信号，并在比较环节与指令脉冲进行比较，所得到的偏差值经过放大，由伺服电动机驱动工作台向偏差减小的方向移动。若数控装置中的脉冲指令不断地产生，工作台就随之移动，直到偏差等于零为止。

图 5-4　全闭环伺服系统结构简图

全闭环伺服系统将位置检测器件直接安装在工作台上，从而可获得工作台实际位置的精确信息，定位精度可以达到亚微米量级。从理论上讲，其精度主要取决于检测反馈部件的误差，而与放大器、传动装置没有直接的联系，是实现高精度位置控制的一种理想的控制方案。但实现起来难度很大，机械传动链的惯量、间隙、摩擦、刚性等非线性因素都会给伺服系统造成影响，从而使系统的控制和调试变得异常复杂，制造成本亦会急速攀升。因此，全闭环伺服系统主要用于高精密和大型的机电一体化设备。

3．直线驱动控制

直线进给伺服驱动是采用直线交流伺服电动机实现。目前已开始应用于数控机床上的直线电动机主要有感应式直线交流伺服电动机和永磁式直线交流伺服电动机。

直线进给伺服驱动技术最大的优点是具有比旋转电动机大得多的加减速度（可达 10～30 倍），能够在很高的进给速度下实现瞬时到达设定的高速状态和在高速下瞬时准确停止运动。加减速过程的缩短，可改善加工表面质量，提高刀具使用寿命和生产效率；减少了中间环节，使传动刚度提高，有效地提高传动精度和可靠性，而且进给行程几乎不受限制。

5.2.3　液压伺服控制系统

除了电气驱动方式之外，在要求超大的输出功率、防爆、低运动精度的场合，往往还要使用液压、气动方式来进行伺服驱动。

为了控制液压缸或液压马达，在机器人传动系统中使用惯量小的液压滑阀，应用在电-液压伺服控制系统中的滑阀装有正比于电信号的位移量电-机变换器。图 5-5 就是这种系统的一个方案。其中，机器人的执行机构由带滑阀的液压缸带动，并用放大器控制滑阀。放大器输入端的控制信号由三个校正元件信号叠加而成。

图 5-5　液压伺服控制系统

1. 液压伺服传动系统

由位移传感器把位移反馈信号送至比较元件，与给定位置信号比较后得到误差信号，经校正后再与另两个反馈信号比较。第二个反馈信号是由速度反馈回路（速度环）取得的。它包括速度传感器和校正元件。第三个反馈信号是加速度反馈，它是由液压缸中的压力传感器和校正元件实现的。

2. 电-液压伺服控制系统

当采用力矩伺服电动机作为位移给定元件时，电-液压伺服控制系统的框图如图 5-6 所示。

图 5-6　电-液压伺服控制系统

3. 滑阀控制液压传动系统

图 5-7 是一个简单的滑阀控制液压传动系统的结构框图。其中所用的控制阀为四通滑阀。

图 5-7　一个简单的滑阀控制液压传动系统

5.3　机器人控制系统结构

一般的伺服控制系统包括伺服执行元件（伺服电动机）、伺服运动控制器、功率放大器（又称为伺服驱动器）、位置检测元件等。伺服运动控制器的功能是实现对伺服电动机的运动控制，包括力、位置、速度等的控制。

5-3　机器人控制系统结构

某些机器人系统把各个轴的伺服运动控制器和功率放大器集成组装在控制柜内，如 MOTOMAN 机器人，这样实际上相当于由一台专用计算机控制。

5.3.1 机器人控制系统的功能与组成

1．机器人控制系统的基本功能

机器人控制系统是机器人的重要组成部分，用于对操作机的控制，以完成特定的工作任务，其基本功能如下。

1）记忆功能：存储作业顺序、运动路径、运动方式、运动速度和与生产工艺有关的信息。

2）示教功能：离线编程，在线示教，间接示教。在线示教包括示教盒和导引示教两种。

3）与外围设备联系功能：输入/输出接口、通信接口、网络接口、同步接口。

4）坐标设置功能：有关节、绝对、工具、用户自定义四种坐标系。

5）人机接口：示教盒、操作面板、显示屏。

6）传感器接口：位置检测、视觉、触觉、力觉等。

7）位置伺服功能：机器人多轴联动、运动控制、速度和加速度控制、动态补偿等。

8）故障诊断安全保护功能：运行时系统状态监视、故障状态下的安全保护和故障自诊断。

2．机器人控制系统的基本组成

机器人控制系统的组成，如图5-8所示。

图5-8　机器人控制系统的组成

1）控制计算机：控制系统的调度指挥机构。一般为微型机，微处理器有32位、64位等，如奔腾系列CPU以及其他类型CPU。

2）示教盒：示教机器人的工作轨迹和参数设定，以及所有人机交互操作，拥有自己独立的CPU以及存储单元，与主计算机之间以串行通信方式实现信息交互。

3）操作面板：由各种操作按键、状态指示灯构成，只完成基本功能操作。

4）磁盘存储：存储机器人工作程序的外围存储器。

5）数字和模拟量输入/输出：各种状态和控制命令的输入或输出。

6）打印机接口：记录需要输出的各种信息。

7）传感器接口：用于信息的自动检测，实现机器人柔顺控制，一般为力觉、触觉和视觉传感器。

8）伺服控制器：完成机器人各关节位置、速度和加速度控制。

9）辅助设备控制：用于和机器人配合的辅助设备控制，如手爪变位器等。

10）通信接口：实现机器人和其他设备的信息交换，一般有串行接口、并行接口等。

11）网络接口：与其他机器人以及上位管理计算机连接的 Ethernet 接口，可通过以太网实现数台或单台机器人的直接 PC 通信，数据传输速率高达 10Mbit/s，可直接在 PC 上用 Windows 库函数进行应用程序编程之后，支持 TCP/IP 通信协议，通过 Ethernet 接口将数据及程序装入各个机器人控制器中。与其他设备连接的多种现场总线接口有 Device net、Profibus-DP、CAN、Remote I/O、Interbus-s、M-NET 等。

5.3.2　机器人控制系统的基本结构

一个典型的机器人运动控制系统，主要由上位计算机、运动控制器、驱动器、电动机、执行机构和反馈装置构成，如图 5-9 所示。

图 5-9　机器人控制系统的基本结构

一般地，工业机器人控制系统基本结构的构成方案有三种：基于 PLC 的运动控制、基于 PC 和运动控制卡的运动控制、纯 PC 控制。

1. 基于 PLC 的运动控制

PLC 进行运动控制有两种，如图 5-10 所示。

图 5-10　基于 PLC 的运动控制

1）利用 PLC 的某些输出端口使用脉冲输出指令来产生脉冲驱动电动机，同时使用通用 I/O 或者计数部件来实现电动机的闭环位置控制。

2）使用 PLC 外部扩展的位置模块来进行电动机的闭环位置控制。

2. 基于 PC 和运动控制卡的运动控制

运动控制器以运动控制卡为主，工控 PC 只提供插补运算和运动指令。运动控制卡完成速度控制和位置控制。如图 5-11 所示。

图 5-11 基于 PC 和运动控制卡的运动控制

3. 纯 PC 控制

图 5-12 为完全采用 PC 的全软件形式的机器人系统。在高性能工业 PC 和嵌入式 PC （配备专为工业应用而开发的主板）的硬件平台上，可通过软件程序实现 PLC 和运动控制等功能，实现机器人需要的逻辑控制和运动控制。

图 5-12 完全 PC 结构的机器人控制系统

通过高速的工业总线进行 PC 与驱动器的实时通信，能显著地提高机器人的生产效率和灵活性。不过，在提供灵活的应用平台的同时，也大大提高了开发难度和延长了开发周期。由于其结构的先进性，这种结构代表了未来机器人控制结构的发展方向。

随着芯片集成技术和计算机总线技术的发展，专用运动控制芯片和运动控制卡越来越多地作为机器人的运动控制器。这两种形式的伺服运动控制器控制方便灵活，成本低，都以通用 PC 为平台，借助 PC 的强大功能来实现机器人的运动控制。前者利用专用运动控制芯片与 PC 总线组成简单的电路来实现；后者直接做成专用的运动控制卡。这两种形式的运动控制器内部都集成了机器人运动控制所需的许多功能，有专用的开发指令，所有的控制参数都可由程序设定，使机器人的控制变得简单，易实现。

运动控制器都从主机（PC）接受控制命令，从位置传感器接受位置信息，向伺服电动机功率驱动电路输出运动命令。对于伺服电动机位置闭环系统来说，运动控制器主要完成了位置环的作用，可称为数字伺服运动控制器，适用于包括机器人和数控机床在内的一切交、直流和步进电动机伺服控制系统。

专用运动控制器的使用使得原来由主机完成的大部分计算工作由运动控制器内的芯片来完成，使控制系统硬件设计简单，与主机之间的数据通信量减少，解决了通信中的瓶颈问题，提高了系统效率。

5.3.3　机器人控制系统的分层结构

在机器人控制系统的硬件组成结构上，有三种形式：集中控制方式、主从控制方式和分散控制方式。

目前用一台计算机实现全部控制功能的集中控制方式因其实时性差、难以扩展已经遭到淘汰。现在大部分工业机器人都采用主从控制方式，智能机器人或传感机器人都采用分散控制方式。

由于机器人的控制过程中涉及大量的坐标变换和插补运算以及较低层的实时控制，所以，目前的机器人控制系统在结构上大多数采用分层结构的微型计算机控制系统，通常采用的是两级计算机伺服控制系统。

1．机器人控制系统工作过程

机器人控制系统具体的工作过程是：主控计算机接到工作人员输入的作业指令后，首先分析解释指令，确定手的运动参数，然后进行运动学、动力学和插补运算，最后得出机器人各个关节的协调运动参数。如图 5-13 所示。

图 5-13　机器人控制系统工作过程

这些参数经过通信线路输出到伺服控制级作为各个关节伺服控制系统的给定信号。

关节驱动器将此信号经 D-A 转换后驱动各个关节产生协调运动，并通过传感器将各个关节的运动输出信号反馈回伺服控制级计算机，形成局部闭环控制，从而更加精确地控制机器人手部按作业任务要求在空间运动。

在控制过程中，工作人员可直接监视机器人的运动状态，也可从显示器等输出装置上得到有关机器人运动的信息。此时，作为控制器部分的上位机中的 PC 或小型机完成人机对话、数学运算、通信和数据存储，下位机中的单片机或运动控制器，完成伺服控制。作为传感器部分的内部传感器完成自身关节运动状态的检测；外部传感器完成外部环境参数变化的检测。

2．机器人控制系统的硬件组成

在机器人控制系统的硬件组成结构上，现在大部分工业机器人都采用二级计算机控制。

第一级担负系统监控、作业管理和实时插补任务，由于运算工作量大，数据多，所以大都采用16位以上微型计算机或小型机。第一级运算结果作为伺服位置信号，控制第二级。

第二级为各关节的伺服系统，有两种可能方案：采用一台微型计算机控制高速脉冲发生器；使用几个单片机分别控制几个关节运动，如图5-14所示。

图5-14 机器人控制系统的硬件组成结构

（1）一级控制

一级控制的上位机一般由个人计算机或小型计算机组成，其功能如下。

人机对话：人将作业任务给机器人，同时机器人将结果反馈回来，即人与机器人之间的交流。

数学运算：包括机器人运动学、动力学和数学插补运算。

通信功能：与下位机进行数据传送和相互交换。

数据存储：存储编制好的作业任务程序和中间数据。

（2）二级控制

二级控制的下位机一般由单片机或运动控制器组成，其功能为：接收上位机的关节运动参数信号和传感器的反馈信号，并对其进行比较，然后经过误差放大和各种补偿，最终输出关节运动所需的控制信号。

（3）伺服系统

伺服系统的核心是运动控制器，一般由数字信号处理器及其外围部件组成，可以实现高性能的控制计算，同步控制多个运动轴，实现多轴协调运动。应用领域包括机器人、数控机床等。

（4）内部传感器

内部传感器的主要目的是对自身的运动状态进行检测，即检测机器人各个关节的位移、速度和加速度等运动参数，为机器人的控制提供反馈信号。机器人使用的内部传感器主要包括位置、位移、速度和加速度等传感器。

（5）外部传感器

机器人要能在变化的作业环境中完成作业任务，就必须具备类似于人类对环境的感觉功能。将机器人用于对工作环境变化检测的传感器称为外部传感器，有时也拟人地称为环境感觉传感器或环境感觉器官。目前，机器人常用的环境感觉技术主要有视觉、听觉、触觉、力觉等。

3．机器人控制系统的软件组成

（1）系统软件

系统软件包括用于个人计算机和小型计算机的计算机操作系统，用于单片机和运动控制器的系统初始化程序等。

（2）应用软件

应用软件包括用于完成实施动作解释的执行程序，用于运动学、动力学和插补程序的运算软件，用于作业任务程序、编制环境程序的编程软件和用于实时监视、故障报警等程序的监控软件等。

5.4 机器人控制的示教再现

示教人员将机器人作业任务中要求手的运动预先教给机器人，在示教的过程中，机器人控制系统就将关节运动状态参数存储在存储器中。

5-4　机器人的示教再现

当需要机器人工作时，机器人的控制系统就调用存储器中存储的各项数据，驱动关节运动，使机器人再现示教过的手部运动，由此完成要求的作业任务。如图 5-15 所示。

图 5-15　机器人控制的示教再现

5.4.1　机器人的示教方式

1．示教方式

机器人示教的方式种类繁多，总的可以分为集中示教方式和分离示教方式。

（1）集中示教方式

将机器人手部在空间的位姿、速度、动作顺序等参数同时进行示教的方式称为集中示教方式，示教一次即可生成关节运动的伺服指令。

（2）分离示教方式

将机器人手部在空间的位姿、速度、动作顺序等参数分开单独进行示教的方式称为分离示教方式，一般需要示教多次才可生成关节运动的伺服指令，但其效果要好于集中示教方式。

（3）点对点控制

当对用点位（PTP）控制的点焊、搬运机器人进行示教时，可以分开编制程序，且能进行编辑、修改等工作，但是机器人手部在做曲线运动而且位置精度要求较高时，示教点数就会较多，示教时间就会拉长，且在每一个示教点处都要停止和启动，因此很难进行速度的控制。

（4）连续轨迹控制

当对用连续轨迹（CP）控制的弧焊、喷漆机器人进行示教时，示教操作一旦开始就不能中途停止，必须不间断地进行到底，且在示教途中很难进行局部修改。示教时，可以是手把手示教，也可通过示教盒示教。

2．记忆过程

在示教的过程中，机器人关节运动状态的变化被传感器检测到，经过转换，再通过变换装置送入控制系统，控制系统就将这些数据保存在存储器中，作为再现示教过的手部运动时所需要的关节运动参数数据。如图5-16所示。

图5-16　机器人控制示教的记忆过程

1）记忆速度：取决于传感器的检测速度、变换装置的转换速度和控制系统存储器的存储速度。

2）记忆容量：取决于控制系统存储器的容量。

3．运动控制

机器人的运动控制是指机器人手部在空间从一点移动到另一点的过程中或沿某一轨迹运动时，对其位姿、速度和加速度等运动参数的控制。如图5-17所示。

图5-17　机器人控制示教的运动控制

由机器人运动学可知，机器人手部的运动是由各个关节的运动引起的，所以控制机器人手部的运动实际上是通过控制机器人各个关节的运动实现的。

（1）控制过程

根据机器人作业任务中要求的手部运动，通过运动学逆解和数学插补运算得到机器人各个关节运动的位移、速度和加速度，再根据动力学正解得到各个关节的驱动力（矩）。机器人控制系统根据运算得到的关节运动状态参数控制驱动装置，驱动各个关节产生运动，从而合成手在空间的运动，由此完成要求的作业任务。

（2）控制步骤

第一步：关节运动伺服指令的生成，即将机器人手部在空间的位姿变化转换为关节变量随时间按某一规律变化的函数。这一步一般可离线完成。

第二步：关节运动的伺服控制，即采用一定的控制算法跟踪执行第一步所生成的关节运动伺服指令，这是在线完成的。

5.4.2　关节运动的伺服指令生成

1. 轨迹规划

机器人关节运动伺服指令的轨迹规划生成方法是指根据作业任务要求的机器人手部在空间的位姿、速度等运动参数的变化，通过机器人运动学方程的求解和各种插补运算等数学方法最终生成相应的关节运动伺服指令。

2. 轨迹规划的实现过程

在对机器人进行轨迹规划时，首先要对机器人的作业任务进行描述，得到机器人手部在空间的位姿变化，然后根据机器人运动学方程及其逆解并通过适当的插补运算求出机器人各个关节的位移、速度等运动参数的变化，再通过动力学运算最终生成机器人关节运动所需的伺服指令。

点位控制下的轨迹规划是在关节坐标空间进行的。连续轨迹控制下的轨迹规划是在直角坐标空间进行的。

（1）点位控制下的轨迹规划

步骤：第一步，由手的位姿得到对应关节的位移（已知机器人起点和终点的位姿）；第二步，不同点对应关节位移之间的运动规划（已知机器人起点和终点的关节变量取值）；第三步，由关节运动变化计算关节驱动力（矩）（已知机器人关节的运动速度和加速度）。

在关节坐标空间进行轨迹规划时，要注意关节运动时加速度的突变引起的刚性冲击，严重时可使机器人产生较大的振动，而且在关节坐标空间内规划的直线只表示它是某个关节变量的线性函数，当所有关节变量都规划为直线时，并不代表机器人手部在直角坐标空间中的路径就是直线。关节坐标空间的轨迹规划是直角坐标空间轨迹规划的基础。

（2）连续轨迹控制下的轨迹规划

步骤：第一步，连续轨迹离散化；第二步，点位控制下的轨迹规划。

有了各个离散点处的位姿，就可以用点位控制下的轨迹规划实现方法，从而完成连续轨迹控制下的轨迹规划。至此，在直角坐标空间中两点之间连续路径的轨迹规划就全部完成了。

5.4.3　控制软件与机器人示教实例

1. 控制软件的一般界面

一般一个定型的机器人的实用软件，能够完成诸如参数设置、状态监控、示教、运动学分析、文件管理、程序控制与管理、错误提示等任务。

（1）参数设置

参数设置主要包括各关节的起点、终点位置设置、速度设置以及加减速度设置。如图 5-18 所示。

图 5-18　控制软件的参数设置界面

（2）状态显示

各关节运行、停止、报警、左右限位以及系统总的运行模式显示。

（3）控制运动

选择运动控制功能时，会出现如图 5-19 所示界面，它可以控制各个模块或关节进行运动。

图 5-19　控制软件的运动控制界面

首先选定要运动的模块（关节），选择运动方式和启动方式，填写运动参数，包括运动速度，目标位置，选择模块方向，然后单击"启动"按钮，模块开始运动。在运动期间，单击"立即停止"按钮，会立即停止模块的运动。单击"手爪张开"按钮，会控制机器人的手爪张开，同时该按钮会变为"手爪闭合"，再次单击会使机器人的手爪闭合。

2. 控制软件的示教过程

示教主要是记录运行的数据，存入文件，以备调用。如图 5-20 所示。

图 5-20　控制软件的示教界面

（1）信息显示

1）关节信息：在示教过程中，实时显示机器人的各个关节所转过的角度值。

2）状态信息：在示教过程中，显示各个关节信号状态，无效时软件中图标为绿色，有效时图标变为红色。

3）坐标信息：在示教过程中，实时显示机器人末端的坐标位置。

4）速度控制：通过拖拉水平滚动条来调整示教的速度，由低到高共分为 4 档。

（2）示教盒

每个关节都有两个按钮，"+"是正向运动按钮，"-"是负向运动按钮。

持续按下机器人某一模块的正向运动按钮或负向运动按钮时，机器人的这个模块就会一直做正向或负向运动，松开按钮时，机器人的该模块运动停止。

使用手爪：单击"手爪闭合"按钮时，手爪会闭合。单击"手爪张开"按钮时，手爪会张开。

（3）示教控制

1）启动控制软件后，观察机器人的各个模块是否在零位，如果不在零位须先操作复位机器人。

2）利用模块运动的示教按钮对机器人的各个模块进行控制，当控制模块运动到指定位置后，单击"记录"按钮，记录下这个示教点，同时示教列表中也会相应地多出一条示教记录。

3）当所有的示教完毕之后，就可以将其作为一个示教文件进行永久保存，单击"保存"按钮，把示教数据保存起来。

4）需要时单击"打开"按钮，可以加载以前保存的示教文件，加载后示教列表中会显示示教数据的内容，如图5-21所示。

5）加载后，选择再现方式，如果选择"单次"，只示教一次，如果选择"连续"，机器人会不断地重复再现示教列表中的动作。

6）对于示教和加载的示教数据可以通过单击"清零"按钮将其清除。

7）在机器人运动过程中，单击"急停"按钮就会停止机器人的运动。

（4）示教列表

在示教过程中，每保存一步，就在示教列表中记录各个关节的坐标值。如图5-21所示。

图5-21　示教列表

（5）形成程序

对于一些机器人及其软件系统，在完成示教之后，除了形成坐标与速度序列数据之外，还会生成按照其语言编制的程序。如图5-22所示。

图5-22　示教后生成程序

5.5　机器人控制系统举例

5.5.1　MOTOMAN UP6简介

5-5　机器人控制系统举例

MOTOMAN UP6是日本安川公司MOTOMAN系列工业机器人中的一种，其运动控制系统采用专用的计算机控制系统。该计算机控制系统能完成系统伺

服控制、操作台和示教盒控制、显示服务、自诊断、I/O 通信控制、坐标变换、插补计算、
自动加速和减速计算、位置控制、轨迹修正、
多轴等脉冲分配、平滑控制原点减速点开关位
置检测、反馈信号同步以及倍频、分频、分向
控制等众多功能。

　　和目前大部分工业机器人一样，MOTOMAN
UP6 采用示教-再现的工作方式。在示教和再现
过程中，计算机控制系统均处于边计算边工作
的状态，且系统具有实时中断控制和多任务处
理功能。工作过程中数据的传输、方式的切
换、过冲报警、升温报警等多种动作的处理都
能随机发生。

　　控制系统封装成控制柜的形式，控制柜名
称为 YASNAC XRC（以下简称 XRC），控制柜
外形如图 5-23 所示。其正面有主电源开关、再
现操作盒，示教编程器通过电缆连接于其上。
再现操作盒上主要设有再现时所必需的操作键
和按钮，其外形和操作按钮如图 5-24 所示。示
教编程器上设有对机器人进行示教和编程所需
的操作键，其结构如图 5-25 所示。

图 5-23　MOTOMAN UP6 控制柜
（YASNAC XRC）外形

图 5-24　再现操作盒面板

　　示教编程器上部的液晶显示屏为通用显示区域，用来显示菜单、机器人工作状态和机器
人工作程序；下部为按键区域，有轴操作键、数值键/专用键、手动速度键、插补方式键、
光标键、区域键、选择键、翻页键及回车键等。轴操作键对机器人的 6 个轴进行正、反两个
方向的操作，这 6 个轴分别为关节坐标系下的基本轴（S 轴、L 轴和 U 轴）及腕部轴（R
轴、B 轴和 T 轴），或者操作直角坐标系下随 X、Y、Z 的移动和绕腕部三个方向的转动。

图 5-25 示教编程器

5.5.2 MOTOMAN UP6 的 XRC 功能

MOTOMAN UP6 的 XRC 采用单元或模块方式，各功能板采用立体安装。其位置控制方式采用绝对式编码器的串行通信方式，伺服系统驱动方式为 AC 伺服驱动，速度控制采用软件伺服控制方式，内存容量为可以容纳 5000 个程序点、3000 条命令。

1. XRC 的主要功能

XRC 的主要功能可分为四个部分。

1）操作功能，主要包括坐标系的选择、示教点的修正、微调操作、轨迹确认、速度调整、时间设定、快捷打开、接口设置、机器人用途设定操作等。

2）安全保护功能，主要包括基本安全保护、运转速度限制、安全开关、干涉区域监视、自诊断、用户报警、机械锁定、门联锁等功能。

3）维护功能，主要包括累计操作时间显示、报警显示、I/O 状态诊断、工具常数检验等。

4）编程功能，主要包括编程方式、编程语言、运动功能、速度设定功能、程序控制功能、作业命令、变量及类型设置、I/O 命令等功能。

2．XRC 的主要单元

XRC 的功能单元有电源单元、CPU 单元、I/O 接通单元和伺服单元四部分。

1）电源单元由伺服电源接触器和电路滤波器构成。来自 I/O 接通单元的伺服电源控制信号打开或关闭伺服电源接触器，从而给伺服单元提供电源。

2）CPU 单元包含系统控制基板和控制电源的单元，系统控制基板进行全系统的控制、示教编程器的显示、操作键的管理，操作控制，提供插补运算的接口，另外还提供计算机卡接口和 RS-232C 接口；控制电源的单元给 I/O 接通单元和示教编程器提供 DC 电源。

3）I/O 接通单元由专用的输入、输出基板和通用输入、输出基板以及控制伺服电源接通程序的接通基板构成。专用输入、输出基板主要包含伺服电源接通时使用的 I/O 回路及急停回路等专用 I/O 回路以及再现操作盒专用的 I/O、直接输入及安全开关回路。接通基板提供伺服电源接通 I/O 回路及急停 I/O 回路、制动电源回路及输出、超程和防碰撞传感器的电源输出。

4）伺服单元由伺服控制基板和伺服控制电源、整流器及伺服放大器组成。伺服控制基板控制机器人 6 个轴的伺服电动机，还对整流器、伺服放大器以及 I/O 接通单元的接通基板进行控制。

3．XRC 的外部轴控制

一台 MOTOMAN UP6 机器人的控制系统除了控制本体的 6 个关节轴外，还可以有另外 15 个含有伺服驱动器和伺服电动机的伺服单元，这 15 个伺服系统称为外部轴。

增加的外部轴必须为安川公司提供的产品才能与本体协调工作。外部轴的作用是与机器人机械本体相配合，使工件变位或移位，达到机器人的最佳作业位置。例如，在焊接应用中可以增加两个自由度的变位机使工件多个侧面处于最佳焊接位置，增加 X-Y 工作台使机器人手部的行程范围加大等。如果增加 6 个外部轴驱动另一台机器人的本体，还可实现两台机器人的双机协调控制。

练习与思考

1．机器人控制系统的特点有哪些？

2．机器人有哪些控制方式？

3．机器人的控制功能有哪些？

4．说说机器人控制系统的基本单元。

5．什么是伺服控制系统？有哪些环节？与闭环控制系统有哪些异同？

6．说明全闭环与半闭环伺服控制系统的含义，二者有何不同？通常用在何处？

7. 说明三个典型液压伺服控制系统的原理，它们分别适用于何种场合？

8. 伺服控制系统的动态参数有哪些？分别表示何种含义？

9. 说明机器人控制系统的基本结构。它们有什么区别与联系？

10. 画出机器人控制系统的硬件组成，各部分有什么功能？

11. 机器人控制的示教方式有哪些种类？记忆过程和控制过程的用途有哪些？

12. 关节运动的伺服控制有哪些方法？

13. 书中机器人示教控制软件的界面包含哪些？请叙述这种控制软件的示教过程。

14. 示教过程与形成的示教列表和程序之间是什么关系？

15. 运动控制器芯片与运动控制器是什么关系？运动控制器用来做什么？

16. MOTOMAN UP6 机器人由哪些设备组成，能完成什么功能？

17. 控制柜能完成什么功能？其上有何种操作设备，每种设备能完成什么操作？

第6章　机器人的传感系统

【内容提要】

本章主要介绍了机器人的感觉系统。内容包括机器人与人的感官能力,机器人传感器的分类;机器人的位置传感器、角度传感器、速度传感器、姿态传感器等内部传感器;机器人的触觉传感器、力觉传感器、距离传感器、听觉传感器等外部传感器;机器人的视觉系统组成、原理;机器人传感器的要求、评价与选择;机器人多传感器融合技术。

【教学提示】

学习完本章的内容后,学生应能够:了解机器人的感官能力,熟悉机器人传感器的分类;能熟练地分析机器人的感觉和传感器的类别;熟练掌握机器人的位置传感器、角度传感器、速度传感器、姿态传感器等内部传感器的原理、结构;能够解释机器人结构中常见的内部传感器及其作用;熟练掌握机器人的触觉传感器、力觉传感器、距离传感器、听觉传感器、视觉传感器等外部传感器的组成、原理、结构、特性;能够运用这些传感器解决机器人与外部环境的沟通问题;熟练掌握机器人对传感器的各种要求;能够正确评价和选择各类传感器;了解机器人多传感器融合技术;能够分析智能机器人的各种感觉要求。

如果说机器人可以被定义为计算机控制的能模拟人的感觉、手工操纵和具有自动行走能力的而又足以完成有效工作的装置。那么,机器人传感器可以被定义为一种能把机器人目标物特性(或参量)变换为电量输出的过程。而机器人,则通过传感器实现类似于人类的知觉作用。

本章主要介绍机器人常用的传感器及其工作原理,并对其使用要求以及各种传感器的选择方法和评价方法加以介绍。

6.1　机器人的传感系统概述

机器人感觉系统通常由多种机器人传感器或视觉系统组成,第一代具有计算机视觉和触觉能力的工业机器人是由美国斯坦福研究所研制成功的。目前,使用较多的机器人传感器有位移传感器、力觉传感器、触觉传感器、压觉传感器、接近觉传感器等。

6-1　机器人传感技术

6.1.1　机器人的传感器技术

1. 人与机器人的感官

研究机器人,首先从模仿人开始。通过考察人的劳动发现,人类是通过 5 种熟知的感官

（视觉、听觉、嗅觉、味觉、触觉）接收外界信息的，这些信息通过神经传递给大脑，大脑对这些分散的信息进行加工、综合后发出行为指令，调动肌体（如手足等）执行某些动作。

如果希望机器人代替人类劳动，可以将当今的计算机看作与大脑相当，机器人的机构本体（执行机构）可与肌体相当，机器人的各种外部传感器可与五官相当。也就是说，计算机是人类大脑或智力的外延，执行机构是人类四肢的外延，传感器是人类五官的外延。机器人要获得环境信息，同人类一样需要通过感觉器官。

2. 机器人的感觉

要使机器人拥有智能，对环境变化做出反应，首先，必须使机器人具有感知环境的能力，用传感器采集信息是机器人智能化的第一步；其次，如何采取适当的方法，将多个传感器获取的环境信息加以综合处理，控制机器人进行智能作业，则是提高机器人智能程度的重要体现。因此，传感器及其信息处理系统，是构成机器人智能的重要部分，它为机器人智能作业提供决策依据。

触觉：作为视觉的补充，触觉能感知目标物体的表面性能和物理特性，包括柔软性、硬度、弹性、粗糙度和导热性等。

力觉：机器人力传感器就安装部位来讲，可以分为关节力传感器、腕力传感器和指力传感器。

接近觉：研究它的目的是使机器人在移动或操作过程中获知目标（障碍）物的接近程度，移动机器人可以实现避障，操作机器人可避免手爪对目标物由于接近速度过快造成的冲击。

嗅觉：用于检测空气中的化学成分、浓度等，主要采用气体传感器及射线传感器等。

味觉：对液体化学成分进行分析。味觉传感器有PH计、化学分析器等。

听觉：与具有接近人耳的功能还相差很远。

视觉：是机器人中最重要的传感器之一，发展十分迅速。机器视觉首先处理积木世界，后来发展到处理室外的现实世界，之后实用性的视觉系统出现。视觉一般包括三个过程：图像获取、图像处理和图像理解。相对而言，图像理解技术还有待提高。

其他传感器：如磁传感器、安全用传感器和电波传感器等。

6.1.2 机器人传感器的分类

传感器是一种以一定精度将被测量（如位移、力、加速度、温度等）转换为与之有确定对应关系、易于精确处理和测量的某种物理量（如电信号）的检测部件或装置。

根据一般传感器在系统中所发挥的作用，完整的传感器应包括敏感元件、转换元件、信号调理电路三部分。敏感元件能直接感受或响应测量，功能是将某种不便测量的物理量转换为易于测量的物理量；转换元件能将敏感元件感受或响应的测量转换成适于传输或测量的电信号；敏感元件与转换元件一起构成传感器的结构部分；而信号调理电路是将转换元件输出的易测量的小信号进行处理变换，使传感器的信号输出符合具体系统的要求（如4～20mA、1～5V）。

1. 内部传感器与外部传感器

从机器人的结构组成上看，机器人的传感器分属机器人感受系统、机器人—环境交互系统。机器人感受系统，用以获取机器人内部状态和外部环境状态中有意义的信息；机器人—环境交互系统，用来实现机器人与外部环境中的设备相互联系和协调。

从检测对象上看，机器人的传感器分属内部状态传感器和外部状态传感器。机器人要感知它自己的内部状态，用以调整并控制其行动，就要检测其本身的坐标轴来确定其位置，通常由位置、加速度、速度及压力传感器组成内部传感器。机器人还要感知周围环境、目标构成等状态信息，从而对环境有自校正和自适应能力，这些外部传感器通常包括触觉、接近觉、视觉、听觉、嗅觉、味觉等。

从安装上看，机器人的传感器可分为内部安装和外部安装，其中外部件安装传感器检测的是机器人对外界的感应，如视觉或触觉等，并不包括在机器人控制器的固有部件中；而内部安装传感器如旋转编码器，则装入机器人内部，属于机器人控制器的一部分。

可见，无论从机器人的结构组成上看，从检测对象上看，还是从安装上看，机器人传感都可以划分成两大类：内部传感器和外部传感器。

内部传感器是用来确定机器人在其自身坐标系内的姿态位置，如用来测量位移、速度、加速度和应力的通用型传感器，几乎所有的机器人都使用内部传感器，如为测量回转关节位置的编码器和测量速度以控制其运动的测速计。

外部传感器用于机器人本身相对其周围环境的定位。外部传感机构的使用使机器人能以柔性方式与其环境互相作用，负责检验诸如距离、接近程度和接触程度之类的变量，便于机器人的引导及物体的识别和处理。大多数控制器都具备接口能力，故来自输送装置、机床以及机器人本身的信号，被综合利用以完成一项任务。机器人的感觉系统通常指机器人的外部传感器，如接触式传感器、视觉传感器，这些传感器使机器人能获取外部环境的有用信息，可为更高层次的机器人控制提供更好的适应能力，也就是使机器人增加了自动检测能力，提高机器人的智能。

2. 接触式传感器与非接触式传感器

接触式与非接触式传感器是根据传感器完成的功能来分类的。尽管还有许多传感器有待发明，但现有的已形成通用种类，如在机器人采集信息时不允许与零件接触的场合，它的采样环节就需使用非接触式传感器。对于非接触式传感器的不同类型，可以划分为只测量一个点的响应和给出一个空间阵列或若干相邻点的测量信息这两种。例如，利用超声测距装置测量一个点的响应，它是在一个锥形信息收集空间内测量靠近物体的距离。照相机则是测量空间阵列信息最普通的装置。

接触式传感器可以测定是否接触，也可测量力或转矩。最普通的触觉传感器就是一个简单的开关，当它接触零部件时，开关闭合。一个简单的力传感器，可用一个加速度仪来测量其加速度，进而得到被测力。这些传感器也可按用直接方法还是间接方法测量来分类。例如，力可以从机器人手上直接测量，也可从机器人对工件表面的作用间接测量。力和触觉传感器还可进一步细分为数字式或模拟式，以及其他类别。

6.2　机器人的内部传感器

机器人内部传感器的功能是检测机器人本身状态，是测量运动学和动力学参数的，能使机器人感知自己的状态并加以调整和控制，能够按照规定的位置、轨迹和速度等参数进行工作。

内部传感器通常由位置传感器、角度传感器、速度传感器和

6-2　机器人的内部传感器

加速度传感器等组成。

6.2.1 机器人的位置传感器

位置感觉是机器人最基本的感觉要求，它可以通过多种传感器来实现，常用的机器人位置传感器有电阻式位移传感器、电容式位移传感器、电感式位移传感器、光电式位移传感器、霍尔元件位移传感器、磁栅式位移传感器以及机械式位移传感器等。

机器人各关节和连杆的运动定位精度要求、重复精度要求以及运动范围要求是选择机器人位置传感器的基本依据。

1. 电位计式传感器

典型的位置传感器是电位计（又称为电位差计或分压计），它由一个线绕电阻（或薄膜电阻）和一个滑动触点组成。其中滑动触点通过机械装置受被检测量的控制。当被检测的位置量发生变化时，滑动触点也发生位移，改变了滑动触点与电位器各端之间的电阻值和输出电压值，根据这种输出电压值的变化，可以检测出机器人各关节的位置和位移量。

（1）电位计式位置传感器

如图 6-1 所示，这是一个电位计式位置传感器的实例。在载有物体的工作台或者是机器人的另外一个关节的下面有同电阻接触的触点，当工作台或关节左右移动时，接触触点也随之左右移动，从而改变了与电阻接触的位置。它检测的是以电阻中心为基准位置的移动距离。

假定输入电压为 E，最大移动距离（从电阻中心到一端的长度）为 L，在可动触点从中心向左端只移动 x 的状态，假定电阻右侧的输出电压为 e。若在图 6-1 的电路中流过一定的电流，由于电压与电阻的长度成比例（全部电压按电阻长度进行分压），所以左、右的电压比等于电阻长度比，也就是：

图6-1　线性电位计

$$\frac{E-e}{e}=\frac{L-x}{L+x}$$

因此，可得移动距离 x 为：

$$x=\frac{L(2e-E)}{E}=2\frac{L}{E}e-L \tag{6-1}$$

（2）电位计式角度传感器

把图 6-1 中的电阻元件弯成圆弧形，可动触点的另一端固定在圆的中心，并像时针那样回转时，由于电阻长度随相应的回转角变化，因此基于上述理论可构成角度传感器。

如图 6-2 所示，这种电位计由环状电阻器和与其一边电气接触一边旋转的电刷共同组成。当电流沿电阻器流动时，形成电压分布。如果这个电压分布制作成与角度成比例的形式，则从电刷上提取出的电压值，也与角度成比例。作为电阻器，可以采用两种类型，一种是用导电塑料经成形处理做成的导电塑料型，如图 6-2a 所示；另一种是在绝缘环上绕上电阻线做成的线圈型，如图 6-2b 所示。

图 6-2　角度式电位计

a) 导电塑料型　b) 线圈型

2. 光电式位置传感器

如图 6-3 所示的是光电式位置传感器，如果事先求出光源（LED）和感光部分（光电晶体管）之间的距离同感光量的关系（如图 6-3b 所示）就能从测量时的感光量，检测出位移 x。

图 6-3　光电位置传感器

a) 传感器机构　b) 感光量曲线

6.2.2　机器人的角度传感器

1. 编码器的分类

目前机器人中应用最多的测量旋转角度的传感器是旋转编码器，又称为转轴编码器、回转编码器等，一般把传感器装在机器人各关节的转轴上，用来测量各关节转轴转过的角度。它把连续输入的轴的旋转角度同时进行离散化（样本化）和量化处理后予以输出。

（1）绝对式编码器和增量式编码器

编码器按照测出的信号是绝对信号还是增量信号，可分为绝对式编码器和增量式编码器。

把旋转角度的现有值，用 $n$bit 的二进制码表示进行输出，这种形式的编码器称为绝对式（绝对值型）。每旋转一定角度，就有 1bit 的脉冲（1 和 0 交替取值）被输出，这种形式的编码器称为增量式（相对值型）。增量式编码器用计数器对脉冲进行累积计算，从而可以得知初始角旋转的角度。

目前已出现包含绝对式和增量式两种类型的混合式编码器。使用这种编码器时，在确定初始位置时，用绝对式；在确定由初始位置开始的变动角的精确位置时，则用增量式。

（2）光电式、接触式、电磁式编码器

编码器按照检测方法、结构及信号转换方式的不同，又可分为光电式、接触式和电磁式等。目前较为常用的是光电式编码器。

（3）直线编码器和旋转编码器

如果不用圆形转盘而是采用一个轴向移动的板状编码器，则称为直线编码器。它是检测单位时间的位移距离，即速度传感器。直线编码器与旋转编码器一样，也可作为位置传感器和加速度传感器。直线编码器是根据线性移动的距离和位置输出量值的传感器；旋转编码器是根据旋转移动的角度和位置输出量值的传感器。

直线或旋转编码器都有绝对式和增量式两类。旋转型器件在机器人中的应用特别多，因为机器人的旋转关节远远多于棱柱形关节；直线编码器成本高，甚至以线性方式移动的关节，如球坐标机器人都用旋转编码器。

2. 绝对式光电编码器

绝对式编码器是一种直接编码式的测量元件，它可以直接把被测转角或位移转化成相应的代码，指示的是绝对位置而无绝对误差，在电源切断时不会失去位置信息。

使用绝对式旋转编码器，可以用一个传感器检测角度和角速度。因为这种编码器的输出，表示的是旋转角度的现时值，所以对单位时间前的值进行记忆，并取它与现时值之间的差值，就可以求得角速度。绝对式编码器结构复杂，价格昂贵，且不易做到高精度和高分辨率。

编码盘以一定的编码形式（如二进制编码等）将圆盘分成若干等分，利用光电原理把代表被测位置的各等分上的数码转化成电信号输出以用于检测。

如图 6-4 所示为一绝对式光电编码器的码盘。在输入轴上的旋转透明圆盘上，设置 n 条同心圆环带，对环带（或称为码道）上的角度实施二进制编码，并将不透明条纹印刷到环带上。

图 6-4　绝对式编码器编码盘

a) 二进制码编码盘　b) 格雷码编码盘

将圆盘置于光线的照射下，当透过圆盘的光由 n 个光传感器进行判读时，判读出的数据

变成为 $n$bit 的二进制码。编码器的分辨率由比特数（环带数）决定，例如，12bit 编码器的分辨率为 $2^{12} = 4096$，所以可以有 1/4096 的分辨率，并对 1 转 360°进行检测。BCD 编码器，设定以十进制作为基数，所以其分辨率变为（360/4000）°。

绝对式编码器对于转轴的每一个位置均产生唯一的二进制编码，因此可用于确定绝对位置。绝对位置的分辨率取决于二进制编码的位数，即码道的个数。目前光电编码器单个编码盘可以做到 18 个码道。

使用二进制码编码盘时，当编码盘在其两个相邻位置的边缘交替或来回摆动时，由于制造精度和安装质量误差或光电器件的排列误差将产生编码数据的大幅跳动，导致位置显示和控制失常。例如，从位置 0011 到 0100，若位置失常，就可能得到 0000、0001、0010、0101、0110、0111 等多个码值。所以，普通二进制码编码盘现在已较少使用，而改为采用图 6-4b 所示的格雷码编码盘。

格雷码为循环码，真值与其码值及二进制码值的对照如表 6-1 所示。格雷码是非加权码，其特点是相邻两个代码间只有一位数变化，即 0 变 1，或 1 变 0。如果在连续的两个数码中发现数码变化超过一位，就认为是非法的数码，因而格雷码具有一定的纠错能力。

表 6-1　格雷码与二进制码及真值对照表

真值	格雷码	二进制码	真值	格雷码	二进制码
0	0000	0000	8	1100	1000
1	0001	0001	9	1101	1001
2	0011	0010	10	1111	1010
3	0010	0011	11	1110	1011
4	0110	0100	12	1010	1100
5	0111	0101	13	1011	1101
6	0101	0110	14	1001	1110
7	0100	0111	15	1000	1111

格雷码实质上是二进制码的另一种数值形式，是对二进制码的一种加密处理。格雷码经过解密就可转化为二进制码，实际上也只有解密成二进制码才能得到真正的位置信息。格雷码的解密可以通过硬件解密器或软件解密来实现。

光电编码器的性能主要取决于编码盘中光电敏感元件的质量及光源的性能。一般要求光源具有较好的可靠性及环境适应性，且光源的光谱与光电敏感元件（受光体）相匹配。如需提高信号的输出强度，输出端还可以接电压放大器。为了减少光噪声的污染，在光通路中还应加上透镜和狭缝装置。透镜使光源发出的光聚焦成平行光束，狭缝宽度要保证所有轨道的光电敏感元件的敏感区均处于狭缝内。

3. 增量式光电编码器

增量式光电编码器能够以数字形式测量出转轴相对于某一基准位置的瞬间角位置，另外还能测出转轴的转速和转向。在机器人的关节转轴上装有增量式光电编码器，可测量出转轴的相对位置，但不能确定机器人转轴的绝对位置，所以这种光电编码器一般用于定位精度要求不高的机器人，如喷涂、搬运及码垛机器人等。

增量式旋转编码器也可以用一个传感器检测角度和角速度。这种编码器单位时间内输出脉冲的数目与角速度成正比。

增量式光电编码器没有接触磨损，允许高转速，精度及可靠性好，但结构复杂，安装困难。图 6-5a 所示为编码盘的结构图，编码器的编码盘有三个同心光栅，分别称为 A 相、B 相和 C 相光栅。A 相光栅与 B 相光栅上分别间隔有相等的透明和不透明区域用于透光和遮光，A 相和 B 相在编码盘上互相错开半个区域。当编码盘以图示顺时针方向旋转时，A 相光栅先于 B 相透光导通，A 相和 B 相光电元件接受时断时续的光。A 相超前 B 相 90°的相位角（1/4 周期），产生了近似正弦的信号，如图 6-5b 所示。这些信号放大整形后成为图 6-5c 所示的脉冲数字信号。

根据 A、B 相任何一光栅输出脉冲数的大小就可以确定编码盘的相对转角；根据输出脉冲的频率可以确定编码盘的转速；采用适当的逻辑电路，根据 A、B 相输出脉冲的相序就可以确定编码盘的旋转方向。A、B 两相光栅为工作信号，C 相为标志信号，编码盘每旋转一周，标志信号发出一个脉冲，它用来作为同步信号。

图 6-5　增量式编码器的工作原理

a) 编码盘结构图　b) A 相、B 相的正弦波　c) A 相、B 相的脉冲数字信号

在采用增量式旋转编码器时，得到的是从角度的初始值开始检测到的角度变化，问题变为要知道现在的角度，就必须利用其他方法来确定初始角度。

角度的分辨率由环带上缝隙条纹的个数决定。例如，在一转（360°）内能形成 600 个缝隙条纹，就称其为 600p/r（脉冲/转）。此外，分辨率以 2 的幂乘作为基准，例如 $2^{11} = 2048$p/r 等这类分辨率的产品，已经在市场上销售。

目前已出现包含绝对式和增量式两种类型的混合式编码器。使用这种编码器时，在确定初始位置时，用绝对式来进行，在确定由初始位置开始的变动角的精确位置时，则可以用增量式。如果不用圆形转盘而是采用一个轴向移动的板状编码器，则称为直线编码器。它是检测单位时间的位移距离。直线编码器与回转编码器一样，也可用作位置传感器和加速度传感器。

4. 激光干涉式编码器

采用伺服电动机驱动的位置控制机器人，其高速旋转的电动机，必须与低速转动的关节的速度相配合，为了获得转矩，应设计电动机与关节之间的减速器。因此，当角度传感器不能直接连接到关节而连接到电动机上时，检测关节角度的分辨率，乘以齿轮比后其值会变大，是有利的。大多数机器人采用了这种形式，在伺服电动机中组装上旋转编码器。但是，齿轮旋转时，如果摩擦力大，则会出现齿隙和偏斜，从而妨碍平滑地运行，为了改善这一问题，就产生不带齿轮，而让电动机与关节直接连接的机器人。这种形式的机器人称为直接驱

动型机器人。如果采用这种机器人，因为不能用齿轮比去增强对关节角度的检测能力，所以必须研究具有高分辨率的传感器。具有代表性的产品是激光干涉式编码器，这种编码器是一种每转能输出 225000 个正弦波的设备。因为这种正弦波的形状非常精确，所以可以利用电气方法进行精细地分割。例如，一个正弦波被分割成 80 份时，则可以获得每转具有 1800 万个脉冲输出的产品。

5. 旋转变压器

旋转变压器又称分解器、分相器，是一种控制用的微电动机，是将机械转角变换成与该转角呈某一函数关系的电信号的一种间接测量装置。它是一种用来检测旋转角度的旋转型感应电动机，输出的正弦波相位伴随着转子旋转角度的变化做相应地变化。根据这种相位变化，可以检测出旋转角度。

现用图 6-6 所示，来说明分相器的工作原理。当在两个相互成直角配置的固定线圈上，施加相位差为 90° 的两相正弦波电压 $E\sin\omega t$ 和 $E\cos\omega t$ 时，在内部空间会产生旋转磁场。于是，当在这个磁场中放置两个相互成直角的旋转线圈时（设与固定线圈之间的相对转角为 θ），则在两个旋转线圈上产生的电压分别为 $E_0\sin(\omega t + \theta)$ 和 $E_0\cos(\omega t + \theta)$。

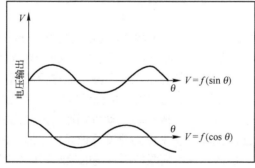

图 6-6 旋转变压器工作原理

若用识别电路把这个相位差识别出来，就可以实现 2^{12} 的分辨率。

旋转变压器结构简单，动作灵敏，对环境无特殊要求，维护方便，输出信号幅度大，抗干扰性强，工作可靠。

6.2.3 机器人的速度传感器

速度传感器是机器人中较重要的内部传感器之一。由于在机器人中主要测量机器人关节的运行速度，故这里仅介绍角速度传感器。

目前广泛使用的角速度传感器有测速发电机和增量式光电编码器两种。测速发电机是应用最广泛、能直接得到代表转速的电压且具有良好实时性的一种速度测量传感器。增量式编码器既可以用来测量增量角位移又可以测量瞬时角速度。速度的输出有模拟式和数字式两种。

1. 测速发电机

测速发电机是利用发电机原理的速度传感器或角速度传感器。按其构造分为直流测速发电机和交流测速发电机。

直流测速发电机实际就是一种微型直流发电机，按定子磁极的励磁方式分为电磁式和永磁式。直流测速发电机的输出电压与转速要严格保持正比关系，这在实际中是难以做到的，直流测速发电机输出的是一个脉动电压，其交变分量对速度反馈控制系统、高精度的解算装置有较明显的影响。

交流异步测速发电机与交流伺服电动机的结构相似，其转子结构有笼型的，也有杯型的，在自动控制系统中多用空心杯转子异步测速发电机。交流同步测速发电机因感应电势频率随转速而变，致使电动机本身的阻抗及负载阻抗均随转速而变化，因此，输出电压不再与转速成正比关系。故同步测速发电机应用较少。

测速发电机的作用是将机械速度转换为电气信号，常用作测速元件、校正元件、解算元件，与伺服电动机配合，广泛应用于许多速度控制或位置控制系统中。如在稳速控制系统中，测速发电机将速度转换为电压信号作为速度反馈信号，可达到较高的稳定性和较高的精度，在计算解答装置中，常作为微分、积分元件。

测速发电机是一种模拟式速度传感器。它实际上是一台小型永磁式直流发电机。其工作原理基于法拉第电磁感应定律，当通过线圈的磁通量恒定时，位于磁场中的线圈旋转使线圈两端产生的电压（感应电动势）与线圈（转子）的转速成正比，即：

$$u = kn \tag{6-2}$$

式中，u 为测速发电机的输出电压（V）；n 为测速发电机的转速（r/min）；k 为比例系数。

从式（6-2）中看出，输出电压与转子转速呈线性关系。但当直流测速发电机带有负载时，电枢的线圈绕组便会产生电流而使输出电压下降，这样便破坏了输出电压与转速的线性度，使输出特性产生误差。为了减少测量误差，应使负载尽可能小且保持负载性质不变。

测速发电机的转子与机器人关节伺服驱动电动机相连就能测出机器人运动过程中的关节转动速度，并能在机器人速度闭环系统中作为速度反馈元件。所以测速发电机在机器人控制系统中得到了广泛的应用。机器人速度伺服控制系统的控制原理如图 6-7 所示。

图 6-7 机器人速度伺服控制系统

测速发电机线性度好、灵敏度高、输出信号强，目前检测范围一般为 20～40r/min，精度为 0.2%～0.5%。

2．增量式光电编码器

如前所述，增量式光电编码器在机器人中既可以作为位置传感器测量关节相对位置，又可以作为速度传感器测量关节速度。作为速度传感器时既可以在模拟方式下使用，又可以在数字方式下使用。

（1）模拟方式

在这种方式下，必须有一个频率-电压（F-V）变换器，用来把编码器测得的脉冲频率转换成与速度成正比的模拟电压。其原理如图 6-8 所示。F-V 变换器必须有良好的零输入、零输出特性和较小的温度漂移才能满足测试要求。

图 6-8　模拟方式的增量式编码盘测速

（2）数字方式

数字方式测速是利用数学方式用计算机软件计算出速度。由于角速度是转角对时间的一阶导数，如果能测得单位时间 Δt 内编码器转过的角度 $\Delta \theta$，则编码器在该时间内的平均转速为：

$$\bar{\omega} = \frac{\Delta \theta}{\Delta t} \tag{6-3}$$

单位时间取得越小，则所求得的转速越接近瞬时转速。然而时间太短，编码器通过的脉冲数太少，会导致所得到的速度分辨率下降，需要使用以下方法得以解决。

编码器一定时，编码器的每转输出脉冲数就确定。设某一编码器为 2000P/r，则编码器连续输出两个脉冲转过的角度为：

$$\Delta \theta = \frac{2}{1000} \times 2\pi$$

转过该角度的时间增量用图 6-9 所示测量电路测得。测量时利用一高频脉冲源发出连续不断的脉冲，设该脉冲源的周期为 0.1ms，用一计数器测出编码器发出两个脉冲的时间内高频脉冲源发出的脉冲数。门电路在编码器发出第一个脉冲时开启，发出第二个脉冲时关闭。这样计数器计得的计数值就是时间增量内高频脉冲源发出的脉冲数。设该计数值为 100，则得时间增量为 $\Delta t=0.1\mathrm{ms}\times100=10\mathrm{ms}$。所以角速度为：

$$\Delta \bar{\omega} = \frac{\Delta \theta}{\Delta t} = \left(\frac{2}{1000} \times 2\pi\right) / (10 \times 10^{-3})\mathrm{rad/s} = 1.256\mathrm{rad/s}$$

图 6-9　时间增量测量电路

6.2.4 机器人的姿态传感器

姿态传感器是用来检测机器人与地面相对关系的传感器。当机器人被限制在工厂的地面时，没有必要安装这种传感器，如大部分工业机器人。但是当机器人脱离了这个限制，并且能够进行自由移动时，如移动机器人，安装姿态传感器就成为必要的了。

典型的姿态传感器是陀螺仪，它利用的是高速旋转物体（转子）经常保持其一定姿态的性质。转子通过一个支撑它的，被称为万向接头的自由支持机构，安装在机器人上。如图 6-10 所示为一个速率陀螺仪，当机器人围绕着输入轴以角速度 ω 转动时，与输入轴正交的输出轴仅转过角度 θ。在速率陀螺仪中，加装了弹簧。卸掉这个弹簧后的陀螺仪，称为速率积分陀螺仪，此时输出轴以角速度旋转，且此角速度与围绕输入轴的旋转角速度 ω 成正比。

姿态传感器设置在机器人的躯干部分，它用来检测移动中的姿态和方位变化，保持机器人的正确姿态，并且实现指令要求的方位。除此以外，还有气体速率陀螺仪、光陀螺仪，前者利用了姿态变化时气流也发生变化这一现象；后者则利用了当环路状光相对于惯性空间旋转时沿这种光径传播的光会因向右旋转而呈现速度变化的现象。另一种形式的压电振动式陀螺传感器的结构如图 6-11 所示。

图 6-10 速率陀螺仪原理

1—电动机 2—角度传感器 3—转子 4—弹簧

图 6-11 压电振动式陀螺传感器的结构

6.3 机器人的外部传感器

外部传感器主要用来检测机器人所处环境及目标状况，如是什么物体、离物体的距离有多远、抓取的物体是否滑落等，从而使得机器人能够与环境发生交互作用并对环境具有自我校正和适

6-3 机器人的外部传感器

应能力。

广义来看，机器人外部传感器就是具有人类五官的感知能力的传感器，用来检测机器人所处环境（如是什么物体，离物体的距离有多远等）及状况（如抓取的物体是否滑落）的传感器。具体有物体识别传感器、物体探伤传感器、接近觉传感器、距离传感器、力觉传感器和听觉传感器等。

6.3.1 机器人的触觉传感器

人的触觉是人类感觉的一种。它通常包括热觉、冷觉、痛觉、触压觉和力觉等。

机器人触觉的原型是模仿人的触觉功能，它是有关机器人和对象物之间直接接触的感觉。通过触觉传感器与被识别物体相接触或相互作用来完成对物体表面特征和物理性能的感知。若没有触觉，就不能完好平稳地抓住纸做的杯子，也不能握住工具。

机器人触觉的主要功能有以下两个方面。

1）检测功能：对操作物进行物理性质检测。如粗糙度、硬度等。其目的是：感知危险状态，实施自身保护；灵活地控制手爪及关节以操作对象物；使操作具有适应性和顺从性。

2）识别功能：识别对象物的形状（如识别接触到的表面形状）。

触觉有接触觉、压觉、力觉和滑觉四种。接触觉是指手指与被测物是否接触，是接触图形的检测。压觉是垂直于机器人和对象物接触面上的力感觉。力觉是机器人动作时各自由度的力感觉。滑觉是物体向着垂直于手指把持面的方向滑动或变形。狭义的触觉照字面来看是指前三种感知接触的感觉。目前还难以实现的材质感觉，如丝绸、皮肤触感，也会包含在触觉中。下面就分别介绍以下这四种触觉传感器。另外还有接触觉、滑觉和接近觉三种感觉组合为一体的传感器。

1. 接近觉传感器

（1）接近觉传感器概述

接近觉传感器是机器人用来探测其自身与周围物体之间相对位置或距离的一种传感器，它探测的距离一般在几毫米到十几厘米之间。接近觉传感器能让机器人感知区间内对象物或障碍物的距离、对象物的表面性质等，其目的是在接触对象前得到必要的信息，以便后续动作。这种感觉是非接触性的，实质上可以认为是介于触觉与视觉之间的感觉。有时接近觉传感器与视觉、触觉等传感器没有明显的区别。

由于这类传感器可用以感知对象位置，故也被称为位置觉传感器。传感器越接近物体，越能精确地确定物体位置，因此常安装于机器人的手部。

目前按照转换原理的不同接近觉传感器分为电磁式、光电式、电容式、气动式、超声波式、红外式等类型。根据感知范围（或距离），接近觉传感器大致可分为三类：感知近距离物体（mm 级），包括电磁感应式、气压式、电容式；感知中距离物体（30cm 以内），包括红外光电式；感知远距离物体（30cm 以外），包括超声式、激光式。

（2）电涡流式接近觉传感器

导体在一个不均匀的磁场中运动或处于一个交变磁场中时，其内部就会产生感应电流。这种感应电流称为电涡流，这一现象称为电涡流现象，利用这一原理可以制作电涡流传感器。电涡流传感器的工作原理如图 6-12 所示。电涡流传感器通过通有交变电流的线圈向外发射高频变化的电磁场，处在磁场周围的被测导电物体就产生了电涡流。由于传感器的电磁场方向与产生的电涡流方向相反，两个磁场相互叠加削弱了传感器的电感和阻抗。

用电路把传感器电感和阻抗的变化转换成转换电压，则能计算出目标物与传感器之间的距离。该距离正比于转换电压，但存在一定的线性误差。对于钢或铝等材料的目标物，线性度误差为±0.5%。

电涡流传感器外形尺寸小，价格低廉，可靠性高，抗干扰能力强，而且检测精度也高，能够检测到 0.02mm 的微量位移。但是该传感器检测距离短，一般只能测到 13mm 以内，且只能对固态导体进行检测，这是其不足之处。

图 6-12　电涡流传感器的工作原理

（3）光纤式接近觉传感器

光纤是一种新型的光电材料，在远距离通信和遥测方面应用广泛。用光纤制作接近觉传感器可以用来检测机器人与目标物间较远的距离。这种传感器具有抗电磁干扰能力强，灵敏度高，响应快的特点。

光纤式传感器有三种不同的形式。

第一种为射束中断型，如图 6-13a 所示。这种光纤传感器中，如果光发射器和接收器通路中的光被遮断，则说明通路中有物体存在，传感器便能检测出该物体。这种传感器只能检测出不透明物体，对透明或半透明的物体无法检测。

图 6-13　光纤传感器

a) 射束中断型光纤传感器　b) 回射型光纤传感器　c) 扩散型光纤传感器

第二种为回射型，如图 6-13b 所示。不透光物体进入 Y 型光纤束末端和靶体之间时，到达接收器的反射光强度大为减弱，故可检测出光通路上是否有物体存在。与第一种类型相比，回射型光纤传感器可以检测出透光材料制成的物体。

第三种为扩散型，如图 6-13c 所示。与第二种相比少了回射靶。因为大部分材料都能反射一定量的光，这种类型可检测透光或半透光物体。

（4）电容式接近觉传感器

如图 6-14 所示为电容式接近觉传感器的检测原理。利用了平板电容器的电容 C 与极板距离 d 成反比的关系。其优点是对物体的颜色、构造和表面都不敏感且实时性好；其缺点是必须将传感器本身作为一个极板，被接近物作为另一个极板。这就要求被测物体是导体且必须接地，大大降低了其实用性。

图 6-14 电容式接近觉传感器检测原理

当然，也可以使用如图 6-15 所示的电容式接近觉传感器。如果传感器本体由两个极板 1、2 构成，一个极板 1 由固定频率的正弦波电压激励，另一个极板 2 接电荷放大器，被测物体 0 介于两个极板之间时。在传感器两极板与被接近物三者间形成一交变电场。

当被测物体 0 接近两个极板时，两个极板之间的电场受到影响，也可以认为被测物体阻断了两个极板间的连续电力线。电场的变化引起两个极板间电容的变化。由于电压幅值恒定，所以电容的变化又反映为第二个极板上电荷的变化。测得了这个变化就能测得被测物体的接近程度。

图 6-15 电容式接近觉传感器

（5）霍尔式接近觉传感器

霍尔效应指的是金属或半导体片置于磁场中，当有电流流过时，在垂直于电流和磁场的方向上产生电动势。霍尔传感器单独使用时，只能检测有磁性物体。当与永磁体联合使用时，可以用来检测所有的铁磁物体。如图 6-16 所示。

传感器附近没有铁磁物体时，霍尔传感器感受一个强磁场；若有铁磁物体时，由于磁力线被铁磁物体旁路，传感器感受到的磁场将减弱。

图 6-16　霍尔传感器与永久磁铁组合使用

a) 传感器未接近物体时　b) 传感器接近铁磁体时

（6）喷气式接近觉传感器

一种检测反作用力的方法是检测碰到物体后气体喷流的压力。如图 6-17 所示，在该机构中，气源输送一定压力 p_1 的气流，离物体的距离 x 越小，气流喷出的面积越窄越小，气缸内的压力 p 则增大。如果事先求出距离和压力的关系，即可根据压力 p 测定距离 x。

图 6-17　喷气式接近觉传感器示例

接近觉传感器主要感知传感器与物体之间的接近程度。它与精确的测距系统虽然不同，但又有相似之处。可以说接近觉是一种粗略的距离传感器。接近觉传感器在机器人中主要有两个用途，避障和防止冲击，前者如移动的机器人如何绕开障碍物，后者如机械手抓取物体时实现柔性接触。接近觉传感器应用场合不同，感觉的距离范围也不同，远的可达几米至十几米，近的可至几毫米甚至 1mm 以下。

2. 接触觉传感器

（1）接触觉传感器概述

人类的触觉能力是相当强的。通过触觉，人们能不用眼睛就识别接触物体的外形，并辨别出它是什么东西。许多小型物体完全可以靠人的触觉辨认出来，如螺钉、开口销、圆销等。如果要求机器人能够进行复杂的装配工作，它也需要具有这种能力。采用多个接触传感器组成的触觉传感器阵列是辨认物体的方法之一。

机器人中最早的接触觉传感器为开关式传感器，只有 0 和 1 两个信号，相当于开关的接通与关闭两个状态，用于表示手指与对象物的接触与不接触。触觉传感器的工作重点集中在阵列式触觉传感器信号的处理上，目的是辨识接触物体的形状。

1）接触觉传感器的作用。

接触觉传感器在机器人中有以下几方面的作用：感知操作手指与对象物之间的作用力，使手指动作适当；识别操作物的大小、形状、质量及硬度等；躲避危险，以防碰撞障碍物引起事故。

如果要检测对象物的形状，就需要在接触面上安装许多敏感元件。由于传感器具有一定的体积，此时如果仍然使用开关型传感器，布置的传感器数目不会很多，对形状的识别也就很粗糙。

2）接触觉传感器的种类。

对于非阵列接触觉传感器，信号的处理主要是为了感知物体的有无。由于信息量较少，处理技术相对比较简单、成熟。

对于阵列式接触觉传感器，其目的是辨识物体接触面的轮廓。这种信号的处理涉及信号处理、图像处理、计算机图形学、人工智能、模式识别等技术，是一门比较复杂、比较困难的技术，还很不成熟，有待于进一步研究和发展。

3）接触觉阵列原理。

电极与柔性导电材料（条形导电橡胶、PVF_2 薄膜）保持电气接触，导电材料的电阻随压力而变化。当物体压在其表面时，将引起局部变形，测出连续的电压变化，就可测量局部变形。电阻的改变很容易转换成电信号，其幅值正比于施加在材料表面上某一点的力。如图 6-18、图 6-19 所示。

图 6-18　阵列接触觉传感器

图 6-19　装有触觉传感器阵列的手爪

（2）开关式接触觉传感器

开关式接触觉传感器的特点是外形尺寸十分大，空间分辨率低。机器人在探测是否接触到物体时有时用开关式传感器，传感器接受由于接触产生的柔量（位移等的响应）。机械式的接触传感器有微动开关、限位开关等。微动开关是按下开关就能进入电信号的简单机构。接触觉传感器即使用很小的力也能动作，多采用杠杆原理。限定机器人动作范围的限位开关等也可使用。

平板上安装着多点通、断传感器附着板的装置。平常为通态，当与物体接触时，弹簧收缩，上、下板间电流断开。它的功能相当于一个开关，即输出 0 和 1 两种信号。可用于控制机械手的运动方向和范围、躲避障碍物等。如图 6-20 所示是开关式接触觉传感器的机构和使用示例。

图 6-20 开关式接触觉传感器示例

a) 机构 b) 使用示例

（3）面接触式传感器

将接触觉阵列的电极或光电开关应用于机器人手爪的前端及内外侧面，或在相当于手掌心的部分装置接触式传感器阵列，则通过识别手爪上接触物体的位置，可使手爪接近物体并且准确地完成把持动作。如图 6-21 所示是一种面接触觉传感器的使用示例。

图 6-21 面接触觉传感器示例

（4）触须式传感器

触须式传感器由须状触头及其检测部分构成，触头由具有一定长度的柔空软条丝构成，它与物体接触所产生的弯曲由在根部的检测单元检测。与昆虫的触角功能一样，触须式传感器的功能是识别接近的物体，用于确认所设定的动作结束，以及根据接触发出回避动作的指令或搜索对象物的存在。如图 6-22 所示。

图 6-22 触须式光纤触觉传感器装置

（5）其他原理的接触觉传感器

将集成电路工艺应用到传感器的设计和制造中，使传感器和处理电路一体化，得到大规模或超大规模阵列式触觉传感器。

选择更为合适的敏感材料，主要有导电橡胶、压电材料、光纤等；其他常用敏感材料有半导体应变计，其原理与应变片一样，即应变变形原理；另外还有光学式触觉传感器、电容式阵列触觉传感器等。如图 6-23 所示。

图 6-23　各种触觉传感器

a)、g)、h) 金属弹簧式　b) 金属箔式　c)、f) 导电橡胶式　d) 碳纤维式

e) 金属导电橡胶式　i) 含碳海绵式　j) 铍青铜式

1—导电橡胶　2—金属　3—绝缘体　4、9—海绵状橡胶　5—橡胶　6—金属箔　7—碳纤维
8—含碳海绵　10—泡沫　11—铍青铜　12—衬底　13—引线

一般用导电合成橡胶作为触觉传感器的敏感元件。这种橡胶压变时其体电阻的变化很小，但接触面积和反向接触电阻随外部压力的变化很大。这种敏感元件可以做得很小，一般 $1cm^2$ 的面积内可有 256 个触觉敏感元件。敏感元件在接触表面以一定形式排列成阵列传感器，排列的传感器越多，检测越精确。目前出现了一种新型的触觉传感器——人工皮肤，它实际上就是一种超高密度排列的阵列传感器，主要用于表面形状和表面特性的检测。

压电材料是另一种有潜力的触觉敏感材料，其原理是利用晶体的压电效应，在晶体上施压时，一定范围内施加的压力与晶体的电阻成比例关系。但是一般晶体的脆性比较大，作敏感材料时很难制作。目前已有一种聚合物材料具有良好的压电性，且柔性好，易制作，有望成为新的触觉敏感材料。

3. 压觉传感器

（1）压觉传感器概述

压觉指的是手指把持被测物体时感受到的感觉，实际是接触觉的延伸。目前的压觉传感器主要是分布式压觉传感器，即通过把分散敏感元件排列成矩阵式格子来设计的。导电橡胶、感应高分子、应变计、光电器件和霍尔元件常被用作敏感元件阵列单元。现有压觉传感器一般有如下几种。

1）利用某些材料的压阻效应制成压阻器件，将它们密集配置成阵列，即可检测压力的分布。

2）利用压电晶体的压电效应检测外界压力。

3）利用半导体压敏器件与信号电路构成集成压敏传感器。

4）利用压磁传感器和扫描电路与针式接触觉传感器构成压觉传感器。

对于人类来说，压觉是指用手指把持物体时感受到的感觉，机器人的压觉传感器就是装在其手爪上面，可以在把持物体时检测到物体同手爪间产生的压力和力以及其分布情况的传感器。检测这些量最有效的方法是使用压电元件组成的压电传感器。

压电元件照字面上看，是指在某种物质上施加压力就会产生电信号，即产生压电现象的元件。对于机械式检测，可以使用弹簧。

（2）压电式压觉传感器

压电现象的机理是在显示压电效果的物质上施力时，由于物质被压缩而产生极化（与压缩量成比例），如在两端接上外部电路，电流就会流过，所以通过检测这个电流就可测得压力。压电元件可用计测力 F 和加速度 $a\,(=F/m)$ 的计测仪器上。把加速度输出通过电阻和电容构成的积分电路可求得速度，再进一步把速度输出积分，就可求得移动距离，因此能够比较容易构成振动传感器。

图 6-24　压觉传感器

如果把多个压电元件和弹簧排列成平面状，就可识别各处压力的大小以及压力的分布。使用弹簧的平面传感器如图 6-24 所示，由于压力分布可表示物体的形状，所以也可作为物体识别传感器。虽然不是机器人形状，但把手放在一种压电元件的感压导电橡胶板上，通过识别手的形状来鉴别人的系统，也是压觉传感器的一种应用。

通过对压觉的巧妙控制，机器人既能抓取豆腐及蛋等软物体，也能抓取易碎的物体。

（3）弹簧式压觉传感器

这种传感器是对小型线性调整器的改进。在调整器的轴上安装了线性弹簧。一个传感器有 10mm 的有效行程。在此范围内，将力的变化转换为遵从胡克定律的长度位移，以便进行检测。在一侧手指上，每个 6mm×8mm 的面积分布一个传感器来计算，共排列了 28 个（四行七排）传感器。左、右两侧总共有 56 个传感器输出。用四路 A-D 转换器，高速多路调制器对这些输出进行转换后进入计算机。如图 6-25 所示。图 6-25a 为手指抓住物体的状态；图 6-25b 为手指从图 6-25a 状态稍微握紧的状态。

a)　　　　　　　　　　　　　　　　b)

图 6-25　弹簧式压觉传感器

（4）其他类型压觉传感器

其他类型的压觉传感器有压阻式压觉传感器、电容式压觉传感器。如图 6-26 所示的高密度智能压觉传感器（电阻式），图6-27 所示的硅电容压觉传感器阵列（电容式）。

图 6-26　高密度智能压觉
传感器（压阻式）

图 6-27　硅电容压觉传感器
阵列（电容式）

4. 滑觉传感器

（1）滑觉传感器概述

滑觉传感器是检测垂直加压方向的力和位移的传感器，可用来监测机器人与抓握对象间滑移的程度。用手爪抓取处于水平位置的物体时，手爪对物体施加水平压力，如果压力较小，垂直方向作用的重力会克服这个压力使物体下滑。能够克服重力的手爪把持力称为最小把持力。

一般可将机械手抓取物体的方式分为两种：硬抓取和软抓取。

硬抓取（无感知时采用）：末端执行器利用最大的夹紧力抓取工件。软抓取（有滑觉传感器时采用）：末端执行器使夹紧力保持在能稳固抓取工件的最小值，以免损伤工件。此时机器人要抓住物体，必须确定最适当的握力大小。因此需检测出握力不够时物体的滑动，利用这一信号，在不损坏物体的情况下牢牢抓住物体。

滑觉传感器按被测物体滑动方向可分为三类：无方向性、单方向性和全方向性传感器。其中无方向性传感器只能检测是否产生滑动，无法判别方向；单方向性传感器只能检测单一方向的滑动；全方向性传感器可检测各方向的滑动情况，这种传感器一般制成球形以满足需要。

（2）滑觉传感器原理

实际上可以采用压觉传感器实现滑觉感知。如图 6-28 所示，当用手爪抓取处于水平位置的物体时，手爪对物体施加水平压力，垂直方向作用的重力会克服这一压力使物体下滑。

如果把物体的运动约束在一定面上的力，即垂直作用在这个面的力称为阻力 R（例如离心力和向心力垂直于圆周运动方向且作用在圆心方向）。考虑面上有摩擦时，还有摩擦力 F 作用在这个面的切线方向阻碍物体运动，其大小与阻力 R 有关。静止物体刚要运动时，假设 μ_0 为静止摩擦系数，则 $F \leqslant \mu_0 R$（$F = \mu_0 R$ 称为最大摩擦力）；设运动摩擦系数为 μ，则运动时，摩擦力 $F = \mu R$。

假设物体的质量为 m，重力加速度为 g，图 6-28a 中所示的物体看作是处于滑落状态，则手爪的把持力 F 是为了把物体束缚在手爪面上，垂直作用于手爪面的把持力 F 相当于阻力

R。当向下的重力 mg 比最大摩擦力 $\mu_0 F$ 大时，物体会滑落。重力 $mg = \mu_0 F$ 时的把持力 $F_{min}= mg/\mu_0$ 称为最小把持力。

图 6-28　滑觉传感器
a) 力的平衡　b) 重心的移动

作为滑觉传感器的例子，可用贴在手爪上的面状压觉传感器（参见图 6-28）检测感知的压觉分布重心之类特定点的移动。而在图 6-28 的例子中，若设把持的物体是圆柱体，这时其压觉分布重心移动时的情况如图 6-28b 所示。

（3）滚轮式滑觉传感器

滚轮式滑觉传感器由一个圆柱滚轮测头和弹簧板支承组成，如图 6-29 所示。当工件滑动时，圆柱滚轮测头也随之转动，发出脉冲信号，脉冲信号的频率反映了滑移速度，个数对应滑移的距离。

（4）滚筒式滑觉传感器

滚轮式滑觉传感器只能检测一个方向的滑动。为此，贝尔格莱德大学研制了机器人专用的滚筒式滑觉传感器（如图 6-30 所示）。它由一个金属球和触针组成，金属球表面分成许多个相间排列的导电和绝缘小格。触针头很细，每次只能触及一格。当工件滑动时，金属球也随之转动，在触针上输出脉冲信号。脉冲信号的频率反映了滑移速度，脉冲信号的个数对应滑移距离。

图 6-29　滚轮式滑觉传感器

图 6-30　滚筒式滑觉传感器

接触器触针头面积小于球面上露出的导体面积，它不仅可以做得很小，而且提高了检测灵敏度。球与被握物体相接触，无论滑动方向如何，只要球一转动，传感器就会产生脉冲输出。该球体在冲击力作用下不转动，因此抗干扰能力强。

6.3.2 机器人的力觉传感器

1. 力觉传感器概述

机器人在进行装配、搬运、研磨等作业时需要对工作力或转矩进行控制。例如，装配时需进行将轴类零件插入孔里、调准零件的位置、拧动螺钉等一系列步骤，在拧动螺钉过程中需要有确定的拧紧力；搬运时机器人手爪对工件需有合理的握力，握力太小不足以搬动工件，太大则会损坏工件；研磨时需要有合适的砂轮进给力以保证研磨质量。另外，机器人在自我保护时也需要检测关节和连杆之间的内力，防止机器人手臂因承载过大或与周围障碍物碰撞而引起的损坏。所以力和转矩传感器在机器人中的应用较广泛。

（1）力觉传感器的作用

力觉传感器是用来检测机器人自身力与外部环境力之间相互作用力的传感器。感知是否夹起了工件或是否夹持在正确部位；控制装配、打磨、研磨抛光的质量；装配中提供信息、以产生后续的修正补偿运动来保证装配质量和速度；防止碰撞、卡死和损坏机件。

力觉传感器主要的使用元件有压电晶体、力敏电阻和电阻应变片。电阻应变片是最主要的应用元件，它利用了金属丝拉伸时电阻变大的现象，它被贴在加力的方向上。电阻应变片用导线接到外部电路上可测定输出电压，得出电阻值的变化。

（2）力觉传感器的分类

通常将机器人的力觉传感器分为三类：关节力传感器、腕力传感器和指力传感器。

1）装在关节驱动器上的力传感器，称为关节力传感器，它测量驱动器本身的输出力和转矩，用于控制运动中的力反馈。

2）装在末端执行器和机器人最后一个关节之间的力觉传感器，称为腕力传感器。腕力传感器能直接测出作用在末端执行器上的各向力和转矩。

3）装在机器人手指关节上（或指上）的力觉传感器，称为指力传感器。用来测量夹持物体时的受力情况。

（3）力觉传感器的特点

机器人的这三种力觉传感器依其不同的用途有不同的特点。

1）关节力传感器用来测量关节的受力（转矩）情况，信息量单一，传感器结构也较简单，是一种专用的力传感器。

2）指力传感器一般测量范围较小，同时受手爪尺寸和重量的限制，指力传感器在结构上要求小巧，也是一种较专用的力传感器。

3）腕力传感器从结构上来说，是一种相对复杂的传感器，它能获得手爪三个方向的受力（转矩），信息量较多，又由于其安装的部位在末端执行器和机器人手臂之间，比较容易形成通用化的产品系列。

2. 关节力传感器

对于力控制机器人，当对来自外界的力进行检测时，根据力的作用部位和作用力的情况，传感器的安装位置和构造会有所不同。

例如当希望检测来自所有方向的接触时，需要用传感器覆盖全部表面。这时，要使用分布型传感器，把许多微小的传感器进行排列，用来检测在广阔的面积内发生的物理量变化，这样组成的传感器，称为分布型传感器。如图 6-31 所示。

图 6-31　分布型关节力传感器

虽然目前还没有对全部表面进行完全覆盖的分布型传感器，但是已经开发出来能为手指和手掌等重要部位设置的小规模分布型传感器。因为分布型传感器是许多传感器的集合体，所以在输出信号的采集和数据处理中，需要采用特殊信号处理技术。

3．腕力传感器

目前在手腕上安装力传感器技术已获得了广泛应用。其中六轴传感器，就能够在三维空间内，检测所有的作用转矩。转矩是作用在旋转物体上的力，也称为旋转力。在表示三维空间时，采用三个轴互成直角相交的坐标系。在这个三维空间中，力能使物体做直线运动，转矩能使物体做旋转运动。力可以分解为沿三个轴方向的分量，转矩也可以分解为围绕着三个轴的分量，而六轴传感器就是一种能对全部这些力和转矩进行检测的传感器。

机器人腕力传感器测量的是三个方向的力（转矩），由于腕力传感器既是测量的载体又是传递力的环节，所以腕力传感器的结构一般为弹性结构梁，通过测量弹性体的变形得到三个方向的力（转矩）。

（1）SRI 六维腕力传感器

如图 6-32 所示是 SRI（Stanford Research Institute，斯坦福研究院）研制的六维腕力传感器。它由一只直径为 75mm 的铝管铣削而成，具有 8 个窄长的弹性梁，每一个梁的颈部开有小槽以使颈部只传递力，转矩作用很小。

由于机器人各个杆件通过关节连接在一起，运动时各杆件相互联动，所以单个杆件的受力状况非常复杂。但根据刚体力学可知，刚体上任何一点的力都可以表示为笛卡尔坐标系三个坐标轴的分力和绕三个轴的分转矩。只要测出这三个力和转矩，就能计算出该点的合成力。

在图 6-32 所示的力和转矩传感器上，8 个梁中有 4 个水平梁和 4 个垂直梁，每个梁发生的应变集中在梁的一端，把应变片贴在应变最大处就可以测出一个力。梁的另一头两侧贴有应变片，若应变片的阻值分别为 R_1、R_2，则将其连成图 6-30 所示的形式输出，由于 R_1、R_2 所受应变方向相反，U_0 输出比使用单个应变片时大一倍。

（2）Draper 六维腕力传感器

如图 6-33 所示为 Draper 实验室研制的六维腕力传感器的结构。它将一个整体金属环，按 120°周向分布铣成三根细梁。其上部圆环上有螺孔与手臂相连，下部圆环上的螺孔与手爪连接，传感器的测量电路置于空心的弹性构架体内。该传感器结构比较简单，灵敏度较高，但六维力（转矩）的获得需要解耦运算，传感器的抗过载能力较差，容易受损。

图 6-32　SRI 六维腕力传感器

图 6-33　Draper 六维腕力传感器

该传感器为直接输出型力传感器,不需要再做运算,并能进行温度自动补偿。主要缺点是维间有一定耦合,传感器弹性梁的加工难度大,且传感器刚性较差。

4. 基座力传感器

传感器装在基座上,机械手装配时用来测量安装在工作台上的工件所受的力。如图 6-34 所示。

图 6-34　基座力传感器

6.3.3　机器人的距离传感器

1. 距离传感器概述

与接近觉传感器不同,距离传感器用于测量较长的距离,它可以探测障碍物和物体表面的形状,并且向系统提供早期信息。常用的测量方法是三角法和测量传输时间法。

(1)三角法测距原理

测量原理:仅在发射器以特定角度发射光线时,接收器才能检测到物体上的光斑,利用发射角的角度可以计算出距离。如图 6-35 所示。

三角测量法(Triangulation-based)就是把发射器和接收器按照一定距离安装,然后与被探测的点形成一个三角形的三个顶点,由于发射器和接收器的距离已知,仅在发射器以特定角度发射光线时，接收器才能检测到物体上的光斑，发射角度已知，反射角度也可以被检测到，因此检测点到发射器的距离就可以求出。

（2）测量传输时间法

信号传输的距离包括从发射器到物体和被物体反射到接收器两部分。传感器与物体之间的距离是信号行进距离的一半，知道了传播速度，通过测量信号的往返时间即可计算出距离。

2. 超声波距离传感器

由于超声波指向性强，能量消耗缓慢，在介质中传播的距离较远，因而经常用于距离的测量，如测距仪和物位测量仪等都可以通过超声波来实现。利用超声波检测往往比较迅速、方便、计算简单、易于做到实时控制，并且在测量精度方面能达到工业实用的要求，因此在移动机器人研制上也得到了广泛的应用。

超声波距离传感器是由发射器和接收器构成的，几乎所有超声波距离传感器的发射器和接收器都是利用压电效应制成的。其中，发射器是利用给压电晶体加一个外加电场时，晶片将产生应变（压电逆效应）这一原理制成的；接收器的原理是，当给晶片加一个外力使其变形时，在晶体的两面会产生与应变量相当的电荷（压电正效应），若应变方向相反则产生电荷的极性反向。图 6-36 为一个共振频率在 40kHz 附近的发射接收器结构图。

图 6-35　三角测量法测量原理图

图 6-36　超声波发射接收器结构图

1—锥状体　2—压电元件　3—外壳　4—电极

超声波距离传感器的检测方式有脉冲回波式和频率调制连续波式两种。

（1）脉冲回波式测量

脉冲回波式又叫作时间差测距法。在脉冲回波式测量中，先将超声波用脉冲调制后向某一方向发射，根据经被测物体反射回来的回波延迟时间 Δt，计算出被测物体的距离 R，假设空气中的声速为 v，则被测物与传感器间的距离 R 为：

$$R = v \cdot \frac{\Delta t}{2} \tag{6-4}$$

（2）频率调制连续波式

频率调制连续波式（FW-CW）是采用连续波对超声波信号进行调制，将由被测物体反射延迟 Δt 时间后得到的接收波信号与发射波信号相乘，仅取出其中的低频信号就可以得到与距离 R 成正比的差频 f_r 信号，设调制信号的频率为 f_m，调制频率的带宽为 Δf，则可求得被测物体的距离 R 为：

$$R = \frac{f_x v}{4 f_m \Delta f} \qquad (6\text{-}5)$$

3．红外距离传感器

红外距离传感器是用红外线为介质的测量系统，按照功能可分成如下五类：

1）辐射计，用于辐射和光谱测量；

2）搜索和跟踪系统，用于搜索和跟踪红外目标，确定其空间位置并对它的运动进行跟踪；

3）热成像系统，可产生整个目标红外辐射的分布图像；

4）红外测距和通信系统；

5）混合系统，是指以上各类系统中的两个或者多个的组合。

按探测机理可分成光子探测器和热探测器。红外传感技术已经在现代科技、国防和工农业等领域获得了广泛的应用。红外距离传感的原理基于红外光，采用直接延迟时间测量法、间接幅值调制法和三角法等方法测量到物体的距离。

红外距离传感器具有一对红外信号发射与接收二极管，利用的红外距离传感器发射出一束红外光，在照射到物体后形成一个反射的过程，反射到传感器后接收信号，然后利用处理发射与接收的时间差数据，经信号处理器处理后计算出物体的距离。它不仅可以用于自然表面，也可用于加反射板，测量距离远，具有很高的频率响应，能适应恶劣的工业环境。

4．激光距离传感器

激光距离传感器由激光二极管对准目标发射激光脉冲，经目标反射后，激光向各方向散射，部分散射光返回到传感器接收器，被光学系统接收后成像到雪崩光敏二极管上。雪崩光敏二极管是一种内部具有放大功能的光学传感器，因此它能检测极其微弱的光信号。记录并处理从光脉冲发出到返回被接收所经历的时间，即可测定目标距离。

激光传感器必须极其精确地测定传输时间，因为光速太快，约为 $3 \times 10^8 \text{m/s}$，要想使分辨率达到 1mm，则测距传感器的电子电路必须能分辨出以下极短的时间：

$$0.001\text{m}/(3 \times 10^8 \text{m/s}) = 3\text{ps}$$

要分辨出 3ps 的时间，这是对电子技术提出的过高要求，实现起来造价太高。但是如今的激光传感器巧妙地避开了这一问题，利用一种简单的统计学原理（平均法），即实现了 1mm 的分辨率，并且能保证响应速度。

远距离激光距离传感器在工作时向目标射出一束很细的激光，由光电元件接收目标反射的激光束，计时器测定激光束从发射到接收的时间，计算出从观测者到目标的距离。

6.3.4　机器人的听觉传感器

人用语言指挥机器人，比用键盘指挥机器人更方便。机器人对人发出的各种声音进行检测，执行向其发出的命令。如果是在危险时发出的声音，机器人还必须对此产生回避的行动。

6-4　机器人的
听觉传感器

听觉也是机器人的重要感觉器官之一。机器人听觉系统中的听觉传感器基本形态与麦克风相同，这方面的技术目前已经非常成熟。过去使用基于各种原理的传声器，现在已经变成了小型、廉价且具有高性能的驻极体电容传声器。

1．语音识别技术

由于计算机技术及语音学的发展，现在已经部分实现用机器代替人耳。机器人不仅能通过语音处理及辨识技术识别讲话人，还能正确理解一些简单的语句。

在听觉系统中，最关键问题在于声音识别上，即语音识别技术和语义识别技术。它与图像识别同属于模式识别领域，而模式识别技术是最终实现人工智能的主要手段。语音识别系统实质上与常规模式识别系统一样有特征提取、模式匹配、参考模式库三个基本单元。如图6-37所示。

图6-37　语音识别系统框图

第一步是根据识别系统的类型选择一种识别方法，采用语音分析方法分析出这种识别方法所要求的语音特征参数，这些参数作为标准模式由机器存储起来，形成参考模式库。

第二步是语音识别的核心，采用选择的语音识别方法进行模式匹配。语音识别核心部分又分别表现为模型的建立、训练和识别三个部分。

第三步是进行后处理，后处理通常是一个音字转换过程，还有可能包括更高层次的词法、句法和文法处理，另外也有可能作为某个具体的任务语法的输入。

2．语音识别方式

语音识别系统可分为：特定人语音识别方式和非特定人语音识别方式。

（1）特定人语音识别方式

特定人语音识别方式是将事先指定的人声音中每一个字音的特征矩阵存储起来，形成一个标准模板（或模板），然后再进行匹配。它首先要记忆一个或几个语音特征，而且被指定人讲话的内容也必须是事先规定好的有限的几句话。

特定人说话方式的识别率比较高。为了便于存储标准语音波形及选配语音波形，需要对输入的语音波形频带进行适当的分割，将每个采样周期内各频带的语音特征能量抽取出来，语音识别系统可以识别讲话的人是否是事先指定的人，讲的是哪一句话。

（2）非特定人语音识别方式

非特定人语音识别方式大致可以分为语言识别系统，单词识别系统及数字音（0～9）识别系统。

非特定人语音识别方法需要对一组有代表性的人的语音进行训练，找出同一词音的共性，这种训练往往是开放式的，能对系统进行不断的修正。在系统工作时，将接收到的声音信号用同样的办法求出它们的特征矩阵，再与标准模式相比较，看它与哪个模板相同或相近，从而识别该信号的含义。

3．语音分析与特征的提取

如图6-38所示为语音分析与特征的提取示意图。

图 6-38　语音分析与特征提取示意图

　　语音波形的选配方式有多种，但由于说话人的说话速度不能一直保持一致，因此，在与标准语音波形进行选配比较时，需要将输入的语音数据按时间轴作扩展或压缩处理，这种操作可通过计算各波形间的距离（表示相似程度）实现，称为 DP（动态编程）选配，是语音识别中的基本选配方法，它是从多个与标准语音波形比较的计算结果中，选择波形间距离最小的作为识别结果。

　　在这一过程中，需要进行大量的数据运算。随着 LSI（大规模集成电路）技术的进步，现在几乎所有的语音识别电路都是由一片或几片专用的 LSI 构成。为了能更快、更准确地识别连续语音，在硬件上采用能实现高速数字信号处理的 DSP（数字信号处理器）芯片，在软件上对选配算法进行改进以及采用其他语音识别方式等方法。

6.4 机器人的视觉系统

　　尽管接近觉、触觉和力觉传感器在提高机器人性能方面具有重大的作用，但视觉被认为是机器人最重要的感觉能力。机器人视觉可定义为从三维环境的图像中提取、显示和说明信息的过程。因此对于机器人来说，"眼睛"将会是一种重要的感知设备。

6-5　机器人的视觉系统

拥有机器人视觉系统是智能机器人的重要标志。利用视觉传感器获取三维景物的二维图像，通过视觉处理算法对一幅或多幅图像进行处理、分析和解释，得到有关景物的符号描述，并为特定的任务提供有用的信息，用于引导机器人的动作，这个过程就叫作机器视觉。

6.4.1 机器人视觉系统的组成

1. 机器人的视觉概述

眼睛对人来说十分重要，可以说人类感知客观世界中 70%的信息由视觉获取。人类视觉细胞的数量是听觉细胞的 3000 多倍，是皮肤感觉细胞的 100 多倍。从这个角度也可以看出视觉系统的重要性。至于视觉的应用范围，简直可以说是包罗万象。

（1）机器人视觉系统

人们为了从外界环境获取信息，一般是通过视觉、触觉、听觉等感觉器官来进行的，也就是说如果想要赋予机器人较为高级的智能，那么离开视觉系统是无法做到的。第一代工业机器人只能按照预先规定的动作往返操作，一旦工作环境变化，机器就不能胜任工作。这是因为第一代机器人没有视觉系统，无法感知周围环境和工作对象的情况。因此对于智能机器人来说，视觉系统是必不可少的。

如同人类视觉系统的作用一样，机器人视觉系统赋予机器人一种高级感觉机构，使得机器人能以"智能"和灵活的方式对其周围环境做出反应。机器人的视觉信息系统类似人的视觉信息系统，它包括图像传感器、数据传递系统以及计算机处理系统。

机器人视觉可以划分为六个主要部分：传感预处理、分割、描述、识别、解释。根据上述过程所涉及的方法和技术的复杂性可分为三个处理层次：低层视觉处理、中层视觉处理和高层视觉处理。

（2）机器视觉

我们知道，人的视觉通常是识别环境对象的位置坐标，物体之间的相对位置，物体的形状颜色等，由于人们生活在一个三维的空间里，所以机器人的视觉也必须能够理解三维空间的信息，即机器人的视觉与文字识别或图像识别是有区别的，它们的区别在于机器人视觉系统需要处理三维图像，不仅需要了解物体的大小、形状，还要知道物体之间的关系。为了实现这个目标，要克服很多困难。因为视觉传感器只能得到二维图像，那么从不同角度上来看同一物体，就会得到不同的图像。光源的位置不同，得到的图像的明暗程度与分布情况也不同；实际的物体虽然互不重叠，但是从某一个角度上看，却能得到重叠的图像。为了解决这个问题，人们采取了很多的措施，并在不断地研究新方法。

通常，为了减轻视觉系统的负担，人们总是尽可能地改善外部环境条件，对视角、照明、物体的放置方式做出某种限制。但更重要的还是加强视觉系统本身的功能和使用较好的信息处理方法。

2. 机器人视觉系统的组成

一个典型的机器人视觉系统由视觉传感器、图像处理机、计算机及其相关软件组成。如图 6-39 所示。

（1）机器人视觉系统的硬件

机器人视觉系统的硬件由以下几个部分组成。

1）景物和距离传感器：常用的有摄像机、CCD 图像传感器、超声波传感器和结构光设备等。

2）视频信号数字化设备：其任务是把摄像机或 CCD 输出的信号转换成方便计算和分析的数字信号。

图6-39 机器人视觉系统组成

3）视频信号快速处理器：视频信号实时、快速、并行算法的硬件实现设备，如DSP系统。

4）计算机及其外设：根据系统的需要可以选用不同的计算机及其外设来满足机器人视觉信息处理及机器人控制的需要。

（2）机器人视觉系统的软件。

机器人视觉的软件系统由以下几个部分组成。

1）计算机系统软件：选用不同类型的计算机，就要有不同的操作系统和它所支撑的各种语言、数据库等。

2）机器人视觉信息处理算法：图像预处理、分割、描述、识别和解释等算法。

6.4.2 机器人视觉系统的原理

图像传感器是采用光电转换原理，用来摄取平面光学图像并使其转换为电子图像信号的器件。图像传感器必须具备两个作用，一是把光信号转换为电信号；二是将平面图像上的像素进行点阵取样，并把这些像素按时间取出。

图像传感器又称为摄像管。摄像管的发展很迅速，它经历了光电摄像管、超光电摄像管、正析摄像管、光导摄像管以及新发展起来的 CCD 图像传感器、CMOS 图像传感器等固体摄像管。

1. 图像信号的数学运算

图像信号一般是二维信号，一幅图像通常由 512×512 个像素组成（当然有时也有256×256，或者 1024×1024 个像素），每个像素有 256 级灰度，一幅图像就有 256KB 或者768KB（对于彩色）个数据。

为了完成视觉处理的传感、预处理、分割、描述、识别和解释，上述前几项主要完成的数学运算可以归纳为如下几点。

（1）点处理

常用于对比度增强、小密度非线性校正、阈值处理、伪彩色处理等。每个像素的输入数据经过一定的变换关系映射成像素的输出数据，例如对数变换可实现暗区对比度扩张。

（2）二维卷积的运算

常用于图像平滑、尖锐化、轮廓增强、空间滤波、标准模板匹配计算等。若用 M×M 卷积核矩阵对整幅图像进行卷积时，要得到每个像素的输出结果就需要作 M^2 次乘法和（M^2-1）次加法，由于图像像素一般很多，即使用较小的卷积和，也需要进行大量的乘加运算和存储器访问。

（3）二维正交变换

常用的二维正交变换有 FFT、Walsh、Haar 和 K-L 变换等，常用于图像增强、复原、二维滤波、数据压缩等。

（4）坐标变换

常用于图像的放大缩小、旋转、移动、配准、几何校正和由投影值重建图像等。

（5）统计量计算

常用统计量计算有计算密度直方图分布、平均值和协方差矩阵等。在进行直方图均衡化、面积计算、分类和 K-L 变换时，常要进行这些统计量计算。

2. 视频信号的处理方案

在视觉信号处理时，要进行上述运算，计算机需要大量的运算次数和大量的存储器访问次数。如果采用一般的计算机进行视频数字信号处理，就有很大的限制。所以在通用的计算机上处理视觉信号，有两个突出的局限性：一是运算速度慢，二是内存容量小。为了解决上述问题，可以采用如下方案。

（1）通用的视频信号处理系统

为了解决小型计算机运算速度慢、存储量小的缺点，人们自然会使用大型高速计算机，利用大型高速计算机组成通用的视频信号处理系统的缺点是成本太高。

（2）小型高速阵列机

为了降低视频信号处理系统的造价，提高设备的利用率，有的厂家在设计视频信号处理系统时，选用造价低廉的中小型计算机为主机，再配备一台高速阵列机。

（3）采用专用的视觉处理器

为了适应微型计算机视频数字信号处理的需要，不少厂家设计了专用的视觉信号处理器，它的结构简单、成本低、性能指标高。多数采用多处理器并行处理，流水线式体系结构以及基于 DSP 的方案。

6.4.3 视觉信息的处理

如何从视觉传感器输出的原始图像中得到景物的精确三维集合描述和定量地确定景物中物体的特性是非常困难的，也是目前计算机视觉，或称为图像理解的主要研究课题。但是对于完成某一特定的任务所用的机器视觉系统来说，则不需要全面地"理解"它所处的环境，而只需要抽取为完成该任务所必需的信息。

视觉信息的处理如图 6-40 所示，包括预处理、分割、特征抽取和识别四个模块。

图 6-40　视觉处理过程及方法

预处理是视觉处理的第一步。其任务是对输入图像进行加工，消除噪声，改进图像的质量，为以后的处理创造条件。

为了给出物体的属性和位置的描述，必须先将物体从其背景中分离出来，因此对预处理以后的图像首先要进行分割，就是把代表物体的那一部分像素集合抽取出来。

一旦这一区域抽取出来以后，就要检测它的各种特性，包括颜色、纹理，尤其重要的是它的集合形状特性，这些特性构成了识别某一物体和确定它的位置和方向的基础。

物体识别主要基于图像匹配，即根据物体的模板、特征或结构与视觉处理的结果进行匹配比较，以确认该图像中包含的物体属性，给出有关的描述，输出给机器人控制器以完成相应的动作。

1．图像的预处理

预处理的主要目的是清除原始图像中各种噪声等无用的信息，改进图像的质量，增强感兴趣的有用信息的可检测性。从而使后面的分割、特征抽取和识别处理得以简化，并提高其可靠性。机器视觉常用的预处理包括去噪、灰度变换和锐化等。

（1）去噪

原始图像中不可避免地会包括许多噪声，如传感器噪声、量化噪声等。通常噪声比图像本身包含较强的高频成分，而且噪声具有空间不相关性，因此简单的低通滤波是最常用的一种去噪方法。在处理静止图像时可以利用时间滤波技术，即连续取多幅图像，对应像素的灰度值进行相加求平均，这样对于消除随机噪声非常有效，而且对图像没有任何影响。

（2）灰度变换

由于光照等原因，原始图像的对比度往往不理想，利用各种灰度变换处理可以增强图像的对比度。例如有时图像亮度的动态范围很小，表现为其直方图较窄，即灰度等级在某一区间内，这时通过所谓直方图拉伸处理，即通过灰度变换将原直方图两端的灰度值分别拉向最小值（0）和最大值（255），使图像占有的灰度等级充满（0～255）整个区域，从而使图像的层次增多，达到图像细节增强的目的。

（3）锐化

为了突出图像中的高频成分，使轮廓增强，可以采用锐化处理。最简单的办法是采用高通滤波器。

2．图像的分割

图像的分割是指从图像中把景物提取出来的处理过程，其目的是把图像划分成不同的区域，以便人们对图像中的某一部分做进一步的分析。像素点都满足基于灰度、纹理、色彩等特征的某种相似性准则。连通性是指在该区域内存在连接任意两点的路径，即所含的全部像素彼此邻接。

图像的分割大致可分为两类。一类是以区域为对象进行分割，根据图像的灰度、色彩来划分图像空间；一类是以物体边界为对象进行分割。

3. 图像的特征抽取

常用的图像特征有颜色特征、纹理特征、几何特征（形状特征、空间关系特征）等。

（1）颜色特征

颜色特征是一种全局特征，描述了图像或图像区域所对应的景物的表面性质。一般颜色特征是基于像素点的特征，此时所有属于图像或图像区域的像素都有各自的贡献。

由于颜色对图像或图像区域的方向、大小等变化不敏感，所以颜色特征不能很好地捕捉图像中对象的局部特征。另外，仅使用颜色特征查询时，如果数据库很大，常会将许多不需要的图像也检索出来。颜色直方图是最常用的表达颜色特征的方法，优点是不受图像旋转和平移变化的影响，进一步借助归一化还可不受图像尺度变化的影响，缺点是没有表达出颜色空间分布的信息。

（2）纹理特征

纹理特征也是一种全局特征，它也描述了图像或图像区域所对应景物的表面性质。但由于纹理只是一种物体表面的特性，并不能完全反映出物体的本质属性，所以仅仅利用纹理特征是无法获得高层次图像内容的。与颜色特征不同，纹理特征不是基于像素点的特征，它需要在包含多个像素点的区域中进行统计计算。在模式匹配中，这种区域性的特征具有较大的优越性，不会由于局部的偏差而无法匹配成功。

（3）形状特征

各种基于形状特征的检索方法都可以比较有效地利用图像中感兴趣的目标来进行检索。通常情况下，形状特征有两类表示方法：一类是轮廓特征，另一类是区域特征。图像的轮廓特征主要针对物体的外边界，而图像的区域特征则关系到整个形状区域。

（4）空间关系特征

所谓空间关系，是指图像中分割出来的多个目标之间的相互的空间位置或相对方向关系，这些关系也可分为连接/邻接关系、交叠/重叠关系和包含/包容关系等。

通常空间位置信息可以分为两类：相对空间位置信息和绝对空间位置信息。前一种关系强调的是目标之间的相对情况，如上下左右关系等；后一种关系强调的是目标之间的距离大小以及方位。显而易见，由绝对空间位置可推出相对空间位置，但表达相对空间位置信息常比较简单。

空间关系特征的使用可加强对图像内容的描述区分能力，但空间关系特征常对图像或目标的旋转、反转、尺度变化等比较敏感。另外，实际应用中，仅仅利用空间信息往往是不够的，不能准确有效地表达场景信息。为了检索，除使用空间关系特征外，还需要其他特征来配合。

4. 图像的识别

图形刺激作用于感觉器官，人们辨认出它是经历过的某一图形的过程，也叫图像再认。在图像识别中，既要有当时进入感官的信息，也要有记忆中存储的信息。只有通过存储的信息与当前的信息进行比较的加工过程，才能实现对图像的再认。

图像识别，是利用计算机对图像进行处理、分析和理解，以识别各种不同模式的目标和对象的技术。通常有样板匹配法、特征匹配法、结构匹配法等。图像识别技术是人工智能的一个重要领域。为了编制模拟人类图像识别活动的计算机程序，人们提出了不同的图像识别模型。例如样板匹配模型。

样板匹配模型认为，识别某个图像，必须在过去的经验中有这个图像的记忆模式，又叫模板。当前的刺激如果能与大脑中的模板相匹配，这个图像也就被识别了。例如有一个字母A，如果在大脑中有个 A 模板，字母 A 的大小、方位、形状都与这个 A 模板完全一致，字母 A 就被识别了。这个样板匹配模型简单明了，也容易得到实际应用。但这种模型强调图像必须与大脑中的模板完全符合才能加以识别，而事实上人不仅能识别与大脑中的模板完全一致的图像，也能识别与模板不完全一致的图像。例如，人们不仅能识别某一个具体的字母 A，也能识别印刷体的、手写体的、方向不正、大小不同的各种字母 A。同时，人能识别的图像是大量的，如果所识别的每一个图像在大脑中都有一个相应的模板，也是不可能的。

6.4.4 机器人视觉系统的应用

机器人通常在需要了解周围环境的操作过程中使用视觉系统，检测、导航、物体识别、装配及通信等操作过程常需要使用视觉系统。

机器人的视觉应用可以大致分为 4 类：视觉检验、视觉导引、过程控制，以及近年来迅速发展的移动机器人视觉导航。其应用领域包括电子工业、汽车工业、航空工业以及食品和制药等各个工业领域。

1. 视觉检验

例如，在一条制作电路板的自动生产线上，不同阶段对电路板的检查非常重要，尤其在每一个操作进行前或完成后。在这种情况下，视觉系统创建一个单元，在这个单元中提取要检查的部件图像，然后对该图像进行修改、改进和变换，再将处理过的图像和存储器中的图像进行比较，如果二者相符，则结果就被接受，否则被检测的物体要么被拒绝，要么进行修改处理。这就是视觉检验。

图 6-41 为一个 LED 灯丝点焊视觉检验系统，包括 PLC 控制器、图像采集卡、位置传感器、校正机械手、分拣机械手、LED 光源、CCD 相机。位置传感器采集 LED 灯丝的位置信息并传送给 PLC 控制器；CCD 相机采集 LED 灯丝焊接过程中和焊接后的图像数据并将其传送给图像采集卡，PLC 控制器获取来自图像采集卡处理的结果后，控制校正机械手与分拣机械手进行相应的操作，校正机械手用于校正被检测物体的位姿，分拣机械手用于分拣焊接之后的次品。

图 6-41 LED 灯丝点焊视觉检验系统

2. 视觉导引

机器人在完成装配、分类或搬运作业时，如果没有视觉反馈，给机器人提供的零件必须保持精确固定的位置和方向，为此对每一特定形状的零件要用专门的振动斗式上料器供料，这样才能保证机器人准确地抓取零件。但由于零件的形状、体积、重量等原因，有时不能保证提供固定的位置和方向，或者对于多种零件、小批量的产品用上料器是不经济的，这时用机器视觉系统完成零件的识别、定位和定向，引导机器人完成零件分类、取放，以至拧紧和装配则是一种经济有效的方法。这就是视觉导引。如图6-42所示。

搬运机器人在抓取物体时先要识别物体，机器人视觉系统对物体进行平行扫描，然后投射到物体上光束的成像信息由摄像机输入计算机进行处理，计算出正确的3D信息。搬运机器人还通过视觉系统知道物体的所在位置和末端执行器抓持物体的位置。这也是视觉导引。

视觉引导的机器人很大一部分应用于传送带或货架上，主要完成零件跟踪和识别任务，要求的分辨率比视觉检验低，一般在零件宽度的1%~2%左右。最关键的问题是选择合适的照明方式和图像获取方式，以达到零件和背景间足够的对比度，从而可简化后面的视觉处理过程。

3. 过程控制

视觉系统在导航系统中可用来分析一个场景，然后找出需要避开的障碍及可行的路径。在某些情况下，视觉系统还可以将信息传送给远程遥控机器人的操作员。例如空间探测机器人除了自主操作外，操作员还可以根据其传送的视觉信息进行遥控操作。在一些医学应用中，外科医生控制外科手术机器人也依赖机器人的视觉信息。这就是过程控制。

汽车工业使用的机器人大约一半是用于焊接。自动焊接比手工焊接更能保证焊接质量的一致性。但自动焊接关键问题是要保证被焊工件位置的精确性。利用传感器反馈可以使自动焊接具有更大的灵活性，但各种机械式或电磁式传感器需要接触或接近金属表面，因此工作速度慢、调整困难。如图6-43所示。

图6-42　用于零件搬运与装配的视觉控制机器人

图6-43　弧焊机器人用视觉传感器

机器视觉作为非接触式传感器用于焊接机器人的反馈控制有极大的优点。它可以直接用于动态测量和跟踪焊缝的位置和方向，因为在焊接过程中工件可能发生热变形，引起焊缝位置变化。它还可以检测焊缝的宽度和深度，监视熔池的各种特性，通过计算机分析这些参数以后，则可以调整焊枪沿焊缝的移动速度、焊枪离工件的距离和倾角，以至焊丝的供给速度。通过调整这些参数，视觉导引的焊机可以使焊接的熔深、截面以及表面粗糙度等指标达到最佳。

练习与思考

1. 机器人需要哪些感觉，为什么？
2. 按照安装位置划分机器人用传感器可分为哪几类？
3. 什么是内部传感器？什么是外部传感器？区别有哪些？
4. 根据传感器功能划分机器人用传感器，可分为哪几类？
5. 感觉机器人与智能机器人的区别与联系有哪些？
6. 常用的机器人位置传感器有哪些？
7. 谈谈典型的位置传感器电位计的原理。
8. 谈谈光电式位置传感器的工作原理。
9. 什么是旋转编码器？
10. 什么是绝对式编码器？什么是增量式编码器？
11. 根据监测方法，旋转编码器可分为哪几类？
12. 绝对式编码器和增量式编码器的区别。
13. 谈谈光学式绝对式和增量式旋转编码器的工作原理。
14. 谈谈绝对式旋转编码器的用途。
15. 什么是机器人的速度传感器？都有哪几种？
16. 编码器可以做速度传感器吗？有哪些类型？为什么？
17. 谈谈机器人的姿态传感器。
18. 机器人的触觉传感器有哪些类型？有什么功能？
19. 机器人的接近觉传感器有哪些类型？各自的工作原理是什么？
20. 机器人的接触觉传感器有哪些类型？有什么作用？各自的工作原理是什么？
21. 机器人的压觉传感器有哪些种类？有什么作用？各自的工作原理是什么？
22. 机器人的滑觉传感器有哪些种类？有什么作用？各自的工作原理是什么？
23. 机器人的力觉传感器有哪些种类？有什么作用？各自的工作原理是什么？
24. 举例分析腕力传感器的作用原理。
25. 机器人的距离传感器有哪些种类？有什么作用？各自的工作原理是什么？
26. 机器人的听觉传感器由哪些组成？主要任务有哪些？
27. 机器人的视觉传感器有哪些种类？CCD 原理是什么？
28. 机器人的图像信号处理有哪些环节？图像的预处理有哪些步骤？

29．机器人的图像信号的编码有哪些方法？图像的编码处理有哪些过程？

30．机器人的视觉系统有哪几种应用？

31．机器人对传感器的要求有哪些方面？

32．如何评价机器人传感器特性？常用的技术参数有哪些？

33．传感器的评价和选择包括哪些？　传感器的常用性能指标有哪些？

34．传感器的选择有哪几个考虑因素？

35．机器人的传感器是如何选择的？

第7章 机器人的语言系统

【内容提要】

本章主要介绍了机器人的语言系统。内容包括机器人的控制方式，机器人的编程系统、编程要求，机器人的编程语言的分类、发展；VAL 语言及特点、指令、示例，AL 语言的编程格式与类型、语句、程序示例，Autopass 语言指令体系、程序示例，RAPT 语言特征与程序示例；机器人离线编程的特点、过程、结构；MOTOMAN 的示教再现示例步骤、程序，离线编程仿真。

【教学提示】

学习完本章的内容后，学生应能够：熟悉机器人的控制方式，掌握机器人的编程系统、编程要求；能够熟悉机器人编程语言的分类。掌握 VAL 语言的指令，AL 语言的编程格式、语句；能够编写简单的 VAL 语言和 AL 语言程序，并能读懂其基本程序。掌握 Autopass 语言的指令，RAPT 语言的编程格式、语句；能够编写简单的 Autopass 语言和 RAPT 语言程序，并能读懂其基本程序。掌握 MOTOMAN 的示教再现示例步骤、程序，能够运用上述所学为 MOTOMAN 机器人完成示教与再现。

早期的机器人由于功能单一，动作简单，可采用固定程序或示教方式来控制机器人的运动。随着机器人作业动作的多样化和作业环境的复杂化，依靠固定的程序或示教方式已满足不了要求，必须依靠能适应作业和环境随时变化的机器人语言编程来完成机器人的工作。

伴随着机器人的发展，机器人语言也得到发展和完善。机器人语言已成为机器人技术的一个重要部分。机器人的功能除了依靠机器人硬件的支持外，相当一部分依赖机器人语言来完成。无论是顺序控制、示教再现、离线编程还是语言编程类控制的机器人。

7.1 机器人的语言系统概述

机器人编程语言是一种程序描述语言，它能十分简洁地描述工作环境和机器人的动作，能把复杂的操作内容通过尽可能简单的程序来实现。机器人编程语言也和一般的程序语言一样，应当具有结构简明、概念统一、容易扩展等特点。从实际应用的角度

7-1 机器人的语言系统概述

来看，很多情况下都是操作者实时地操纵机器人工作，为此，机器人编程语言还应当简单易学，并且有良好的对话性。高水平的机器人编程语言还能够做出并应用目标物体和环境的几何模型。在工作进行过程中，几何模型又是不断变化的，因此性能优越的机器人语言会极大地减少编程的困难。

7.1.1 机器人的控制方式

机器人的控制方式无非是远程控制、编程控制与人工控制。机器人按控制方式分类，有操作型机器人、程控型机器人、示教再现型机器人、数控型机器人、感觉控制型机器人、适应控制型机器人、学习控制型机器人和智能机器人等。

目前，一般机器人的主要控制方式和编程方式有顺序控制、示教再现、离线编程、语言编程等几种形式。

1. 顺序控制形式

顺序控制形式主要用于程控型机器人，即按预先要求的顺序及条件，依次控制机器人的机械动作。所以又叫作物理设置编程系统。由操作者设置固定的限位开关，实现起动，停车的程序操作，只能用于简单的拾起和放置作业。

在顺序控制的机器人中，所有的控制都是由机械的或电气的顺序控制器实现的。按照我们的定义，这里没有程序设计的要求，因此，也就不存在编程方式。

顺序控制的灵活性小，这是因为所有的工作过程都已事先组织好，或由机械挡块，或由其他确定的办法所控制。大量的自动机都是在顺序控制下操作的。这种方法的主要优点是成本低，易于控制和操作。

2. 在线编程或示教编程

在线编程又叫作示教编程或示教再现编程，用于示教再现型机器人中，它是目前大多数工业机器人的编程方式，在机器人作业现场进行。所谓示教编程，即操作者根据机器人作业的需要把机器人末端执行器送到目标位置，且处于相应的姿态，然后把这一位置、姿态所对应的关节角度信息记录到存储器保存。对机器人作业空间的各点重复以上操作，就把整个作业过程记录下来，再通过适当的软件系统，自动生成整个作业过程的程序代码，这个过程就是示教过程。

机器人示教后可以立即应用，在再现时，机器人重复示教时存入存储器的轨迹和各种操作，如果需要，过程可以重复多次。机器人实际作业时，再现示教时的作业操作步骤就能完成预定工作。机器人示教产生的程序代码与机器人编程语言的程序指令形式非常类似。

示教编程的优点：操作简单，不需要环境模型；易于掌握，操作者不需要具备专门知识，不需要复杂的装置和设备，轨迹修改方便，再现过程快。对实际的机器人进行示教时，可以修正机械结构带来的误差。示教编程的缺点：功能编辑比较困难，难以使用传感器，难以表现条件分支，对实际的机器人进行示教时，要占用机器人。

示教编程在一些简单、重复、轨迹或定位精度要求不高的作业中经常被应用，如焊接、堆垛、喷涂及搬运等作业。这种通过人的示教来完成操作信息的记忆过程编程方式，包括直接示教（即手把手示教）和示教盒示教。

（1）直接示教

直接示教就是操作者操纵安装在机器人手臂内的操纵杆，按规定动作顺序示教动作内容。主要用于示教再现型机器人，通过引导或其他方式，先教会机器人动作，输入工作程序，机器人则自动重复进行作业。

直接示教是一项成熟的技术，易于被熟悉工作任务的人员所掌握，而且用简单的设备和控制装置即可进行。示教过程进行得很快，示教过后，马上即可应用。在某些系统中，还可以用与示教时不同的速度再现。

如果能够从一个运输装置获得使机器人的操作与搬运装置同步的信号，就可以用示教的方法来解决机器人与搬运装置配合的问题。

直接示教方式编程也有一些缺点：只能在人所能达到的速度下工作；难以与传感器的信息相配合；不能用于某些危险的情况；在操作大型机器人时，这种方法不实用；难以获得高速度和直线运动；难以与其他操作同步。

（2）示教盒示教

示教盒示教则是操作者利用示教控制盒上的按钮驱动机器人一步一步运动。如图 7-1 所示。

它主要用于数控型机器人，不必使机器人动作，通过数值、语言等对机器人进行示教，利用装在控制盒上的按钮可以驱动机器人按需要的顺序进行操作。机器人根据示教后形成的程序进行作业。

在示教盒中，每一个关节都有一对按钮，分别控制该关节在两个方向上的运动。有时还提供附加的最大允许速度控制。虽然为了获得最高的运行效率，人们希望机器人能实现多关节合成运动，但在用示教盒示教的方式下，却难以同

图 7-1　示教盒示教

时移动多个关节。类似于电视游戏机上的游戏杆，通过移动控制盒中的编码器或电位器来控制各关节的速度和方向，但难以实现精确控制。

示教盒示教方式也有一些缺点：示教相对于再现所需的时间较长，即机器人的有效工作时间短，尤其对一些复杂的动作和轨迹，示教时间远远超过再现时间；很难示教复杂的运动轨迹及准确度要求高的直线；示教轨迹的重复性差，两个不同的操作者示教不出同一个轨迹，即使同一个人两次不同的示教也不能产生同一个轨迹。示教盒一般用于对大型机器人或危险作业条件下的机器人示教，但这种方法仍然难以获得高的控制精度，也难以与其他设备同步和与传感器信息相配合。

3. 离线编程或预编程

离线编程和预编程的含意相同，它是指用机器人程序语言预先进行程序设计，而不是用示教的方法编程。离线编程克服了在线编程的许多缺点，充分利用了计算机的功能。它主要用于操作型机器人，能自动控制，可重复编程，多功能，有几个自由度，可固定或运动。

离线编程是在专门的软件环境支持下用专用或通用程序在离线情况下进行机器人轨迹规划编程的一种方法。离线编程程序通过支持软件的解释或编译产生目标程序代码，最后生成机器人路径规划数据。一些离线编程系统带有仿真功能，这使得在编程时就解决了障碍干涉和路径优化问题。这种编程方法与数控机床中编制数控加工程序非常类似。离线编程的发展方向是自动编程。

7.1.2　机器人语言的编程

机器人的主要特点之一是通用性，使机器人具有可编程能力是实现这一特点的重要手段。机器人编程必然涉及机器人语言，机器人语言是使用符号来描述机器人动作的方法。它通过对机器人动作的描述，使机器人按照编程者的意图进行各种动作。

1．机器人的编程系统

机器人编程系统的核心问题是机器人操作运动控制问题。

当前实用的工业机器人编程方法主要为离线编程和示教。在调试阶段可通过示教控制盒对编译好的程序进行一步一步地执行，调试成功后可投入正式运行。如图7-2所示。

图7-2　机器人的编程系统

机器人语言编程系统包括三个基本操作状态：监控状态、编辑状态和执行状态。

1）监控状态：监控状态用于整个系统的监督控制，操作者可以用示教盒定义机器人在空间中的位置，设置机器人的运动速度，存储和调出程序等。

2）编辑状态：编辑状态用于操作者编制或编辑程序。一般都包括：写入指令，修改或删除指令以及插入指令等。

3）执行状态：执行状态用来执行机器人程序。在执行状态，机器人执行程序的每一条指令，都是经过调试的，不允许执行有错误的程序。

和计算机语言类似，机器人语言程序可以编译，把机器人源程序转换成机器码，以便机器人控制柜能直接读取和执行。

2．机器人语言编程

机器人语言编程即用专用的机器人语言来描述机器人的动作轨迹。它不但能准确地描述机器人的作业动作，而且能描述机器人的现场作业环境，如对传感器状态信息的描述，更进一步还能引入逻辑判断、决策、规划功能及人工智能。

机器人编程语言具有良好的通用性，同一种机器人语言可用于不同类型的机器人，也解决了多台机器人协调工作的问题。机器人编程语言主要用于下列类型的机器人。

1）感觉控制型机器人，利用传感器获取的信息控制机器人的动作。

2）适应控制型机器人，机器人能适应环境的变化，控制其自身的行动。

3）学习控制型机器人，机器人能"体会"工作的经验，并具有一定的学习功能，可以将所"学习"的经验用于工作中。

4）智能机器人，以人工智能决定其行动的机器人。

3．机器人语言的编程要求

（1）能够建立世界模型

在进行机器人编程时，需要一种描述物体在三维空间内运动的方式。所以需要给机器人及其相关物体建立一个基础坐标系。这个坐标系与大地相连，也称为"世界坐标系"。机器人工作时，为了方便起见，也建立其他坐标系，同时建立这些坐标系与基础坐标系的变换关系。机器人编程系统应具有在各种坐标系下描述物体位姿和建模的能力。

（2）能够描述机器人的作业

机器人作业的描述与其环境模型密切相关，编程语言水平决定了描述水平。其中以自然语言输入为最高水平。现有的机器人语言需要给出作业顺序，由语法和词法定义输入语言，并由它描述整个作业。

（3）能够描述机器人的运动

描述机器人需要进行的运动是机器人编程语言的基本功能之一。用户能够运用语言中的运动语句，与路径规划器和发生器连接，允许用户规定路径上的点及目标点，决定是否采用点插补运动或笛卡尔直线运动。用户还可以控制运动速度或运动持续时间。

对于简单的运动语句，大多数编程语言具有相似的语法。

（4）允许用户规定执行流程

同一般的计算机编程语言一样，机器人编程系统允许用户规定执行流程，包括试验和转移、循环、调用子程序以至中断等。

并行处理对于自动工作站是十分重要的。首先，一个工作站常常运行两台或多台机器人同时工作以减少过程周期。在单台机器人的情况下，工作站的其他设备也需要机器人控制器以并行方式控制。因此，在机器人编程语言中常常含有信号和等待等基本语句或指令，而且往往提供比较复杂的并行执行结构。

通常需要用某种传感器来监控不同的过程。然后，通过中断，机器人系统能够反应由传感器检测到的一些事件。有些机器人语言提供规定这种事件的监控器。

（5）要有良好的编程环境

一个好的编程环境有助于提高程序员的工作效率。机械手的程序编制是困难的，其编程趋向于试探对话式。如果用户忙于应付连续重复的编译语言的编辑—编译—执行循环，那么其工作效率必然是低的。因此，现在大多数机器人编程语言含有中断功能，以便能够在程序开发和调试过程中每次只执行单独一条语句。典型的编程支撑和文件系统也是需要的。

根据机器人编程特点，其支撑软件应具有下列功能：在线修改和立即重新启动；传感器的输出和程序追踪；仿真。

（6）需要人机接口和综合传感信号

在编程和作业过程中，应便于人与机器人之间进行信息交换，以便在运动出现故障时能及时处理，确保安全。而且，随着作业环境和作业内容复杂程度的增加，需要有功能强大的人机接口。

机器人语言的一个极其重要的部分是与传感器的相互作用。语言系统应能提供一般的决策结构，以便根据传感器的信息来控制程序的流程。

7.1.3　机器人编程语言的分类

给机器人编程是有效使用机器人的前提。由于机器人的控制装置和作业要求多种多样，国内外尚未制定统一的机器人控制代码标准，所以编程语言也是多种多样的。

机器人语言种类繁多，而且新的语言层出不穷。一方面因为机器人的功能不断拓展，需要新的语言来配合其工作。另一方面，机器人语言多是针对某种类型的具体机器人而开发的，所以机器人语言的通用性很差，几乎一种新的机器人问世，就有一种新的机器人语言与之配套。

机器人语言可以按照其作业描述水平的程度分为动作级编程语言、对象级编程语言和任务级编程语言三类。

1. 动作级编程语言

动作级编程语言以机器人末端执行器的动作为中心来描述各种操作，要在程序中说明每个动作。这是一种最基本的描述方式。

动作级编程语言是最低一级的机器人语言。它以机器人的运动描述为主，通常一条指令对应机器人的一个动作，表示从机器人的一个位姿运动到另一个位姿。动作级编程语言的优点是比较简单，编程容易。其缺点是功能有限，无法进行复杂的数学运算，不接受浮点数和字符串，子程序不含有自变量；不能接受复杂的传感器信息，只能接受传感器开关信息；与计算机的通信能力很差。

典型的动作级编程语言为 VAL 语言，如 VAL 语言语句"MOVE TO （destination）"的含义为机器人从当前位姿运动到目的位姿。

动作级编程语言编程时分为关节级编程和末端执行器级编程两种。

（1）关节级编程

关节级编程是以机器人的关节为对象，编程时给出机器人一系列各关节位置的时间序列，在关节坐标系中进行的一种编程方法。

对于直角坐标型机器人和圆柱坐标型机器人，由于直角关节和圆柱关节的表示比较简单，这种编程方法较为适用；而对具有回转关节的关节型机器人，由于关节位置的时间序列表示困难，即使一个简单的动作也要经过许多复杂的运算，整个编程过程很不方便，故这一方法并不适用。

关节级编程得到的程序没有通用性，针对一台机器人编制的程序一般难以用到另一台机器人上。这样得到的程序也不能模块化，它的扩展十分困难。

关节级编程可以通过简单的编程指令来实现，也可以通过示教盒示教和键入示教实现。

（2）末端执行器级编程

末端执行器级编程是一种在作业空间内各种设定好的坐标系里编程的编程方法。末端执行器级编程给出机器人终端执行器的位姿和辅助机能的时间序列，包括力觉、触觉、视觉等机能以及作业用量、作业工具的选定等。

这种语言的指令由系统软件解释执行。可提供简单的条件分支，可应用于程序，并提供较强的感受处理功能和工具使用功能，这类语言有的还具有并行功能。

这种语言的基本特点是：1）各关节的求逆变换由系统软件支持进行；2）数据实时处理且先于执行阶段；3）使用方便，占内存较少；4）指令语句有运动指令语句、运算指令语句、输入输出和管理语句等。

2. 对象级编程语言

对象级语言解决了动作级语言的不足，它是描述操作物体间关系，使机器人动作的语言，即是以描述操作物体之间的关系为中心的语言。使用这种语言时，必须明确地描述操作对象之间的关系和机器人与操作对象之间的关系，它特别适用于组装作业。

所谓对象即作业及作业物体本身。对象级编程语言是比动作级编程语言高一级的编程语言，它不需要描述机器人手爪的运动，只要由编程人员用程序的形式给出作业本身顺序过程的描述和环境模型的描述，即描述操作物与操作物之间的关系。通过编译程序机器人即能知道如何动作。

这类语言典型的例子有 AML 及 Autopass 等语言，其特点如下。

1）运动控制：具有动作级编程语言的全部动作功能。

2）处理传感器信息：可以接受比开关信号复杂的传感器信号，有较强的感知能力，能处理复杂的传感器信息，可以利用传感器信息来修改、更新环境的描述和模型，也可以利用传感器信息进行控制、测试和监督。

3）具有很好的扩展性：具有良好的开放性，语言系统提供了开发平台，用户可以根据需要增加指令，扩展语言功能。

4）通信和数字运算：数字计算和数据处理能力强，可以处理浮点数，能与计算机进行即时通信。

作业对象级编程语言以近似自然语言的方式描述作业对象的状态变化，指令语句是复合语句结构；用表达式记述作业对象的位姿时序数据及作业用量、作业对象承受的力、转矩等时序数据。

系统中机器人尺寸参数、作业对象及工具等参数一般以知识库和数据库的形式存在，系统编译程序时获取这些信息后对机器人动作过程进行仿真，再进行实现作业对象合适的位姿，获取传感器信息并处理，回避障碍以及与其他设备通信等工作。

3. 任务级编程语言

任务级编程语言是一种比前两类更高级的语言，也是最理想的机器人高级语言。这类语言允许使用者对工作任务所要求达到的目标直接下命令，不需要规定机器人所做的每一个动作的细节。只要按某种原则给出最初的环境模型和最终工作状态，机器人可自动进行推理、计算，最后自动生成机器人的动作。为此，机器人必须一边思考一边工作。

这类语言不需要用机器人的动作来描述作业任务，也不需要描述机器人对象物的中间状态过程，只需要按照某种规则描述机器人对象物的初始状态和最终目标状态，机器人语言系统可利用已有的环境信息和知识库、数据库自动进行推理、计算，从而自动生成机器人详细的动作、顺序和数据。

任务级语言的概念类似于人工智能中程序自动生成的概念。任务级机器人编程系统能够自动执行许多规划任务。任务级机器人编程系统必须能把指定的工作任务翻译为执行该任务的程序。

例如，一装配机器人要完成某一螺钉的装配，螺钉的初始位置和装配后的目标位置已知，当发出抓取螺钉的命令时，语言系统从初始位置到目标位置之间寻找路径，在复杂的作业环境中找出一条不会与周围障碍物产生碰撞的合适路径，在初始位置处选择恰当的姿态抓取螺钉，沿此路径运动到目标位置。在此过程中，作业中间状态作业方案的设计、工序的选择、动作的前后安排等一系列问题都由计算机自动完成。

任务级编程语言的结构十分复杂，需要人工智能的理论基础和大型知识库、数据库的支持，目前还不是十分完善，是一种理想状态下的语言，有待于进一步的研究。但可以相信，随着人工智能技术及数据库技术的不断发展，任务级编程语言必将取代其他语言成为机器人语言的主流，使得机器人的编程应用变得十分简单。

7.1.4　机器人编程语言的功能

机器人语言一直以三种方式发展着：一是产生一种全新的语言；二是对老版本语言（指计算机通用语言）进行修改和增加一些句法或规则；三是在原计算机编程语言中增加新的子程序。因此，机器人语言与计算机编程语言有着密切的关系，它也应有一般程序语言所应具有的特性。

1. 机器人语言的特征

机器人语言是在人与机器人之间的一种记录信息或交换信息的程序语言，它提供了一种方式来解决人-机通信问题，它是一种专用语言，用符号描述机器人的动作。机器人语言具有四方面的特征：1）实时系统；2）三维空间的运动系统；3）良好的人机接口；4）实际的运动系统。

2. 机器人语言的指令集

机器人语言实际上是一个语言系统，机器人语言系统既包含语言本身——给出作业指示和动作指示，同时又包含处理系统——根据上述指示来控制机器人系统。机器人语言系统能够支持机器人编程、控制，以及与外围设备、传感器和机器人接口；同时还能支持与计算机系统间的通信。其机器人语言指令集包括如下几种功能。

1）移动插补功能：直线、圆弧插补。

2）环境定义功能。

3）数据结构及其运算功能。

4）程序控制功能：跳转运行或转入循环。

5）数值运算功能：四则运算、关系运算。

6）输入、输出和中断功能。

7）文件管理功能。

8）其他功能：工具变换、基本坐标设置和初始值设置，作业条件的设置等。

3. 机器人编程语言基本特性

（1）简易性和一致性

这个概念在点位引导级特别简单。基本运动级作为点位引导级与结构化级的混合体，它可能有大量的指令，但控制指令很少，因此缺乏一致性。

结构化级和任务级编程语言在开发过程中，自始至终都考虑了程序设计语言的特性。结构化程序设计技术和数据结构，减轻了对特定指令的要求，坐标变换使得表达运动更一般化。而子句的运用大大提高了基本运动语句的通用性。

（2）程序结构的清晰性

结构化程序设计技术的引入，如 while、do、if、then、else 这种类似自然语言的语句代替简单的 goto 语句，使程序结构清晰明了，但需要更多的时间和精力来掌握。

（3）应用的自然性

正是由于这一特性的要求，使得机器人语言逐渐增加各种功能，由低级向高级发展。

（4）易扩展性

从技术不断发展的观点来说，各种机器人语言既能满足各自机器人的需要，又能在扩展后满足未来新应用领域以及传感设备改进的需要。

（5）调试和外部支持工具

它能快速有效地对程序进行修改，已商品化的较低级别的语言有非常丰富的调试手段，结构化级在设计过程中始终考虑到离线编程，因此也只需要少量的自动调试。

（6）效率

语言的效率取决于编程的容易性，即编程效率和语言适应新硬件环境的能力（可移植性）。随着计算机技术的不断发展，处理速度越来越快，已能满足一般机器人控制的需要，各种复杂的控制算法实用化指日可待。

4. 机器人编程语言基本功能

这些基本功能包括运算、决策、通信、机械手运动、工具指令以及传感器数据处理等。许多正在运行的机器人系统，只提供机械手运动和工具指令以及某些简单的传感数据处理功能。机器人语言体现出来的基本功能都是机器人系统软件支持形成的。

（1）运算

在作业过程中执行的规定运算能力是机器人控制系统最重要的能力之一。

如果机器人未装有任何传感器，那么就可能不需要对机器人程序规定什么运算。没有传感器的机器人只不过是一台适于编程的数控机器。

对于装有传感器的机器人所进行的最有用的运算是解析几何计算。这些运算结果能使机器人自行做出决定，在下一步把工具或夹手置于何处。用于解析几何运算的计算工具可能包括下列内容。

1）机械手解答及逆解答。

2）坐标运算和位置表示，例如相对位置的构成和坐标的变化等。

3）矢量运算，例如点积、交积、长度、单位矢量、比例尺以及矢量的线性组合等。

（2）决策

机器人系统能够根据传感器输入信息做出决策，而不必执行任何运算。传感器数据计算得到的结果，是做出下一步该干什么这类决策的基础。这种决策能力使机器人控制系统的功能变得更强有力。一条简单的条件转移指令（例如检验零值）就足以执行任何决策算法。决策采用的形式包括符号检验（正、负或零）、关系检验（大于、不等于等）、布尔检验（开或关、真或假）、逻辑检验（对一个计算字进行位组检验）以及集合检验（一个集合的数、空集等）。

（3）通信

人和机器能够通过许多不同方式进行通信。机器人向人提供信息的设备，按其复杂程度排列如下。

1）信号灯，通过发光二极管，机器人能够给出显示信号。

2）字符打印机、显示器。

3）绘图仪。

4）语言合成器或其他音响设备（铃、扬声器等）。

这些输入设备包括：按钮、旋钮和指压开关；数字或字母数字键盘；光笔、光标指示器和数字变换板；光学字符阅读机；远距离操纵主控装置，如悬挂式操作台等。

（4）机械手运动

可用许多不同方法来规定机械手的运动。最简单的方法是向各关节伺服装置提供一组关节位置，然后等待伺服装置到达这些规定位置。比较复杂的方法是在机械手工作空间内插入一些中间位置。这种程序使所有关节同时开始运动和同时停止运动。

用与机械手的形状无关的坐标来表示工具位置是更先进的方法，需要用一台计算机对解答进行计算。在笛卡尔空间内引入一个参考坐标系，用以描述工具位置，然后让该坐标系运动。这对许多情况是很方便的。采用计算机之后，极大地提高了机械手的工作能力，包括：1）使复杂得多的运动顺序成为可能；2）使运用传感器控制机械手运动成为可能；3）能够独立存储工具位置，而与机械手的设计以及刻度系数无关。

（5）工具指令

一个工具控制指令通常是由闭合某个开关或继电器而开始触发的，而继电器又可能把电源接通或断开，以直接控制工具运动，或者送出一个小功率信号给电子控制器，让后者去控制工具运动。直接控制是最简单的方法，而且对控制系统的要求也较少。可以用传感器来感受工具运动及其功能的执行情况。

当采用工具功能控制器时，对机器人主控制器来说就能对机器人进行比较复杂的控制。采用单独控制系统能够使工具功能控制与机器人控制协调一致地工作。这种控制方法已被成功地用于飞机机架的钻孔和铣削加工。

（6）传感数据处理

用于机械手控制的通用计算机只有与传感器连接起来，才能发挥其全部效用。传感数据处理是许多机器人程序编制的十分重要而又复杂的组成部分。当采用触觉、听觉或视觉传感器时，更是如此。例如，当应用视觉传感器获取视觉特征数据、辨识物体和进行机器人定位时，对视觉数据的处理工作往往是极其大量和费时的。

7.1.5 机器人编程语言的种类

到现在为止，已经有很多种机器人语言问世，其中有的是研究室里的实验语言，有的是实用的机器人语言，如表7-1所示。

表7-1 国外常用的机器人语言举例

序 号	语言名称	国 家	研究单位	简要说明
1	AL	美	Stanford Artificial Intelligence Laboratory	机器人动作及对象物描述，是目前机器人语言研究的源流
2	Autopass	美	IBM Watson Research Laboratory	组装机器人用语言
3	LAMA-S	美	MIT	高级机器人语言
4	VAL	美	Unimation 公司	用于 PUMA 机器人（采用 MC6800 和 DECLSI-11 高级微型机）
5	RIAL	美	Automatic 公司	用视觉传感器检查零件时用的机器人语言
6	WAVE	美	Stanford Artificial Intelligence Laboratory	操作器控制符号语言，在 T 型水泵装配曲柄摇杆等工作中使用
7	DIAL	美	Charles Stark Draper Laboratory	具有 RCC 顺应性手腕控制的特殊指令
8	RPL	美	Stanford Research Institute International	可与 Unimate 机器人操作程序结合，预先定义子程序库
9	REACH	美	Bendix Corporation	适于两臂协调动作，和 VAL 一样是使用范围广的语言
10	MCL	美	McDonnell Douglas Corporation	编程机器人、机床传感器、摄像机及其控制的计算机综合制造用语言

（续）

序　号	语言名称	国　家	研 究 单 位	简 要 说 明
11	INDA	美	SRI International and Philips	相当于 RTL/2 编程语言的子集，具有使用方便的处理系统
12	RAPT	英	University of Edinburgh	类似 NC 语言 APT（用 DEC20，LSI11/2 微型机）
13	LM	法	Artificial Intelligence Group of IMAG	类似 PASCAL，数据类似 AL。用于装配机器人（用 LS11/3 微型机）
14	ROBEX	德	Machine Tool Laboratory TH Archen	具有与高级 NC 语言 EXAPT 相似结构的脱机编程语言
15	SIGLA	意	Olivetti	SIGMA 机器人语言
16	MAL	意	Milan Polytechnic	两臂机器人装配语言，其特征是方便、易于编程
17	SERF	日	三协精机	SKILAM 装配机器人（用 Z-80 微型机）
18	PLAW	日	小松制作所	RW 系列弧焊机器人
19	IML	日	九州大学	动作级机器人语言

7.2　典型的机器人语言

　　到目前为止，已经问世的这些机器人语言，有的是研究室里的实验语言，有的是实用的机器人语言。前者中比较有名的有美国斯坦福大学开发的 AL 语言、IBM 公司开发的 Autopass 语言、英国爱丁堡大学开发的 RAPT 语言等；后者中比较有名的有由

7-2　机器人的常用语言

AL 语言演变而来的 VAL 语言、日本九州大学开发的 IML 语言、IBM 公司开发的 AML 语言等。

7.2.1　VAL 语言

1. VAL 语言及特点

（1）一般介绍

　　VAL 语言是美国 Unimation 公司于 1979 年推出的一种机器人编程语言，主要配置在 PUMA 和 Unimation 等机器人上，是一种专用的动作类描述语言。VAL 语言是在 BASIC 语言的基础上发展起来的，所以与 BASIC 语言的结构很相似。在 VAL 语言的基础上 Unimation 公司推出了 VAL Ⅱ 语言。

　　VAL 语言可应用于上下两级计算机控制的机器人系统。比如，上位机为 LSI-11/23，编程在上位机中进行，进行系统的管理；下位机为 6503 微处理器，主要控制各关节的实时运动。编程时可以 VAL 语言和 6503 汇编语言混合编程。VAL 语言目前主要用在各种类型的 PUMA 机器人以及 Unimate 2000 和 Unimate 4000 系列机器人上。

（2）语言特点

VAL 语言命令简单、清晰易懂，描述机器人作业动作及与上位机的通信均较方便，实时功能强；可以在在线和离线两种状态下编程，适用于多种计算机控制的机器人；能够迅速地计算出不同坐标系下复杂运动的连续轨迹，能连续生成机器人的控制信号，可以与操作者交互地在线修改程序和生成程序；VAL 语言包含一些子程序库，通过调用各种不同的子程序可很快组合成复杂操作控制；能与外部存储器进行快速数据传输以保存程序和数据。

（3）语言系统

VAL 语言系统包括文本编辑、系统命令和编程语言三个部分。

1）文本编辑：在此状态下可以通过键盘输入文本程序，也可通过示教盒在示教方式下输入程序。在输入过程中可修改、编辑、生成程序，最后保存到存储器中。在此状态下也可以调用已存在的程序。

2）系统命令：包括位置定义、程序和数据列表、程序和数据存储、系统状态设置和控制、系统开关控制、系统诊断和修改。

3）编程语言：把一条条程序语句转换执行。

2. VAL 语言的指令

VAL 语言包括监控指令和程序指令两种。各类指令的具体形式及功能如下。

（1）监控指令

1）位置及姿态定义指令。

① POINT 指令：执行终端位置、姿态的齐次变换或以关节位置表示的精确点位赋值。其格式有两种：

$$POINT <变量>[=<变量 2>...<变量 n>]$$

或
$$POINT <精确点>[=<精确点 2>]$$

例如：

$$POINT \quad PICK1=PICK2$$

指令的功能是设置变量 PICK2 的值等于 PICK1 的值。

又如：

$$POINT \quad \#PARK$$

是准备定义或修改精确点 PARK。

② DPOINT 指令：删除包括精确点或变量在内的任意数量的位置变量。

③ HERE 指令：使变量或精确点的值等于当前机器人的位置。

例如：

$$HERE \ PLACK$$

是定义变量 PLACK 等于当前机器人的位置。

④ WHERE 指令：用来显示机器人在直角坐标空间中的当前位置和关节变量值。

⑤ BASE 指令：用来设置参考坐标系，系统规定参考系原点在关节 1 和 2 轴线的交点处，方向沿固定轴的方向。其格式为：

$$BASE \ [<dX>], \ [<dY>], \ [<dZ>], \ [<Z 向旋转方向>]$$

例如：

$$BASE \quad 300，-50，30$$

是重新定义基准坐标系的位置，它从初始位置向 X 方向移 300，沿 Z 的负方向移 50，再绕 Z 轴旋转了 30°。

⑥ TOOLI 指令：对工具终端相对工具支承面的位置和姿态赋值。

2）程序编辑指令。

EDIT 指令：允许用户建立或修改一个指定名字的程序，可以指定被编辑程序的起始行号。其格式为：

EDIT　[<程序名>]，[<行号>]

如果没有指定行号，则从程序的第一行开始编辑；如果没有指定程序名，则上次最后编辑的程序被响应。用 EDIT 指令进入编辑状态后，可以用 C、D、E、I、L、P、R、S、T 等命令来进一步编辑。

① C 命令：改变编辑的程序，用一个新的程序代替。

② D 命令：删除从当前行算起的 n 行程序，n 省略时为删除当前行。

③ E 命令：退出编辑返回监控模式。

④ I 命令：将当前指令下移一行，以便插入一条指令。

⑤ P 命令：显示从当前行往下 n 行的程序文本内容。

⑥ T 命令：初始化关节插值程序示教模式，在该模式下，按一次示教盒上的 "RECODE" 按钮就将 MOVE 指令插到程序中。

3）列表指令。

① DIRECTORY 指令：显示存储器中的全部用户程序名。

② LISTL 指令：显示任意一个位置变量值。

③ LISTP 指令：显示任意一个用户的全部程序。

4）存储指令。

① FORMAT 指令：执行磁盘格式化。

② STOREP 指令：在指定的磁盘文件内存储指定的程序。

③ STOREL 指令：存储用户程序中注明的全部位置变量名和变量值。

④ LISTF 指令：显示软盘中当前输入的文件目录。

⑤ LOADP 指令：将文件中的程序送入内存。

⑥ LOADL 指令：将文件中指定的位置变量送入系统内存。

⑦ DELETE 指令：撤销磁盘中指定的文件。

⑧ COMPRESS 指令：用来压缩磁盘空间。

⑨ ERASE 指令：擦除磁盘内容并初始化。

5）控制程序执行指令。

① ABORT 指令：执行此指令后紧急停止（急停）。

② DO 指令：执行单步指令。

③ EXECUTE 指令：执行用户指定的程序 n 次，n 可以从-32 768～32 767，当 n 省略时，程序执行一次。

④ NEXT 指令：控制程序在单步方式下执行。

⑤ PROCEED 指令：实现在某一步暂停、急停或运行错误后，自下一步起继续执行程序。

⑥ RETRY 指令：在某一步出现运行错误后，仍自该步起重新运行程序。

⑦ SPEED 指令：指定程序控制下机器人的运动速度，其值从 0.01～327.67，一般正常速度为 100。

6）系统状态控制指令。

① CALIB 指令：校准关节位置传感器。

② STATUS 指令：用来显示用户程序的状态。

③ FREE 指令：用来显示当前未使用的存储容量。

④ ENABL 指令：用于开、关系统硬件。

⑤ ZERO 指令：清除全部用户程序和定义的位置，进行初始化。

⑥ DONE：停止监控程序，进入硬件调试状态。

（2）程序指令

1）运动指令：描述基本运动的指令。

该指令包括 GO、MOVE、MOVEI、MOVES、DRAW、APPRO、APPROS、DEPART、DRIVE、READY、OPEN、OPENI、CLOSE、CLOSEI、RELAX、GRASP 及 DELAY 等。

① 这些指令大部分具有使机器人按照特定的方式从一个位姿运动到另一个位姿的功能，部分指令表示机器人手爪的开合。

例如：

$$MOVE \quad \#PICK!$$

表示机器人由关节插值运动到 PICK 所定义的位置。"!"表示位置变量已有自己的值。

再如：

$$MOVET \quad <位置>，<手开度>$$

功能是生成关节插值运动使机器人到达位置变量所给定的位姿，运动中若手为伺服控制，则手由闭合改变到手开度变量给定的值。

又例如：

$$OPEN \quad [<手开度>]$$

表示使机器人手爪打开到指定的开度。

② VAL 语言具有接近点和退避点的自动生成功能，如：

$$APPRO \quad <loc><dist>$$

表示终端从当前位置以关节插补方式移动到与目标点<loc>在 Z 方向上相隔<dist>距离处。

$$DEPART \quad <dist>$$

表示终端从当前位置以关节插补方式在 Z 方向移动<dist>距离。相应的直线插补方式为：APPROS 和 DEPARTS。

③ 手爪控制指令：OPEN 和 CLOSE 分别使手爪全部张开和闭合，并且在机器人下一个运动过程中执行。而 OPENI 和 CLOSEI 表示立即执行，执行完后，再转下一条指令。

2）位姿控制指令。

这些指令包括 RIGHTY、LEFTY、ABOVE、BELOW、FLIP 及 NOFLIP 等。

3）赋值指令。

赋值指令有 SETI、TYPEI、HERE、SET、SHIFT、TOOL、INVERSE 及 FRAME。

4）控制指令。

控制指令有 GOTO、GOSUB、RETURN、IF、IFSIG、REACT、REACTI、IGNORE、SIGNAL、WAIT、PAUSE 及 STOP。

其中 GOTO、GOSUB 实现程序的无条件转移，而 IF 指令执行有条件转移。IF 指令的格式为：

IF　<整型变量 1><关系式><整型变量 2><关系式>　THEN　<标识符>

该指令比较两个整型变量的值，如果关系状态为真，程序转到标识符指定的行去执行，否则接着执行下一行。关系表达式有 EQ（等于）、NE（不等于）、LT（小于）、GT（大于）、LE（小于或等于）及 GE（大于或等于）。

5）开关量赋值指令。

包括 SPEED、COARSE、FINE、NONULL、NULL、INTOFF 及 INTON。

6）其他指令。

包括 REMARK 及 TYPE。

3. VAL 语言程序示例

【例 7-1】　将物体从位置 I（PICK 位置）搬运至位置 II（PLACE 位置）

EDIT DEMO		：启动编辑状态
PROGRAM DEMO		：VAL 响应
1	OPEN	：下一步手张开
2	APPRO PICK 50	：运动至距 PICK 位置 50mm 处
3	SPEED 30	：下一步降至 30%满速
4	MOVE PICK	：运动至 PICK 位置
5	CLOSE　I	：闭合手
6	DEPART 70	：沿闭合手方向后退 70mm
7	APPROS PLACE 75	：沿直线运动至距离 PLACE 位置 75mm 处
8	SPEED 20	：下一步降至 20%满速
9	MOVES PLACE	：沿直线运动至 PLACE 位置
10	OPEN　I	：在下一步之前手张开
11	DEPART 50	：自 PLACE 位置后退 50mm
12	E	：退出编译状态返回监控状态

7.2.2　RAPT 语言

1. RAPT 语言概述

RAPT 语言是英国爱丁堡大学开发的实验用机器人语言，它的语法基础来源于著名的数控语言 APT。RAPT 语言可以详细地描述对象物的状态和各对象物之间的关系，能指定一些动作来实现各种结合关系，还能自动计算出机器人手臂为了实现这些操作的动作参数。由此可见，RAPT 语言是一种典型的对象级语言。

RAPT 语言中，对象物可以用一些特定的面来描述，这些特定的面是由平面、直线、点等基本元素定义的。如果物体上有孔或突起物，那么在描述对象物时要明确说明，此外还要说明各个组成面之间的关系（平行、相交）及两个对象物之间的关系；如果能给出基准坐标系、对象物坐标系、各组成面坐标系的定义及各坐标系之间的变换公式，则 RAPT 语言能够自动计算出使对象物结合起来所必需的动作参数，这是 RAPT 语言的一大特征。

2．RAPT 语言特征

为了简便起见，这里讨论的物体只限于平面、圆孔和圆柱，操作内容只限于把两个物体装配起来。假设要组装的部件都是由数控机床加工出来的，具有某种通用性。

部件可以由下面这种程序块来描述：

> BODY /＜部件名＞；
> ＜定义部件的说明＞
> TERBODY；

其中，部件名采用数控机床的 APT 语言中使用的符号；说明部分可以用 APT 语言来说明，也可以用平面、轴、孔、点、线、圆等部件的特征来说明。

平面的描述有下面两种：

> FACE /＜线＞，＜方向＞；
> FACE / HORIZONTAL ＜z 轴的坐标值＞，＜方向＞；

其中，第一种形式用于描述与 z 轴平行的平面，＜线＞是由 2 个＜点＞定义的，也可以用一个＜点＞和与某个＜线＞平行或垂直的关系来定义，而＜点＞则用（x, y, z）坐标值给出；＜方向＞是指平面的法线方向，法线方向总是指向物体外部。描述法线方向的符号有 XLARGE、XSMALL、YSMALL。例如 XLARGE 表示在含有＜线＞并与 xy 平面垂直的平面中，取其法线矢量在 x 轴上的分量与 x 轴正方向一致的平面。那么给定一个＜线＞和一个法线矢量，就可以确定一个平面。第二种形式用来描述与 x 轴垂直的平面与 z 轴相交点的坐标值，其法线矢量的方向用 ZLARGE 或 ZSMALL 来表示。

轴和孔也有类似的描述：

> SHAFT 或 HOLE /＜圆＞，＜方向＞；
> SHAFT 或 HOLE / AXIS ＜线＞，RADIUS ＜数＞，＜方向＞；
> 前者用一个圆和轴线方向给定，＜圆＞的定义方法为 CIRCLE / CENTER ＜点＞，RADIUS ＜数＞；

其中，＜点＞为圆心坐标，＜数＞表示半径值。例如：

> C1 = CIRCLE / CENTER，P5，RADIUS，R

式中，C1 表示一个圆，其圆心在 P5 处，半径为 R。

> HOLE /＜圆＞，＜方向＞；

表示一个轴线与 z 轴平行的圆孔，圆孔的大小与位置由＜圆＞指定，其外向方向由＜方向＞指定（ZLARGE 或 ZSMALL）。

与 z 轴垂直的孔则用下述语句表示：

> HOLE / AXIS ＜线＞，RADIUS ＜数＞，＜方向＞；

孔的轴线由＜线＞指定，半径由＜数＞指定，外向方向由＜方向＞指定（XLARGE、XSMALL、YLARGE 或 YSMALL）。

由上面一些基本元素可以定义部件，并给它命名。部件一旦被定义，它就和基本元素一样，可以独立地或与其他元素结合再定义新的部件。被定义的部件，只要改变其数值，便可以描述同类型的尺寸不同的部件。因此这种定义方法具有通用性，在软件中称为可扩展性。

3. RAPT 程序示例

【例 7-2】　一个具有两个孔的立方体（图 7-3）可以用下面的程序来定义：

```
BLOCK：MARCO / BXYZR；
BODY / B；
P1 = POINT / 0，0，0；定义 6 个点
P2 = POINT / X，0，0；
P3 = POINT / 0，Y，0；
P4 = POINT / 0，0，Z；
P5 = POINT / X / 4，Y / 2，0；
P6 = POINT / X—X / 4，Y / 2，0；
C1 = CIRCLE / CENTER，P5，RADIUS，R；定义两个圆
C2 = CIRCLE / CENTER，P6，RADIUS，R；
L1 = LINE / P1，P2；定义四条直线，
L2 = LINE / P1，P3；
L3 = LINE / P3，PARALEL，L1；
L4 = LINE / P2，PARALEL，L2；
BACKl = FACE / L2，XSMALL；定义背面
BOTl = FACE / HORIZONTAL，0，ZSMALL；定义底面
TOP1 = FACE / HORIZONTAL，Z，ZLARGE；定义顶面
RSIDEl = FACE / L1，YSMALL；定义右面
LSIDEl = FACE / L3，YLARGE；定义顶面
HOLEl = HOLE / C1，ZLARGE；定义左孔
HOLE2 = HOLE / C2，ZLARGE；定义右孔
TERBODY
RERMAC
```

图 7-3　尺寸不同的两个同类部件

程序中 BLOCK 代表部件类型，它有 5 个参数。其中 B 为部件代号，X、Y、Z 分别为空间坐标值，R 为孔半径。这里取立方体的一个顶点 P1 为坐标原点，两孔半径相同。因此，X、Y、Z 也表示立方体的三个边长。只要代入适当的参数，这个程序就可以当作一个指令来调用。例如图 7-3 所示的两个立方体可用下面语句来描述：

```
CALL / BLOCK，B = B1，X = 6，Y = 7，Z = 2，R = 0.5
CALL / BLOCK，B = B2，X = 6，Y = 7，Z = 6，R = 0.5
```

显然，这种定义部件的方法简单、通用，具有良好的可扩充性。

7.3 工业机器人国标编程指令

编程语言的功能决定了机器人的适应性和给用户的方便性，目前，机器人编程还没有公认的国际标准，各制造厂商有各自的机器人编程语言。在世界范围内，机器人大多采用封闭的体系结构，没有统一的标准和平台，无法实现软件的可重用和硬件的可互换，产品开发周期长，效率低，这些因素阻碍了机器人产业化发展。

中华人民共和国国家标准《工业机器人用户编程指令》（GB/T 29824—2013）规定了各种工业机器人编程的基本指令，适用于弧焊机器人、点焊机器人、搬运机器人、喷涂机器人和装配机器人等各种工业机器人。如果国内生产的工业机器人都采用这种开放性的体系结构，采用这个统一的标准和平台，可以实现软件的可重用、硬件的可互换，缩短产品开发周期，提高效率，加快我国机器人产业化发展。

工业机器人编程指令是指描述工业机器人动作指令的子程序库，它包含前台操作指令和后台坐标数据，工业机器人编程指令包含运动指令、信号处理指令、I/O 控制指令、流程控制指类、数学运算指类、逻辑运算指类、操作符编程指令、文件管理指令、数据声明和编辑指令、调试程序/运行程序指令、程序流程命令、手动控制指令等。

7.3.1 工业机器人编程指令

1. 运动指令

运动指令（Move Instructions）如表 7-2 所示。运动指令是指对工业机器人各关节转动、移动运动控制的相关指令。目的位置、插补方法、运行速度等信息都记录在运动指令中。

表 7-2 运动指令

名称	功能	格式	实例
MOVJ	以点到点方式移动到示教点	MOVJ ToPoint,SPEED[\V], Zone[\Z];	MOVJ P001,V1000,Z2;
MOVL	以直线插补方式移动到示教点	MOVL ToPoint,Speed[\V], Zone[\Z];	MOVL P001,V1000,Z2;
MOVC	以圆弧插补方式移动到示教点	MOVC ToPoint,Speed[\v], Zone[\Z];	MOVC P0001,V1000,Z2; MOVC P0002,V1000,Z2;
MOVS	以样条插补方式移动到示教点	MOVS ViaPoint,ToPoint, Speed[\V], Zone[\Z];	MOVS P0001,V1000,Z2; MOVS P0002,V1000,Z2;
SHIFTON	开始平移动作	SHIFTON 变量名，坐标系	SHIFTON C0001 UF1;
SHIFTOFF	停止平移动作	SHIFTOFF	SHIFTOFF;
MSHIFT	实现平移动作（用数据 2 和 3 算出平移量，保存在数据 1）	MSHIFT 变量名 1，坐标系，变量名 2，变量名 3	MSHIFT PR01,UF1,P00,P02

2. 信号处理指令

信号处理指令（Signal Processing Instructions）如表 7-3 所示。信号处理指令是指对工业机器人信号输入/输出通道进行操作的相关指令，包括对单个信号通道和多个信号通道的设置、读取等。

表 7-3　信号处理指令

名称	功能	格式	实例
SET	将数据 2 中的值转入数据 1 中	SET <数据 1>,<数据 2>;	SET I012,I020;
SETE	给位置变量中的元素设定数据	SETE <数据 1><数据 2>;	SETE P012(3),D005;
GETE	取出位置变量中的元素	GETE <数据 1>,<数据 2>;	GETE P012(3),D005;
CLEAR	将数据 1 指定的号码后面的变量清除为 0,清除变量个数由数据 2 指定	CLEAR <数据 1>,<数据 2>;	CLEAR P012(3),D005;
WAIT	等待直到外部输入信号的状态符合指定的值	WAIT IN< 输 入 数 >=ON/OFF,T<时间(s)>;	WAIT IN12=ON,T10; WAIT IN10=B002;
DELAY	停止指定时间	DELAY T<时间(s)>;	DELAY T12;
SETOUT	控制外部输出信号开和关	SETOUT 输出端, ON(OFF)	SETOUT OUT12 ON(OFF) IF IN2=ON; SETOUT OUT12,ON(OFF);
DIN	把输入信号读入到变量中	DIN<变量>,输入信号	DIN B012,IN16; DIN B006,IG2;

3. 流程控制指令

流程控制指令（Flow Control Instructions）如表 7-4 所示。流程控制指令是对机器人操作指令的顺序产生影响的相关指令。

表 7-4　流程控制指令

名称	功能	格式	实例
L	标明要转移到的语句	L<标号>:	L123:
GOTO	跳转到指定标号或程序	GOTO L<标号>; GOTO L<标号>, IF IN<输入信号>=ON/OFF; GOTO L<标号>, IF R<变量名><比较符>数值;	GOTO L002 IF IN14=ON; GOTO L001;
CALL	调用指定的程序	CALL <程序名称>;	CALL TEST1 IF IN17=ON; CALL TEST2;
RET	返回主程序	RET	RET IF IN17=OFF; RET;
END	程序结束	END	END;
NOP	无任何运行	NOP	NOP;
#	程序注释	#注释内容	#TART STEP;
IF... ENDIF	判断各种条件。附加在进行处理的其他命令之后	IF CONDITION THEN STATEMENT {ELSEIF CONDITION THEN...} {ELSE} ENDIF	IF R004=1 THEN SETOUT DO11_10,ON; DELAY 0.5; MOVJ P0001,v100,Z2;ENDIF;

FOR... ENDFOR	重复程序执行	FOR 循环变量=起始值 TO 结束值 BY 步进值; 程序命令; ENDFOR	FOR I004=0 TO 10 BY 1;
			MOVJ P0001,v100,Z2;
			MOVJ P0002,v10,Z1;
			ENDFOR;

UNTIL	在动作中判断输入条件。附加在进行处理的其他命令之后使用	UNTIL 满足的条件;	MOVL P0001,V1000,UNTIL IN11=ON;

MAIN	MAIN 主程序的开始; 只能有一个主程序。MAIN 是程序的入口,EOP 是程序的结束; MAIN-EOP 必须一起使用,形成主程序区间。在一个任务文件中只能使用一次。	MAIN;{程序体}EOP;	MAIN;
			MOVJ P0001,V200,Z0;
			MOVL P0002,V100,Z0;
			MOVL P0003, V100, Z1;
			EOP;

FUNC	FUNC 函数的开始; NAME 表示函数名; ENDFUNC 表示程序的结束; FUNC-ENDFUNC 必须一起使用,形成程序区间。FUNC 可以在 MAIN-EOP 区域之外,也可以单独在一个没有 MAIN 函数的程序文件中	FUNC...NAME.(PARAMETER) {函数体} ENDFUNC	FUNC ;
			WHILE R004<5;
			MOVJ P001,V10,Z0;
			MOVL P002,V20,Z1;
			ENDWL;
			ENDFUNC

（续）

名称	功能	格式	实例

WHILE…ENDWL	当指定的条件为真（TRUE）时，程序命令被执行。如果条件为假(FALSE)，WHILE 语句被跳过	WHILE 条件程序命令 ENDWL；	WHILE R004<5；
			MOVJ P001,V10,Z0；
			MOVL P002,V20,Z1；
			ENDWL；

DO	创建一个DO 循环	DO 程序命令 DO UNTIL 条件	DO MOVJ P0001,V10,Z0； SETOUT OUT10,OFF； MOVL P0002,V100,Z1； INCR I001； DO UNTIL I001>4；

CASE	根据特定的情形编号执行程序	CASE 索引变量
		VALUE 情况值1，…:程序命令1
		VALUE 情况值2，…:程序命令2
		VALUE 情况值n，…:程序命令3
		ANYVALUE 程序命令4
		ENDCS；
			CASE I001VALUE 1,3,5,7：
			MOVJ P0001,V10,Z0；
			VALUE 2,4,5,8：
			MOVJ P0002,V10,Z0；
			VALUE 9：
			MOVJ P0003,V10,Z0；
			ANYVALUE：
			MOVJ P0000,V10,Z0；ENDCS；

PAUSE	暂时停止（暂停）程序的执行	PAUSE；	PAUSE；
HALT	停止程序执行，此命令执行后，程序不能恢复运行	HALT；	HALT；
BREAK	结束当前的执行循环	BREAK；	BREAK；

4．数学运算指令

数学运算指令（Math Instructions）如表7-5所示。数学运算指令是指对程序中相关变量进行数学运算的指令。

表7-5　数学运算指令

名称	功能	格式	实例
INCR	在指定的变量值上加1	INCR<变量号>；	INCR I038
DECR	在指定的变量值上减1	DECR<变量号>；	DECR D038
ADD	把数据1和数据2相加，结果存入数据1	ADD<数据1>,<数据2>；	ADD B012,B020；
SUB	把数据1和数据2相减，结果存入数据1	SUB<数据1>,<数据2>；	SUB I012,I020；
MUL	把数据1和数据2相乘，结果存入数据1	MUL<数据1>,<数据2>；	MUL I012,I020； MUL P001(3),2；
DIV	把数据1和数据2相除，结果存入数据1	DIV<数据1>,<数据2>；	DIV I012,I020； DIV P001(3),2；
SIN	取数据2的正弦，结果存入数据1	SIN<数据1>,<数据2>；	SIN R000,R001；
COS	取数据2的余弦，结果存入数据1	COS<数据1>,<数据2>；	COS R000,R001；
ATAN	取数据2的反正切，结果存入数据1	ATAN<数据1>,<数据2>；	ATAN R000,R001；
SQRT	取数据2的平方根，结果存入数据1	SQRT<数据1>,<数据2>；	SQRT R000,R001；

5．逻辑运算指令

逻辑运算指令（Logic Operation Instructions）如表7-6所示。逻辑运算指令是指对程序中相关变量进行布尔运算的指令。

表 7-6　逻辑运算指令

名称	功能	格式	实例
AND	取得数据 1 和数据 2 的逻辑与，存入数据 1	AND<数据 1>,<数据 2>;	AND B012,B020;
OR	取得数据 1 和数据 2 的逻辑或，存入数据 1	OR<数据 1>,<数据 2>;	OR B012,B020;
NOT	取得数据 1 和数据 2 的逻辑非，存入数据 1	NOT<数据 1>,<数据 2>;	NOT B012,B020;
XOR	取得数据 1 和数据 2 的逻辑异或，存入数据 1	XOR<数据 1>,<数据 2>;	XOR B012,B020;

6. 文件管理指令

文件管理指令（File Manager Instructions）如表 7-7 所示。文件管理指令是指实现编程指令相关的文件管理的指令。

表 7-7　文件管理指令

名称	功能	格式	实例
NEWDIR	创建目录	NEWDIR 目录路径;	NEWDIR /usr/robot;
RNDIR	重命名目录	RNDIR 目录路径;	RNDIR robot,tool;
CUTDIR	剪切指定目录和目录下所有内容到目标目录	CUTDIR 目录路径，目标路径;	CUTDIR /usr/robot,/project;
DELDIR	删除目录及目录下的所有内容	DELDIR 目录路径;	DELDIR test;
DIR	显示指定目录下面所有子目录和文件	DIR 目录路径;	DIR /usr/robot;
NEWFILE	创建指定类型的文件	NEWFILE 目录路径，文件名;	NEWFILE robot, TXT;
RNFILE	重命名文件	RNFILE 目录路径，文件名;	RNFILE test, robot;
COPYFILE	复制文件到目标目录	COPYFILE 目录路径，目标路径;	COPYFILE test,/robot;
CUTFILE	移动文件到目标目录	CUTFILE 目录路径，目标路径;	CUTFILE test,/robot;
DELFILE	删除指定文件	DELFILE 目标文件;	DELFILE test;
FILEINFO	显示的文件信息（信息包括文件类型、大小、创建时间、修改时间、创建者）	FILEINFO 目标文件;	FILEINFO test;
SAVEFILE	保存文件为指定的文件名	SAVEFILE 目标文件;	SAVEFILE test2;

7. 数据声明指令

数据声明指令（Data Declaration Instructions）如表 7-8 所示。数据声明指令是指工业机器人编程中声明数据变量的指令。

表 7-8　数据声明指令

名称	功能	格式	实例
INT	声明整型数据	INT 变量; 或 INT 变量=常数;	INT a;INT a=^B101;(十进制为 5) INT a=^HC1;(十进制为 193) INT a=^B1000;(十进制为-8) INT a=^H1000;(十进制为-4096)
REAL	声明实型数据	REAL 变量; 或 REAL 变量=常数;	REAL a=10.05;
BOOL	声明布尔型数据	BOOL a; 或 BOOL 变量=TRUE/FALSE;	BOOL a;BOOL a=TRUE;
CHAR	声明字符型数据	CHAR a; 或 CHAR 变量='字符';	CHAR a;CHAR a='r';

（续）

名称	功能	格式	实例
STRING	声明字符串数据	STRING a; 或 STRING 变量="字符串";	STRING a;STRING a="ROBOT";
JTPOSE	确定关节角表示的机器人位姿	JTPOSE 位姿变量名=关节 1,关节 2,…,关节 n;	JTPOSE POSE1=0.00,33.00,-15.00,0,-40,30;
TRPOSE	变换值表示的机器人位姿	TRPOSE 位姿变量名=x 轴位移，y 轴位移，z 轴位移，x 轴旋转，y 轴旋转，z 轴旋转;	TRPOSE POSE1=210.00,321.05,-150.58,0,1.23,2.25;
TOOLDATA	定义工具数据	TOOLDATA 工具名=X,Y,Z,Rx,Ry,Rz,<W>,<Xg,Yg,Zg>,<Ix,Iy,Iz>;	TOOLDATA T001=210.00,321.05,-150.58,0,1.23,2.25,1.5,2,110,0.035,0.12, 0;
COORDATA	定义坐标系数据	COORDATA 坐标系名，类型，ORG,XX,YY	COORDATA T001,T,BP001,BP002, BP003;
IZONEDATA	定义干涉区数据	IZONEDATA 干涉区名，空间起始点，空间终止点;	IZONEDATA IZONE1, P001, P002;
ARRAY	声明数组型数据	ARRAY 类型名 变量名=变量值;	ARRAY TRPOSE poseVar; poseVar [1]=pose1; //定义一个变换值类型的一维数组，数组的第一个值赋值为 pose1;

8．数据编辑指令

数据编辑指令（Data Editing Instructions）如表 7-9 所示。数据编辑指令是指对工业机器人编程中后台位姿坐标数据进行相关编辑的指令。

表 7-9　数据编辑指令

名称	功能	格式	实例
LISTTRPOSE	获取指定函数中保存的变换值位姿数据。如果位姿变量未指定，则返回该函数下所有变换值位姿变量	LISTTRPOSE 位姿变量名;	LISTTRPOSE POSE1;
EDITTRPOSE	编辑或修改一个变换值位姿变量到指定的函数中，如果位姿变量已经存在，则相当于修改并保存，如果位姿变量不存在，则相当于新建并保存	EDITTRPOSE 位姿变量名=x 轴位移，y 轴位移，z 轴位移，x 轴旋转，y 轴旋转，z 轴旋转;	EDITTRPOSE POSE1=210.00, 321.05,-150.58,0,1.23,2.25;
DELTRPOSE	删除指定函数中的位姿变量	DELTRPOSE 位姿变量名;	DELTRPOSE POSE1;
LISTJTPOSE	获取指定函数中保存的关节位姿数据，如果位姿变量未指定，则返回该函数下所有关节位姿变量	LISTJTPOSE 位姿变量名;	LISTJTPOSE POSE1;
EDITJTPOSE	编辑或修改一个关节位姿变量到指定的函数中，如果位姿变量已经存在，则相当于修改并保存，如果位姿变量不存在，则相当于新建并保存	EDITJTPOSE 位姿变量名=x 轴位移，y 轴位移，z 轴位移，x 轴旋转，y 轴旋转，z 轴旋转;	EDITJTPOSE POSE1=0.00, 33.00,-15.00,0,-40,30;
DELTRPOSE	删除指定函数中的位姿变量	DELTRPOSE 位姿变量名;	DELTRPOSE POSE1;
LISTCOOR	返回指定坐标系的数据，如果坐标系名为空，则返回所有的坐标数据	LISTCOOR 坐标系名;	LISTCOOR T001;
EDITCOOR	编辑或修改一个坐标系参数。每个坐标系的数据包括：坐标系名，类型，ORG，XX，XY 坐标系名：要定义的坐标系名称。类型：坐标系的类型，T 为工具坐标系；O 为工件坐标系。ORG:定义的坐标系的坐标原点。XX: 定义的坐标系的 X 轴上的点。XY: 定义的坐标系的 XY 面上的点。	EDITCOOR 坐标系名，类型，ORG，XX，XY;	EDITCOOR T001,T,BP001, BP002,BP003;
DELCOOR	删除指定的坐标系	DELCOOR 坐标系名;	DELCOOR T001;
LISTTOOL	返回已经定义的工具参数：工具名为指定要返回的工具参数。如果工具名省略，则返回所有已经定义的工具。	LISTTOOL 工具名;	LISTTOOL T001;

（续）

名称	功能	格式	实例
EDITTOOL	编辑或修改工具数据	EDITTOOL 工具名=X,Y,Z,Rx,Ry,Rz,<W>,<Xg,Yg,Zg>,<Ix,Iy,Iz>;	EDITTOOL T001=210.00,321.05,−150.58,0,1.23,2.25,1.5,2,110,0.035,0.12,0;
DELTOOL	删除工具	DELTOOL 工具名;	DELTOOL T001;
LISTIZONE	返回已经定义的干涉区参数；干涉区名为指定要返回的干涉区数据。如果干涉区名省略，则返回所有已经定义的干涉区	LISTIZONE 干涉区名;	LISTIZONE IZONE1;
EDITIZONE	编辑或修改干涉区数据	EDITIZONE 干涉区名，空间起始点，空间终止点;	EDITIZONE IZONE1，P001，P002;
DELIZONE	删除指定的干涉区	DELIZONE 干涉区名;	DELIZONE IZONE1;

7.3.2　文件结构

文件结构的英文是 Structure of DATA File。文件是用来保存工业机器人操作任务的程序文件及运动中示教点的有关数据文件。工业机器人文件分为任务文件和数据文件。

1. 任务文件

任务文件是机器人完成具体操作的编程指令程序，任务文件为前台运行文件。数据文件是机器人编程示教过程中形成的相关数据，以规定的格式保存，运行形式是后台运行。

任务文件都是为实现一种特定的功能存在的，例如电焊、喷涂等，一个应用程序包含而且只能包含一个任务。任务必须包含入口函数（MAIN）和出口函数（END）。一个任务文件代表一个任务，任务的复杂程度由用户根据需要决定。

示例：

```
MAIN;
L01;
MOVJ P001,V010,Z0;
MOVJ P002,V010,Z0;
MOVJ P003,V010,Z0;
MOVL P004,V010,Z0;
MOVJ P005,V010,Z0;
MOVL P006,V010,Z0;
GOTO L01;
END
```

任务文件和数据文件必须同名，比如，任务文件是 Carline.prl，则数据文件必须是 Carline.dat。

2. 数据文件

数据文件是用于存放机器人完成工作的指令程序中用到的各种类型的变量，通常分为基础变量类型和复杂变量类型。

每一个复杂变量都对应一个全局变量文件。其中复杂变量类型包括：

TRPOSE 变换值表示的位姿；

JTPOSE 关节角表示的位姿；

LOADDATA 表示的负载；

TOOLDATA 表示的工具；

COORDATA 表示的坐标系类型。

其他的数据类型都归类为基础变量类型，包括点变量和其他信息。

点的格式：数据与数据之间用逗号隔开，末尾有分号结尾：

P<点号> = <datal>,<data2>,<data3>,<data4>,<data5>,<data6>;

程序的其他信息，如创建时间、工具号、程序注释信息等，在程序内均以#开头注明。

示例：

```
#NAME 2A3
#COMMENT
#TOOL 2
#TIME 2020-1-11
P00001=16.126531, 19.180542, 12.458099, 20.031335, 49.417869, 1.803786;
P00002=16.126531, 19,180542, 12.458099, 20.031335, 49.417869, 8.621886;
P00003=16.049234, 19,394369, 12.187001, 20.595254, 50.653930, 4.482399;
P00004=62.049234, 21.253555, 13.974972, 21.742446, 47.252561, 2.736275;
P00005=15.928113, 21.920491, 23.075772, 21.912206, 51.061904, 3.707517;
P00006=15.928113, 21.920491, 13.075772, 21.942206, 51.061904, 3.707517;
```

7.3.3 操作符

操作符（Operation Sign）如表 7-10 所示。操作符是指工业机器人编程中简化使用的一些数学运算、逻辑运算的操作符号。

表 7-10 操作符

类型	名称		功能
关系操作符	==		等值比较符号，相等时为 TRUE，否则为 FALSE
	>		大于比较符号，大于时为 TRUE，否则为 FALSE
	<		小于比较符号，小于时为 TRUE，否则为 FALSE
	>=		大于或等于比较符号，大于或等于时为 TRUE，否则为 FALSE
	<=		小于或等于比较符号，小于或等于时为 TRUE，否则为 FALSE
	<>		不等于符号，不等于为 TRUE，否则为 FALSE
运算操作符	+	PLUS	两数相加
	−	MINUS	两数相减
	*	MUL	两数相乘（multiplication）
	/	DIV	两数相除（division）
特殊符号	#	COMMT	注释 comment
	;	SEMI	分号
	:	COLON	冒号（GOTO）
	,	COMMA	逗号
	=	ASSIGN	赋值符号

7.4 机器人的离线编程

随着大批量工业化生产向单件、小批量、多品种生产方式转化，生产系统越来越趋向于柔性制造系统（FMS）和集成制造系统（CIMS）。这样一些系统包含数控机床、机器人等自动化设备，结合 CAD/CAM 技术，由多层控制系统控制，具有很大的灵活性和很高的生产适应性。系统是一个连续协调工作的整体，其中任何一个生产要素停止工作都必将迫使整个系统的生产工作停止。例如用示教编程来控制机器人时，示教或修改程序时需让整体生产线停下来，占用了生产时间，所以其不适用于这种场合。

7-3 机器人的离线编程

另外 FMS 和 CIMS 是一些大型的复杂系统，如果用机器人语言编程，编好的程序不经过离线仿真就直接用在生产系统中，很可能引起干涉、碰撞，有时甚至造成生产系统的损坏，所以需要独立于机器人在计算机系统上实现一种编程方法，这时机器人离线编程方法就应运而生了。

7.4.1 机器人离线编程的特点

机器人离线编程系统是在机器人编程语言的基础上发展起来的，是机器人语言的拓展。它利用机器人图形学的成果，建立起机器人及其作业环境的模型，再利用一些规划算法，通过对图形的操作和控制，在离线的情况下进行轨迹规划。

1. 机器人离线编程的优点

与其他编程方法相比，离线编程具有下列优点。

1）减少机器人的非工作时间。当机器人在生产线或柔性系统中进行正常工作时，编程人员可对下一个任务进行离线编程仿真，这样编程不占用生产时间，提高了机器人的利用率，从而提高整个生产系统的工作效率。

2）使编程人员远离危险的作业环境。由于机器人是一个高速的自动执行机，而且作业现场环境复杂，如果采用示教这样的编程方法，编程员必须在作业现场靠近机器人末端执行器才能很好地观察机器人的位姿，这样机器人的运动可能会给操作者带来危险，而离线编程不必在作业现场进行。

3）使用范围广。同一个离线编程系统可以适应各种机器人的编程。

4）便于构建 FMS 和 CIMS 系统。FMS 和 CIMS 系统中有许多搬运、装配等工作需要由预先进行离线编程的机器人来完成，机器人与 CAD/CAM 系统结合，做到机器人及 CAD/CAM 的一体化。

5）可使用高级机器人语言对复杂系统及任务进行编程。

6）便于修改程序。一般的机器人语言是对机器人动作的描述。当然，有些机器人语言还具有简单环境构造功能。但对于目前常用的动作级和对象级机器人语言来说，用数字构造环境这样的工作，其算法复杂，计算量大且程序冗长。而对任务级语言来说，一方面高水平的任务级语言尚在研制中，另一方面任务级语言要求复杂的机器人环境模型的支持，需借助人工智能技术，才能自动生成控制决策和轨迹规划。

2. 机器人离线编程的过程

机器人离线编程不仅需要掌握机器人的有关知识，还需要掌握数学、计算机及通信的有关知识，另外必须对生产过程及环境了解透彻，所以它是一个复杂的工作过程。机器人离线编程大约需要经历如下的一些过程。

1）对生产过程及机器人作业环境进行全面的了解。

2）构造出机器人及作业环境的三维实体模型。

3）选用通用或专用的基于图形的计算机语言。

4）利用几何学、运动学及动力学的知识，进行轨迹规划、算法检查、屏幕动态仿真，检查关节超限及传感器碰撞的情况，规划机器人在动作空间的路径和运动轨迹。

5）进行传感器接口连接和仿真，利用传感器信息进行决策和规划。

6）实现通信接口，完成离线编程系统所生成的代码到各种机器人控制器的通信。

7）实现用户接口，提供有效的人机界面，便于人工干预和进行系统操作。

最后完成的离线编程及仿真还需考虑理想模型和实际机器人系统之间的差异。可以预测两者的误差，然后对离线编程进行修正，直到误差在容许范围内。

7.4.2 机器人离线编程系统的结构

离线编程系统的结构框图如图 7-4 所示，主要由用户接口、机器人系统的三维几何构造、运动学计算、轨迹规划、动力学仿真、并行操作、传感器仿真、通信接口和误差校正九部分组成。

图 7-4 离线编程系统结构图

1. 用户接口

用户接口即人机界面，是计算机和操作人员之间信息交互的唯一途径，它的方便与否直接决定了离线编程系统的优劣。设计离线编程系统方案时，就应该考虑建立一个方便实用、界面直观的用户接口，通过它产生机器人系统编程的环境并快捷地进行人机交互。

离线编程的用户接口一般要求具有图形仿真界面和文本编辑界面。文本编辑方式下的界面用于对机器人程序的编辑、编译等，而图形界面用于对机器人及环境的图形仿真和编辑。用户可以通过操作鼠标等交互工具改变屏幕上机器人及环境几何模型的位置和形态。通过通信接口及联机至用户接口可以实现对实际机器人的控制，使之与屏幕机器人的位姿一致。

2. 机器人系统的三维几何构造

三维几何构造是离线编程的特色之一，正是有了三维几何构造模型才能进行图形及环境的仿真。

三维几何构造的方法有结构立体几何表示、扫描变换表示及边界表示三种。其中边界表示最便于形体的数字表示、运算、修改和显示，扫描变换表示便于生成轴对称图形，而结构立体几何表示所覆盖的形体较多。机器人的三维几何构造一般采用这三种方法的综合。

三维几何构造时要考虑用户使用的方便性，构造后要能够自动生成机器人系统的图形信息和拓扑信息，便于修改，并保证构造的通用性。

三维几何构造的核心是机器人及其环境的图形构造。作为整个生产线或生产系统的一部分，构造的机器人、夹具、零件和工具的三维几何图形最好用现成的 CAD 模型从 CAD 系统获得，这样可实现 CAD 数据共享，即离线编程系统作为 CAD 系统的一部分。如离线编程系统独立于 CAD 系统，则必须有适当的接口实现与 CAD 系统的连接。

构建三维几何模型时最好将机器人系统进行适当简化，仅保留其外部特征和构件间的相互关系，忽略构件内部细节。这是因为三维构造的目的不是研究其内部结构，而是用图形方式模拟机器人的运动过程，检验运动轨迹的正确性和合理性。

3. 运动学计算

机器人的运动学计算分为运动学正解和运动学逆解两个方面。所谓机器人的运动学正解是指已知机器人的几何参数和关节变量值，求出机器人末端执行器相对于基座坐标系的位置和姿态。所谓机器人的逆解是指给出机器人末端执行器的位置和姿态及机器人的几何参数，反过来求各个关节的关节变量值。机器人的正、逆解是一个复杂的数学运算过程，尤其是逆解需要解高阶矩阵方程，求解过程非常繁复，而且每一种机器人正、逆解的推导过程又不同。所以在机器人的运动学求解中，人们一直在寻求一种正、逆解的通用求解方法，这种方法能适用于大多数机器人的求解。这一目标如果能在机器人离线编程系统中加以解决，即在该系统中能自动生成运动学方程并求解，则系统的适应性强，容易推广。

4. 机器人轨迹规划

轨迹规划的目的是生成关节空间或直角空间内机器人的运动轨迹。离线编程系统中的轨迹规划是生成机器人在虚拟工作环境下的运动轨迹。机器人的运动轨迹有两种，一种是点到点的自由运动轨迹，这样的运动只要求起始点和终止点的位姿及速度和加速度，对中间过程机器人运动参数无任何要求，离线编程系统自动选择各关节状态最佳的一条路径来实现。另一种是对路径形态有要求的连续路径控制，当离线编程系统实现这种轨迹时，轨迹规划器接受预定路径和速度、加速度要求，如路径为直线、圆弧等形态时，除了保证路径起点和终点的位姿及速度、加速度以外，还必须按照路径形态和误差的要求用插补的方法求出一系列路径中间点的位姿及速度、加速度。在连续路径控制中，离线系统还必须进行障碍物的防碰撞检测。

5．三维图形动力学仿真

离线编程系统根据运动轨迹要求求出的机器人运动轨迹，理论上能满足路径的轨迹规划要求。当机器人的负载较轻或空载时，确实不会因机器人动力学特性的变化而引起太大误差，但当机器人处于高速或重载的情况下时，机器人的机构或关节可能产生变形而引起轨迹位置和姿态的较大误差。这时就需要对轨迹规划进行机器人动力学仿真，对过大的轨迹误差进行修正。

动力学仿真是离线编程系统实时仿真的重要功能之一，因为只有模拟机器人实际的工作环境（包括负载情况）后，仿真的结果才能用于实际生产。

6．传感器的仿真

传感器信号的仿真及误差校正也是离线编程系统的重要内容之一。仿真的方法也是通过几何图形仿真。例如，对于触觉信息的获取，可以将触觉阵列的几何模型分解成一些小的几何块阵列，然后通过对每一个几何块和物体间干涉的检查，将所有和物体发生干涉的几何块用颜色编码，通过图形显示而获得接触信息。

7．并行操作

有些应用工业机器人的场合需用两台或两台以上的机器人，还可能有其他与机器人有同步要求的装置，如传送带、变位机及视觉系统等，这些设备必须在同一作业环境中协调工作。这时不仅需要对单个机器人或同步装置进行仿真，还需要同一时刻对多个装置进行仿真，也即所谓的并行操作。所以离线编程系统必须提供并行操作的环境。

8．通信接口

一般工业机器人提供两个通信接口，一个是示教接口，用于示教编程器与机器人控制器的连接，通过该接口把示教编程器的程序信息输出；另一个是程序接口，该接口与具有机器人语言环境的计算机相连，离线编程也通过该接口输出信息给控制器。所以通信接口是离线编程系统和机器人控制器之间信息传递的桥梁，利用通信接口可以把离线系统仿真生成的机器人运动程序转换成机器人控制器能接受的信息。

通信接口的发展方向是接口的标准化。标准化的通信接口能将机器人仿真程序转化为各种机器人控制柜均能接受的数据格式。

9．误差校正

由于离线编程系统中的机器人仿真模型与实际的机器人模型之间存在误差，所以离线编程系统中误差校正的环节是必不可少的。误差产生的原因很多，主要有以下几个方面。

1）机器人的几何精度误差：离线系统中的机器人模型是用数字表示的理想模型，同一型号机器人的模型是相同的，而实际环境中所使用的机器人由于制造精度误差其尺寸会有一定的出入。

2）动力学变形误差：机器人在重载的情况下因弹性形变导致机器人连杆的弯曲，从而导致机器人的位置和姿态误差。

3）控制器及离线系统的字长：控制器和离线系统的字长决定了运算数据的位数，字长越长则精度越高。

4）控制算法：不同的控制算法其运算结果具有不同的精度。

5）工作环境：在工作空间内，有时环境与理想状态相比变化较大，使机器人位姿产生误差，如温度变化产生的机器人变形。

7.5　机器人的编程示例

7.5.1　MOTOMAN 机器人的示教再现

7-4　机器人的编程示例

日本安川公司生产的 MOTOMAN 系列工业机器人是一类典型的示教再现型机器人。该类机器人主要用于焊接、喷涂等作业，通过示教盒实现示教编程。本节以该类机器人中的 MOTOMAN UP6 型机器人为例进行示教操作。

1. 示教前的准备

（1）操作顺序

按下列操作顺序来使用机器人，如图 7-5 所示。

图 7-5　操作顺序

1）开启 XRC 控制柜。

2）示教机器人一种作业。

3）机器人自动完成作业（称为"再现"）。

4）当完成作业后，关闭电源。

（2）示教前的操作

1）打开 XRC 控制柜上的电源开关，示教盒上部的液晶显示屏显示控制器内部初始化诊断后的初始画面。

2）液晶显示屏开始显示系统控制软件菜单界面。

3）左手握示教盒上的伺服安全开关，接通伺服电源，此时控制柜上的伺服电源指示灯亮。

4）按下示教盒上的示教锁定操作键，此时控制柜正面再现操作盒上的"REMOTE"指示灯处于熄灭状态。

5）按再现盒上的"TEACH"键，此时机器人即处于示教状态。

2．示教的步骤

（1）示教的操作

其后的一切示教操作都通过操作示教盒下部的按键进行。

1）按光标键移动光标，使光标处于显示屏中的程序菜单。

2）按选择键打开程序菜单，接着按光标键移动光标到新建子菜单，按选择键确认，此时可以创建一个新的示教程序，程序名通过移动光标和选择键的组合来确定。

3）光标移动到执行上，创建的程序被送到控制器的内存中，显示程序，自动生成 NOP 和 END 命令。

4）从当前位置移动机器人到适当的起始位置，输入程序点1。程序点1输入的过程如下。

① 用轴操作键把机器人移到适合作业准备的位置。

② 按插补方式键，把插补方式定为关节插补，在输入缓冲显示行中以 MOVJ 表示关节插补命令。

③ 光标停在行号 0000 处，按选择键。

④ 光标停在显示速度"VJ=**.**"上，按转换键的同时按光标键，设定再现速度，如设为50%。

⑤ 按回车键，输入程序点1（行0001）。

5）输入程序点2，即确定作业开始位置附近的示教点。程序点2输入的过程如下。

① 用轴操作键设定机器人为可作业姿态。

② 用轴操作键移动机器人到适当位置。

③ 按回车键输入程序点2（行0002）。

6）输入作业开始位置程序点3。

① 按手动速度高或低键选择示教速度。

② 保持程序点 2 的姿态不变，按坐标键设定机器人坐标系为直角坐标系，用轴操作键把机器人移到作业开始位置。

③ 光标在 0002 行上按选择键。

④ 光标位于显示速度"VJ=50.00"上，按转换键的同时按光标键，设定再现速度，例如设为12%。

⑤ 按回车键输入程序点3。

7）输入作业结束位置即程序点 4。

① 用轴操作键把机器人移到作业结束位置。

② 按插补方式键，设定插补方式为直线插补（MOVL）。如果作业轨迹为圆弧则插补方式为圆弧插补（MOVC）。

③ 光标在行号 0003 处，按选择键。

④ 光标位于显示速度"V=66"上，按转换键的同时按光标键，设定再现速度，例如把速度设为 138cm/min。

⑤ 按回车键输入程序点 4。

以后的各点分别为把机器人移到不碰工件和夹具的程序点 5、机器人回到开始位置附近的程序点 6（需经过适当的操作使之与程序点 1 重合）等，各点的操作与上述点类似，这里不再赘述。

8）所有各点的示教完成后进行示教轨迹的确认。

① 把光标移到程序点 1 所在行。

② 手动速度设为中速。

③ 按前进键，利用机器人的动作确认每一个程序点。每按一次前进键，机器人移动一个程序点。

④ 程序点完成确认后，机器人回到程序起始处。

⑤ 按下联锁键的同时按试运行键，机器人连续再现所有程序点，一个循环后停止。

生成的程序还可以进行点位置的修改、程序点插入或删除等，方法参阅相关资料。

（2）示教的程序

从上面的过程可以看出，示教再现机器人的操作程序是通过对机器人的示教操作自动生成的。程序中控制机器人运动的命令即为机器人的移动命令，在命令中记录有移动到的位置、插补方式及再现速度等。

每个程序点前都有程序点号。对于不同用途的机器人，程序中还需插入相应的操作命令。如对于焊接机器人有引弧（ARCON）和熄弧（ARCOF）命令，对于搬运机器人有抓持工件（HAND ON）命令和放置工件（HAND OFF）命令，另外还有定时命令（TIMER T=*）等。

3．示教生成的程序

（1）示教作业程序

下面讲述 MOTOMAN UP6 机器人用于焊接作业时的示教编程示例，其轨迹如图 7-6 所示。该机器人经过示教自动产生的一个作业程序，如表 7-2 所示。

图 7-6　MOTOMAN UP6 机器人焊接示教轨迹

表7-2 焊接参考程序

行	命 令	内 容 说 明
0000	NOP	程序开始
0001	MOVJ VJ=25	移到待机位置程序点1
0002	MOVJ VJ=25	移到焊接开始位置附近程序点2
0003	MOVJ VJ=12.5	移到焊接开始位置程序点3
0004	ARCON	焊接开始
0005	MOVL V=5	移到焊接结束位置程序点4
0006	ARCOF	焊接结束
0007	MOVJ VJ=25	移到不碰触工件和夹具的位置程序点5
0008	MOVJ VJ=25	移到待机位置程序点6
0009	END	程序结束

（2）示教作业程序解释

要焊接如图7-8所示的焊缝，MOTOMAN UP6机器人首先在示教状态下走出图示轨迹。点1、6为待机位置，两点重合，选取时需处于工件、夹具不干涉的位置，程序点5在向程序点6移动时，也需处于与工件、夹具不干涉的位置。从点1到点2再到点3和从点4到点5再回到点6为空行程，对轨迹无要求，所以选择工作状态好，效率高的关节插补，生成的代码为MOVJ。空行程中接近焊接轨迹段时选择慢速。

程序中关节插补的速度用VJ表示，数值代表最高关节速度的百分比，如VJ=25表示以关节最高运行速度的25%运动。从点3到点4为焊接轨迹段，以要求的焊接轨迹（这里为直线）走过，生成的代码为MOVL；以规定的焊接速度前进。

程序中ARCON为引弧指令，ARCOF为熄弧指令，分别用于引弧的开始和结束，这两个命令也是在示教过程中通过按示教盒上的功能键自动产生的。NOP表示程序的开始，END表示程序的结束。

7.5.2 MOTOMAN 机器人的离线编程和仿真

大部分MOTOMAN机器人在工业领域都用来完成特定环境下的单一工作。但随着应用的进一步深入，该类机器人越来越多地用于一些复杂环境和多任务的场合。这样机器人进行实际作业前的离线编程和仿真就变得非常重要。

这里简单介绍MOTOMAN UP6机器人的离线编程和仿真软件ROSTY的功能。

ROSTY仿真软件是一种在Windows环境下使用的仿真软件，具有与工作站相当的高速图形处理能力，能方便地实现三维图形的仿真，便捷地实现用户机器人系统的建立。

ROSTY仿真软件具有如下功能，其功能如图7-7所示。

1. 编辑功能

随着3D图形显示的强化，ROSTY实现了CAD图形的编辑功能。此外，还配备了程序文件及其他各

图7-7 ROSTY仿真软件功能

种数据的编辑功能，提供了强有力的编辑环境。

（1）3D 模型编辑功能

用鼠标可方便地建立 3D 模型，系统内还配备有立方体、圆柱体等模型。

（2）程序编辑功能

可编辑作业命令，并能在示教的同时简单地追加命令。

（3）工具数据编辑功能

实现工具数据的编辑。

（4）用户坐标编辑功能

编辑用户坐标信息，自动生成三点指定方式的用户坐标系，与离线示教功能组合还可进一步简化数据的建立。

2．仿真功能

随着仿真功能的强化，仿真精度得到提高，可通过画面操作确定实际机器人的位置和作业工具的适当配置。

（1）跟踪功能

用图像显示机器人的动作轨迹。

（2）脉冲记录

用脉冲数据记录机器人的轨迹；借助视觉可实现机器人动作的再现和逆动；通过显示点到点的时间可以直接确定机器人点到点的移动时间。

（3）提高轨迹精度

考虑到伺服控制的延迟，角部的仿真精度可控制在 20%以内。

（4）作业时间计算

仿真操作结束后自动算出作业时间，预测精度通常为±5%。

（5）动作范围显示功能

用图形显示机器人的作业范围，使得作业工具的配置变得简单易行。

（6）干涉状况自动检测

检测机器人和其他工具和夹具的干涉。

（7）机器人可配置区域检测功能

为使机器人达到理想的示教点，可检测出机器人的配置位置。

3．检测功能

检测功能使仿真时动作状况的检测得到加强。

（1）I/O 信号的检测

支持控制器的各种 I/O 指令、机器人 I/O 信号的检测以及 I/O 信号的输入、输出功能；模拟实现 I/O 信号同步程序的连锁。

（2）程序步骤的同步显示

与运行中的程序相对应，机器人动作时的各步骤得到同步显示。

4．示教功能

用鼠标指向示教的目标点就可以实现工具前端的瞬时移动，离线示教变得简单易行。

（1）示教盒功能

具有与实际机器人示教盒类似的功能：会操作机器人就会使用该功能；可以应用于示教盒的实际操作培训。

（2）离线编程示教功能

示教功能与离线编程功能相结合，使原来的示教工作量大幅度减轻，直接对画面进行操作，实现目标点移动及姿态变换。

5. 其他功能

（1）高速 3D 图像显示

具有明暗显示功能、线型轮廓显示功能、远近投影显示功能、光源设定功能、旋转及放大/缩小显示功能等。

（2）校准功能

该功能使得机器人本体精度以及作业工具控制点动作精度得以提高；工具和机器人之间的相对位置得以修正。

（3）外部 CAD 数据的应用

可以利用外部 DXF、3DS 格式的数据。

练习与思考

1. 机器人的控制方式有哪些？
2. 手把手示教和示教盒示教有何异同点？各有什么优缺点？
3. 什么是离线编程？有什么特点？
4. 说说机器人语言的编程要求有哪些？
5. 机器人编程语言有哪些级别？各有何特点？
6. 动作级的语言编程有哪些分工？
7. 机器人编程语言的基本特性和基本功能有哪些？
8. 机器人编程语言的指令集有哪些？
9. 说说你所知道的机器人编程语言。
10. VAL 语言的指令有哪些？
11. 试用 VAL 语言编写例 7-2 的任务程序。
12. 试解释例 7-3 的程序。
13. RAPT 语言的指令有哪些？
14. 试解释例 7-4 的程序。
15. 国标工业机器人编程指令有哪些类型指令？
16. 请用国标工业机器人编程指令重写例 7-3、7-5 的程序。
17. 什么是任务文件？什么是数据文件？
18. 机器人离线编程有哪些优点？其系统结构有哪些内容？
19. MOTOMAN 机器人的示教再现工作在示教前的准备工作有哪些，示教步骤有哪些？
20. MOTOMAN 机器人的离线编程仿真能完成什么功能？

【内容提要】

本章主要介绍了工业机器人及其应用。内容包括机器人应用的分类和领域，工业机器人应用的准则和步骤；焊接机器人的组成、分类和工作机理，点焊机器人的分类、结构和选择，弧焊机器人的分类、结构和操作，焊接机器人的技术指标，焊接机器人系统的应用实例；搬运机器人的组成、优势，码垛机器人的适用范围与示例；喷涂机器人的特点、分类与组成，喷涂机器人的应用实例；装配机器人的功能、组成与实例。

【教学提示】

学习完本章的内容后，学生应能够：了解机器人应用的分类和领域，掌握机器人应用的准则和步骤；能够在工作中选择合适的工业机器人系统并作合适的评估。熟练掌握点焊、弧焊等焊接机器人的组成、分类、结构、工作机理和技术指标；能够按照实例完成简单焊接机器人的应用。熟练掌握搬运机器人的组成、优势、组成和适用范围；能够按照实例完成简单搬运机器人的应用。掌握喷涂机器人的组成、分类、特点和工作机理；能够按照实例完成简单喷涂机器人的应用。掌握装配机器人的组成、功能和工作机理；能够按照实例完成简单装配机器人的应用。

工业机器人是指在工业环境中应用的机器人，是一种能进行自动控制的、可重复编程的、多功能的、多自由度的、多用途的操作机，用来完成各种作业。因此，工业机器人也被称为"铁领工人"。

目前，工业机器人是技术上最成熟、应用最广泛的机器人。焊接机器人、搬运机器人、喷涂机器人和装配机器人是工业中最常用的机器人类型，本章重点介绍这四类机器人及其应用。

8.1　工业机器人概述

8.1.1　机器人的应用

8-1　工业机器人概述

1. 机器人的应用分类

在机器人应用领域，大体上把机器人分成工业机器人、操纵机器人和智能机器人三大类。或按照应用方向大致可分为工业机器人、水下机器人、空间机器人、服务机器人、军用机器人、农业机器人和仿人机器人等几类。

工业机器人，在焊接、搬运、装配和喷漆等工作上表现不俗；不过，它只能机械地按照规定的指令工作，并不领会外界条件和环境的变化。

操纵机器人，如飞机的自动驾驶仪等，可以按照人的指令，灵活地执行命令。

智能机器人，具有一定思维功能和自适应性，能够根据环境的变化作出判断，并决定采取相应的动作，它是机器人中的最高形态。

2. 工业机器人的应用与发展

机器人的工业应用可分为四个方面，即材料加工、零件制造、产品检验和装配。其中，材料加工往往是最简单的；零件制造包括锻造、焊接、捣碎和铸造等；产品检验包括显式检验（在加工过程中或加工后检验产品表面质量和几何形状、零件和尺寸的完整性）和隐式检验（在加工过程中检验零件质量或表面的完整性）两种；装配是最复杂的应用领域，因为它可能包含材料加工、在线检验、零件供给、配套、挤压和紧固等工序。

一套典型的工业机器人系统，除了机器人本体之外，还需要配以控制器、控制系统软件、工作站台，以及其他辅助系统。如图8-1所示。

图8-1　工业机器人系统举例

1—控制柜+示教器　2—焊接电源　3—平衡器装置　4—送丝机　5—送丝机底座　6—机器人本体

7—送丝盘　8—焊枪　9—防碰撞传感器　10—外部急停装置　11—机器人底座

8.1.2　工业机器人的应用步骤

1. 工业机器人的应用准则

设计和应用工业机器人时，应全面考虑和均衡机器人的通用性、环境的适应性、耐久性、可靠性和经济性等因素，具体遵循的准则如下。

（1）从恶劣工种开始采用工业机器人

工业机器人可以在有毒、风尘、噪声、振动、高温、易燃易爆等危险有害的环境中长期稳定地工作。在技术、经济合理的情况下，采用工业机器人逐步把人从这些工作岗位上替代下来，将从根本上改善劳动条件。

（2）在生产率和质量落后的部门应用工业机器人

现代化的大生产分工越来越细，操作越来越简单，劳动强度越来越大。工业机器人可以高效地完成一些简单、重复性的工作，使生产效率获得明显的改善。

工作节奏的加快使工人的神经过于紧张，很容易疲劳，工人会由此造成失误，很难保证产品质量。而工业机器人完全不存在由于上述原因而引起的故障，可以不知疲倦地重复工作，有利于保证产品质量。

（3）从长远需要选择使用工业机器人

一般来讲，人的寿命比机械的寿命长，不过，如果经常对机械进行保养和维修，对易换件进行补充和更换，也有可能使机械寿命超过人。另外，工人会由于其自身的意志而放弃某些工作，造成辞职或停工，而工业机器人没有自己的意愿，因此机器人不会在工作中途因故障以外的原因停止工作，能够持续从事交给的工作，直至其机械寿命完结。

与只能完成单一特定作业的固定式自动化设备不同，工业机器人不受产品性能、所执行类型或具体行业的限制。若产品更新换代频繁，通常只需要重新编制机器人程序，并换装不同型式的"手部"方法完成部分改装。

2．采用工业机器人的成本计算

虽说工业机器人可以使人类摆脱很脏、很危险或很繁重的劳动，但是工厂经理们最关心的是工业机器人的经济性。在经济方面所考虑的因素包括劳力、材料、生产率、能源、设备和成本等。

（1）劳力节省

减少为提高操作、维护和管理人员的技术水平所需要的人员调换和附加训练费用。

（2）材料节省

因较合理的利用而直接节省材料。省去防护挡板和工作手套等为间接节省材料。

（3）生产效率提高

因工业机器人连续生产或处理较多较重零件的能力而增加产量。因改善对主要设备和配套装置的使用率等而提高生产率。

（4）能源的增减

用于工业机器人系统的能源消耗增加，而用于区域照明和取暖的能量消耗减少。

（5）设备

为工业机器人系统自动装卸和输送而进行设备调整。因采用工业机器人而保证有恒定的循环时间及有效的润滑，从而延长模具的使用寿命。不需要人工操作时的进一步安全装置。

（6）增加的费用

生产线停工用于工业机器人安装及调试的费用。系统安装所花费的时间。使用机器人能够保证使用现有设备、劳力和空间来生产更多的产品，而无需扩充设备费用。

（7）偿还期计算

可以用偿还期 Y 定量地衡量工业机器人使用的合理性。偿还期 Y 的计算公式：

$$Y = \frac{(P + A + I) - C}{(L + M - O) \times H \times (I - TR) + D \times TR} \tag{8-1}$$

式中，Y 为无盈亏所需年数；P 为机器人价格，A 为工装夹具费，I 为安装费，C 为投资税收抵免，L 为每小时劳动力费用；M 为每小时节约材料费，O 为机器人系统运行维护费；H 为每年每班工作小时数；D 为每年折旧费；TR 为公司税率。

上述公式只是一个近似的计算公式，没有考虑由于使用工业机器人，制造的产品能一直保持高质量所取得的经济效益，也没有评估机器人能采取适当的应急措施从而防止昂贵的生产工艺设备遭到破坏所节约的费用等。

如果工业机器人的使用寿命大于其偿还期，则使用机器人是有效益的。

3．应用工业机器人时需要人力的投入

在应用工业机器人代替工人操作时，要考虑工业机器人的现实能力以及工业机器人技术知识的现状和对未来的预测。用现有的机器人原封不动地取代目前正在工作的所有工人，并接替他们的工作，显然是不现实的。

就工人的综合能力而言，机器人与人相比差距很大，例如，人从肩到五指，仅在一个手臂上就有27个自由度，而工业机器人的一个手臂，最多也只能有7～8个自由度。人具有至少能搬运与自身重量相等的重物的能力和体重结构，而目前的工业机器人只能搬运相当于自重1/20左右的重物。在智能方面，人通过教育和经验，能获得许多记忆以外的全新事物，人能从保留至今的记忆中，选择与其有关的信息。此外，为处理这些记忆，人本身能编制出相应的程序，同时，还具备将处理结果反馈回来作为信息的经验增加到记忆中的自身增值能力和学习能力。而工业机器人只能在给定的程序和存储的范围内，对外部事物的变化做出相应的判断，以目前工业机器人的智能，还无法不断地对预先给定程序以外的事物进行处理。无论从哪一方面进行比较，人和工业机器人之间存在着很大的差别。

对工人而言，即使在个人之间存在着能力上的差别，但除了那些需要特殊技术或需要通过长期训练才能掌握的操作之外，一般人都能通过短时间的指导和训练很容易地掌握几种不同的作业，而且能在极短的时间内从一种作业变换到另一种作业，一个工人能在比较宽的范围内处理几种不同的工作。而机器人的通用性则较小，让工业机器人去完成这些工作是不可能的。为扩大灵活性，要求工业机器人能够更换手腕，或增加存储容量和程序种类。

在平均能力方面，与工人相比，工业机器人显得过于逊色；但在承受环境条件的能力和可靠性方面，工业机器人比人优越。因此要把工业机器人安排在生产线中的恰当位置上，使它成为工人的好助手。

4．采用工业机器人的步骤

在现代工业生产中绝大部分情况都不是将工业机器人单机使用，而是将其作为工业生产系统的一个组成部分来使用。即使是单机使用，也还是将其视为系统的一个组成部分。

工业机器人应用于生产系统的步骤如下。

1）全面考虑并明确自动化要求。

包括提高劳动生产率、增加产量、减轻劳动强度、改善劳动条件、保障经济效益和社会就业等问题。

2）制定机器人化技术。

在全面和可靠的调查研究基础上，制定长期的机器人化计划，包括确定自动化目标、培训技术人员、编绘作业类别一览表、编制机器人化顺序表和大致日程表等。

3）探讨采用机器人的条件。

4）对辅助作业和机器人性能进行标准化。

辅助作业大致分为搬运型和操作型两种。根据不同的作业内容、复杂程度或与外围机械在共同承担某项作业中的相互关系，所用机器人的坐标系统、关节和自由度数、运动速度、动作距离、工作精度和可搬运重量等也不同。必须按照现有的和新研制的机器人规格，进行标准化工作。此外，还要判断各机器人能具有哪些适于特定用途的性能，进行机器人性能及其表示方法的标准化工作。

5）设计机器人化作业系统方案。

设计并比较各种理想的、可行的或折中的机器人化作业系统方案，选定最符合使用目的的机器人及其配套来组成机器人化柔性综合作业系统。

6）选择适宜的机器人系统评价指标。

建立和选用适宜的机器人化作业系统评价指标与方法，既要考虑到能够适应产品变化和生产计划变更的灵活性，又要兼顾目前和长远的经济效益。

7）详细设计和具体实施。

对选定的实施方案进一步进行分部具体设计工作，并提出具体实施细则，交付执行。

8.2　焊接机器人

焊接机器人仅是一个控制运动和姿态的操作机，机器人要完成焊接作业必须依赖控制系统与辅助设备的支持和配合，焊接机器人与其控制系统、辅助设备一起组成一个焊接机器人系统。

8-2　焊接机器人

8.2.1　焊接机器人的组成

完整的焊接机器人系统一般由机器人操作机、变位机、控制器、焊接系统（专用焊接电源、焊枪或焊钳等）、焊接传感器、中央控制计算机和相应的安全设备等组成，如图 8-2 所示。焊接机器人可以按用途、结构、受控方式及驱动方法等进行分类。按用途分，焊接机器人可分为弧焊机器人和点焊机器人。

图 8-2　焊接机器人系统组成

1. 机器人操作机

机器人操作机是焊接机器人系统的执行机构。其任务是精确地保证末端执行器（焊枪）所要求的位置、姿态并实现其运动。一般情况下，工业机器人操作机从结构上至少应具有 3 个以上的可自由编程运动关节。

由于具有 6 个旋转关节的铰接开链式机器人操作机从运动学上已被证明能以最小的结构

尺寸获取最大的工作空间,并且能以较高的位置精度和最优的路径到达指定位置,因而这种类型的机器人操作机在焊接领域得到广泛的应用。

2. 变位机

变位机作为机器人焊接生产线及焊接柔性加工单元的重要组成部分,其作用是将被焊工件旋转(平移)到最佳的焊接位置。在焊接作业前和焊接过程中,变位机通过夹具装卡和定位被焊工件,对工件的不同要求决定了变位机的负载能力及其运动方式。

通常,焊接机器人系统采用两台变位机,一台进行焊接作业,另一台则完成工件装卸,从而提高系统的运行效率。

3. 机器人控制器

机器人控制器是整个机器人系统的神经中枢。控制器负责处理焊接机器人工作过程中的全部信息和控制其全部动作。

4. 焊接系统

焊接系统是焊接机器人得以完成作业的必需装备,主要由焊钳或焊枪、焊接控制器以及水、电、气等辅助部分组成。焊接控制器是焊接系统的控制装置,它根据预定的焊接监控程序,完成焊接参数输入、焊接程序控制及焊接系统故障自诊断,并实现与上位机的通信联系。用于弧焊机器人的焊接电源及送丝设备由于参数选择的需要,必须由机器人控制系统直接控制,电源的功率和接通时间必须与自动过程相符。

5. 焊接传感器

在焊接过程中,尽管机器人操作机、变位机、装卡设备和工具能达到很高的精度,但由于存在被焊工件几何尺寸和位置误差以及焊接过程中的热变形,传感器仍是焊接过程中不可缺少的设备。传感器的任务是实现工件坡口的定位、跟踪以及焊缝熔透信息的获取。

6. 中央控制计算机

中央控制计算机在工业机器人向系统化、PC 化和网络化的发展过程中发挥着重要的作用。中央控制计算机通过相应接口与机器人控制器相连接,主要用于在同一层次或不同层次的计算机间形成通信网络,同时与传感系统相配合,实现焊接路径和参数的离线编程、焊接专家系统的应用及生产数据的管理。

7. 安全设备

安全设备是焊接机器人系统安全运行的重要保障,其主要包括驱动系统过热自断电保护、动作超限位自断电保护、超速自断电保护、机器人系统工作空间干涉自断电保护及人工急停断电保护等,它们起到防止机器人伤人的作用。在机器人的工作部还装有各类触觉或接近觉传感器,可以使机器人在过分接近工件或发生碰撞时停止工作。

8.2.2 点焊机器人系统

点焊机器人的典型应用领域是汽车工业。一般装配每台汽车车体大约需要完成 3000~4000 个焊点,而其中的 60%是由机器人完成的。在有些大批量汽车生产线上,服役的机器人台数甚至高达每条生产线 150 台。

点焊机器人焊接系统主要由点焊机器人本体、控制系统、焊接控制器、焊接系统[即手臂上所握焊枪（焊钳）、电极、电缆、气管、冷却水管及焊接变压器等辅助部分]组成。其系统组成如图 8-3 所示，其结构简图如图 8-4 所示，其点焊原理如图 8-5 所示。

图 8-3　点焊机器人系统的基本组成

图 8-4　点焊机器人焊接系统结构简图

图 8-5　点焊机器人焊接系统点焊原理图

1．点焊机器人本体

通常点焊机器人选用关节式工业机器人的基本设计，一般具有 6 个自由度：腰转、大臂转、小臂转、腕转、腕摆及手转。其驱动方式有液压驱动和电气驱动两种。点焊机器人按照示教程序规定的动作、顺序和参数进行点焊作业，其过程是完全自动化的，并且具有与外部设备通信的接口，可以通过这一接口接受上一级主控制系统与管理计算机的控制命令进行工作。

点焊机器人被广泛用来焊接薄板材料，点焊作业占汽车工厂中车体组装工程的大半。最初，点焊机器人只用于增强焊作业，即为已拼接好的工件增加焊点。后来，为了保证拼接精度，又让机器人完成定位焊作业。点焊机器人逐渐被要求具有更全面的作业性能。

（1）点焊机器人的结构

点焊机器人虽然有多种结构形式，目前应用较广的点焊机器人，其本体形式有落地式的垂直多关节型、悬挂式的垂直多关节型、直角坐标型等。目前主流机型为多用途的大型6轴垂直多关节机器人，如图8-6所示。这是因为，工作空间/安装面积之比大，持重多数为100kg左右，还可以附加整机移动的自由度。

图8-6　点焊机器人本体和本体简图

点焊机器人的控制系统由本体控制部分及焊接控制器组成。本体控制部分主要是实现示教在线、焊点位置及精度控制，以及控制分段的时间及程序转换以外，还通过改变主电路晶闸管的导通角而实现焊接电流控制。

焊枪相对比较重，要求手臂的负重能力较强。在驱动形式方面，由于电伺服技术的迅速发展，液压伺服在机器人中的应用逐渐减少，甚至大型机器人也在朝电动机驱动方向过渡。目前使用的机器人点焊电源有两种，即单相工频交流点焊电源和逆变二次整流式点焊电源。

（2）点焊机器人的分类

对于点焊机器人来说，希望具有安装面积小、工作空间大，快速完成小节距的多点定位（例如每0.3~0.4s移动30~50mm节距后定位），定位精度高（±0.25mm，以确保焊接质量），持重大（300~1000N，以便携带内装变压器的焊钳），示教简单，节省工时，安全可靠性好等特点。表8-1列举了生产现场使用的点焊机器人的分类、特点和用途。

表8-1　点焊机器人的分类、特点和用途

分　类	特　点	用　途
垂直多关节型（落地式）	工作空间/安装面积之比大，持重多数为1000N左右，有时还可以附加整机移动自由度	增强焊点作业
垂直多关节型（悬挂式）	工作空间均在机器人的下方	车体的拼接作业
直角坐标型	多数为3、4、5轴，价格便宜	适用于连续直线焊缝
定位焊接用机器人（单向加压）	能承受500kg加压作业功能的高刚度机器人。有些机器人本身带加压作业功能	车身底板的定位焊

在机型方面，尽管主流仍是多用途的大型6轴垂直多关节机器人，但是，出于机器人加工单元的需要，一些汽车制造厂家也进行了开发3~5轴小型专用机器人的尝试。

（3）典型点焊机器人的规格

以持重 1000N、最高速度 4m/s 的 6 轴垂直多关节点焊机器人为例。由于应用中几乎全部用来完成间隔为 30～50mm 左右的打点作业，运动中很少能达到最高速度，因此，改善最短时间内频繁短节距起、制动性能是本机追求的重点。为了提高加速度，在设计中注意了减轻手臂的重量，增加驱动系统的输出力矩。同时，为了缩短滞后时间，得到高的静态定位精度，该机采用低惯性、高刚度减速器和高功率的无刷伺服电动机。由于在控制电路中采取了加前馈环节和状态观测器等措施，控制性能得到大大改善，50mm 短距离移动的定位时间被缩短到 0.4s 以内。一般关节型点焊机器人本体的技术指标见表 8-2。

表 8-2　点焊机器人主要技术指标

结构	全关节型		
自由度	6 轴		
驱动	直流伺服电动机		
运动范围	腰转	范围：±135°	最大速度：50°/s
	大臂转	范围：前 50°，后 30°	最大速度：45°/s
	小臂转	范围：下 40°，上 20°	最大速度：40°/s
	腕摆	范围：±90°	最大速度：80°/s
	腕转	范围：±90°	最大速度：80°/s
	手转	范围：±170°	最大速度：80°/s
最大负荷	65kg		
重复精度	±1mm		
控制系统	计算机伺服控制，6 轴同时控制		
轨迹控制系统	PTP（点位控制）及 CP（连续轨迹控制）		
运动控制	直线插补		
示教系统	示教再现		
内存容量	1280 步		
环境要求	温度 0～45℃，湿度 20%～90%RH		
电源要求	220V 交流，50Hz 三相		
自重	1500kg		

2．控制系统与焊接控制器

控制系统根据预定的焊接监控程序，完成点焊时的焊接参数输入、点焊程序控制、焊接电流控制及焊接系统故障自诊断，并实现与机器人本体控制部分及手控示教盒的通信联系。从机器人控制部分和点焊控制的结构关系上看，常用的控制系统结构可分为中央结构和分散结构两种。

（1）中央结构型

在中央结构中，机器人控制系统统一完成机器人运动和焊接工作及其控制；它将焊接控制器作为一个模块与机器人本体控制部分共同安排在一个控制柜内，由控制系统的主计算机统一管理并为焊接模块提供数据，焊接过程控制由焊接控制器模块完成，总体协调控制和机器人本体控制由主计算机完成。这种结构的优点是设备集成度高，便于统一管理。

（2）分散结构型

分散结构型是焊接控制器与机器人本体控制柜分开设置、自成独立，两者通过通信完成机器人运动和焊接工作。二者采用应答式通信联系，控制系统的主计算机给出焊接信号后，其焊接过程由焊接控制器自行控制，焊接结束后给主机发出结束信号，以便主机控制机器人移位，其焊接循环如图8-7所示。这种结构的优点是调试灵活，焊接系统可单独使用，但需要一定距离的通信，集成度不如中央结构型高。

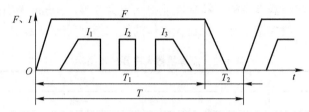

图8-7　点焊机器人焊接循环

T_1—焊接控制器控制　T_2—机器人主控计算机控制　T—焊接周期　F—电极压力　I—焊接电流

在分散结构中，焊接控制与机器人控制的分散结构具有独立性强、调试灵活、维修方便、便于分工协作、焊接设备也易于作为通用焊机。

焊接控制器与本体及示教器的联系信号主要有焊钳大小、行程、焊接电流增减、焊接时间增减、焊接开始及结束、焊接系统故障等。

（3）点焊系统的群控

群控就是将多台点焊机器人焊机（或普通焊机）与群控计算机相连，以便对同时通电的数台焊机进行控制，实现部分焊机的焊接电流分时交错，限制电网瞬时负载，稳定电网电压，保证焊点质量。群控系统的出现可以使车间供电变压器容量大大下降。此外，当某台机器人（或点焊机）出现故障时，群控系统启动备用的点焊机器人或对剩余的机器人重新分配工作，以保证焊接生产的正常进行。

为了适应群控的需要，点焊机器人焊接系统都应增加"焊接请求"及"焊接允许"信号，并与群控计算机相连。

3.点焊机器人焊钳

点焊机器人焊钳从用途上可分为C形和X形两种。C形焊钳用于点焊垂直及近于垂直倾斜位置的焊缝，X形焊钳则主要用于点焊水平及近于水平倾斜位置的焊缝。

从阻焊变压器与焊钳的结构关系上可将焊钳分为分离式、一体式和内藏式3种。

（1）分离式焊钳

该焊钳的特点是阻焊变压器与钳体相分离，钳体安装在机器人手臂上，而焊接变压器悬挂在机器人的上方，可在轨道上沿着机器人手腕移动的方向移动，二者之间用二次电缆相连，如图8-8所示。其优点是减小了机器人的负载，运动速度高，价格便宜。

分离式焊钳的主要缺点是需要大容量的焊接变压器，电力损耗较大，能源利用率低。此外，粗大的二次电缆在焊钳上引起的拉伸力和扭转力作用于机器人的手臂上，限制了点焊工作区间与焊接位置的选择。分离式焊钳可采用普通的悬挂式焊钳及阻焊变压器。但二次电缆需要特殊制造，一般将两条导线缠在一起，中间用绝缘层分开，每条导线还要做成空心的，以便通水冷却。此外，电缆还要有一定的柔性。

（2）一体式焊钳

所谓一体式就是将阻焊变压器和钳体安装在一起，然后共同固定在机器人手臂末端的法兰盘上，如图 8-9 所示。其主要优点是省掉了粗大的二次电缆及悬挂变压器的工作架，直接将焊接变压器的输出端连到焊钳的上下机臂上，另一个优点是节省能量。例如，输出电流为 12000A 时，分离式焊钳需 75kVA 的变压器，而一体式焊钳只需 25kVA。

图 8-8　分离式焊钳点焊机器人　　　　　　　图 8-9　一体式焊钳点焊机器人

一体式焊钳的缺点是焊钳重量显著增大，体积也变大，要求机器人本体的承载能力大于 60kg。此外，焊钳重量在机器人活动手腕上产生的惯性力易于引起过载，这就要求在设计时，尽量减小焊钳重心与机器人手臂轴心线间的距离。

阻焊变压器被设计为一体式焊钳的主要问题是，由于变压器被限制在焊钳的小空间里，外形尺寸及重量都必须比一般的小，二次线圈还要通水冷却。目前，采用真空环氧浇铸工艺，已制造出了小型集成阻焊变压器。例如 30kVA 的变压器，体积为 325mm×135mm× 125mm，重量只有 18kg。

（3）内藏式焊钳

这种结构是将阻焊变压器安放到机器人手臂内，使其尽可能地接近钳体，变压器的二次电缆可以在内部移动，如图 8-10 所示。当采用这种形式的焊钳时，必须同机器人本体统一设计，如 Cartesian 机器人就采用这种结构形式。另外，极坐标或球面坐标的点焊机器人也可以采取这种结构。其优点是二次电缆较短，变压器的容量可以减小，但使机器人本体的设计变得复杂。

图 8-10　内藏式焊钳点焊机器人

4．点焊机器人的选择

（1）点焊机器人作业性能的要求

点焊机器人逐渐被要求具有更全的作业性能，具体如下。

1）高的加速度和减速度。

2）良好的灵活性，至少5个自由度。

3）良好的安全可靠性。

4）工作空间大，适应焊接工作要求，承载能力高。

5）持重大（60～150kg），以便携带内装变压器的焊钳。

6）定位精度高（±0.25mm），以确保焊接质量。

7）可见焊点处小于等于1mm，不可见焊点处不大于3mm。

8）考虑到焊接空间小，为避免与工件碰撞，通常要求小臂很长。

（2）点焊机器人对焊接系统的要求

1）应采用具有浮动加压装置的专用焊钳，也可对普通焊钳进行改装。焊钳重量要轻，有长、短两种行程，以便于快速焊接及修整、更换电极、跨越障碍等。

2）一体式焊钳的重心应设计在固定法兰盘的轴心线上。

3）焊接控制系统应能对阻焊变压器过热、晶闸管过热、晶闸管短路/断路、气网失压、电网电压超限、粘电极等故障进行自诊断及自保护，除通知本体停机外，还应显示故障种类。

4）分散结构型控制系统应具有通信联系接口，能识别机器人本体及手控盒的各种信号，并做出相应的反应。

（3）选用点焊机器人注意事项

1）必须使点焊机器人实际可达到的工作空间大于焊接所需的工作空间。焊接所需的工作空间由焊点位置及焊点数量确定。

2）点焊速度与生产线速度必须匹配。首先由生产线速度及待焊点数确定单点工作时间，而机器人的单点焊接时间（含加压、通电、维持、移位等）必须小于此值，即点焊速度应大于或等于生产线的生产速度。

3）按工件形状、种类、焊缝位置选用焊钳。垂直及近于垂直的焊缝选C形焊钳，水平及水平倾斜的焊缝选用X形焊钳。

4）应选内存容量大、示教功能全、控制精度高的点焊机器人。

5）需采用多台机器人时，应考虑是否采用多种型号，是否与多点焊机及简易直角坐标机器人并用等问题。当机器人间隔较小时，应注意动作顺序的安排，可通过机器人群控或相互间联锁作用避免干涉。

根据上面的条件，再从经济效益、社会效益方面进行论证方可以决定是否采用机器人及所需的台数、种类等。

8.2.3　弧焊机器人系统

弧焊机器人系统在许多行业中得到广泛应用，是工业机器人最大的应用领域。除汽车行业之外，在通用机械、金属结构等许多行业中都有应用；这是因为弧焊工艺已在诸多行业中得到普及的缘故。

弧焊机器人系统不只是一台以规划的速度和姿态携带焊枪移动的单机，还包括各种电弧焊附属装置在内的柔性焊接系统。在弧焊作业中，焊枪应跟踪工件的焊道运动，并不断填充金属形成焊缝。因此运动过程中速度稳定性和轨迹精度是两项重要指标。同时，由于焊枪姿态对焊缝质量也有一定影响，因此希望焊枪姿态的可调范围尽量大。

此外，弧焊机器人还应具有抖动功能、坡口填充功能、焊接异常（如断弧、工件熔化等）检测功能、焊接传感器（起始点检测、焊道跟踪等）的接口功能。作业时为了得到优质的焊缝，往往需要在动作的示教以及焊接条件（电流、电压、速度）的设定上花费大量的劳力和时间。

弧焊机器人可以被应用在所有电弧焊、切割等类似的工艺方法中。最常用的是结构钢和 CTNi 钢的熔化极活性气体保护焊[CO_2 气体保护焊、熔化极活性气体保护焊（MAG）]，铝及特殊合金熔化极惰性气体保护焊（MIG），CrNi 钢和铝的加冷丝和不加冷丝的钨极惰性气体保护焊（TIG）以及埋弧焊。除气割、等离子弧切割及等离子弧喷涂外，还实现了在激光切割上的应用。

图 8-11 是一套完整的弧焊机器人系统，它包括机器人机械手、焊接装置、周边设备（包括焊件夹持装置）、控制系统等。夹持装置上有两组可以轮流进入机器人工作范围的旋转工作台。

图 8-11 弧焊机器人及其弧焊系统

1—焊枪 2—送丝电动机 3—弧焊机器人 4—柔性导管 5—焊丝轮 6—气路 7—气体流量计
8—气瓶 9—焊接电源 10—机器人控制柜 11—控制/动力电缆 12—焊接电缆 13—工作电缆

1. 弧焊机器人的机械手

（1）弧焊机器人的性能

弧焊用的工业机器人通常有 5 个以上自由度，具有 6 个自由度的机器人可以保证焊枪的任意空间轨迹和姿态。点至点移动速度可达 60m/min 以上，其轨迹重复精度可达到 +0.2mm，它们可以通过示教和再现方式或通过编程方式工作。

这种焊接机器人应具有直线及环形内插法摆动的功能。如图 8-12 所示的 6 种摆动方式，以满足焊接工艺要求，机器人的负荷为 5kg。

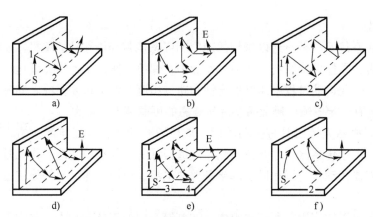

图 8-12　弧焊机器人的 6 种摆动方式

a) 直线单摆　b) L 形　c) 三角形　d) U 形　e) 台形　f) 高速圆弧摆动

（2）弧焊机器人的分类

弧焊机器人从机构形式划分，既有直角坐标型的弧焊机器人，也有关节型的弧焊机器人。对于小型、简单的焊接作业，机器人有 4、5 轴即可以胜任了，对于复杂工件的焊接，采用 6 轴机器人对调整焊枪的姿态比较方便。对于特大型工件焊接作业，为加大工作空间，有时把关节型机器人悬挂起来，或者安装在运载小车上使用。

（3）弧焊机器人的规格

以一个持重 5kg、最高速度 50m/s 的 6 轴垂直多关节弧焊机器人为例，其参数如表 8-3 所列。

表 8-3　典型弧焊机器人的参数

持重	5kg，承受焊枪所必需的负载能力
重复位置精度	±0.1mm，高精度
可控轴数	6 轴同时控制，便于焊枪姿态调整
动作方式	各轴单独插补、直线插补、圆弧插补、焊枪端部等速控制（直线、圆弧插补）
速度控制	进给速度 6～1500m/s，焊接速度 1～50mm/s，调速范围广（从极低速到高速均可调）
焊接功能	焊接电流、电压的选定，允许在焊接中途改变焊接条件，具有断弧、粘丝的保护功能和焊接抖动功能（软件）
存储功能	IC 存储器，128KM
辅助功能	定时功能、外部输入输出接口
应用功能	程序编辑、外部条件判断、异常检查、传感器接口

2. 焊接装置

焊接装置是用于工业机器人的焊接电源及送丝设备，其参数必须由机器人控制器直接控制。为此，一般至少通过两个给定电压达到上述目的。对于复杂过程，例如，脉冲电弧焊或填丝钨极惰性气体保护焊时，可能需要 2～5 个给定电压，电源在其功率和接通持续时间上必须与自动过程相符合，必须安全地引燃，并无故障地工作，使用最多的焊接电源是晶闸管整流电源。

近年的晶体管脉冲电源对于工业机器人电弧焊具有特殊的意义。这种晶体管脉冲电源无论是模拟的或脉冲式的，通过其脉冲频率的无级调节，在结构钢、Cr-Ni 钢及铝焊接时都能实现接近于无飞溅的焊接。与采用普通电源相比，可以使用更大直径的焊丝，其熔敷效率更高。有很多焊接设备制造厂为工业机器人设计了专用焊接电源，采用微处理器控制，以便与工业机器人控制系统交换信号。

送丝系统必须保证恒定送丝，送丝系统应设计成具有足够的功率，并能调节送丝速度。为了机器人的自由移动，必须采用软管，但软管应尽量短。在工业机器人电弧焊时，由于焊接持续时间长，经常采用水冷式焊枪，焊枪与机器人末端的连接处应便于更换，并需有柔性的环节或制动保护环节，防止示教和焊接时与工件或周围物件碰撞影响机器人的寿命。图 8-13 为焊枪与机器人连接的一个例子。在装卡焊枪时，应注意焊枪伸出的焊丝端部的位置应符合机器人使用说明书中所规定的位置，否则示教再现后焊枪的位置和姿态将产生偏差。

图 8-13　焊枪的固定

3. 弧焊机器人周边设备

弧焊机器人只是焊接机器人系统的一部分，还应有行走机构及小型和大型移动机架。通过这些机构来扩大工业机器人的工作范围（见图 8-14），同时还具有各种用于接收、固定及定位工件的转胎（见图 8-15）、定位装置及夹具。

图 8-14　机器人倒置在移动门形机架上

在最常见的结构中，工业机器人固定于基座上，工件转胎则安装于其工作范围内。为了更经济地使用工业机器人，至少应有两个工位轮番进行焊接。

所有这些周边设备其技术指标均应适应弧焊机器人的要求。即确保工件上焊缝的精度达到+0.2mm。为了适应弧焊机器人的发展，新型的周边设备由专门的工厂进行生产。

图 8-15　各种机器人专用转胎

鉴于工业机器人本身及转胎的基本构件已经实现标准化，所以，用于每种工件装卡、夹紧、定位及固定的工具必须重新设计。这种工具既有简单的、用手动夹紧杠杆操作的设备；也有极复杂的全自动液压或气动夹紧系统。必须特别注意工件上焊缝的可接近性。

根据转胎及工具的复杂性，机器人控制与外围设备之间的信号交换对于工作的安全性有很大意义。

4. 控制系统与周边设备的连接

工业控制系统不仅要控制机器人机械手的运动，还需控制周边设备的动作、开启、切断以及安全防护，图 8-16 是典型弧焊机器人控制系统框图。

图 8-16　典型弧焊机器人控制系统框图

控制系统与所有设备的通信信号有数字量信号和模拟量信号。控制柜与外围设备用模拟信号联系的有焊接电源、送丝机构以及操作机（包括夹具、变位器等）。这些设备需通过控制系统预置参数，通常是通过 D-A（数/模）转换器给定基准电压，控制器与焊接电源和送丝机构电源一般都需电量隔离环响，控制系统对操作机电动机的伺服控制与对机器人伺服控制电动机的要求相似，通常采用双伺服环。确保工件焊缝到位精度与机器人到位精度相等。

数字量信号负担各设备的启动、停止、安全以及状态检测。

5. 弧焊机器人的操作

工业机器人普遍采用示教方式工作，即通过示教盒的操作键引导到起始点，然后用按键确定位置，运动方式（直线或圆弧插补）、摆动方式、焊枪姿态以及各种焊接参数。同时还可通过示教盒确定周边设备的运动速度等。

焊接工艺操作包括引弧、施焊熄弧、填充火口等，亦通过示教盒给定。示教完毕后，机器人控制系统进入程序编辑状态，焊接程序生成后即可进行实际焊接。下面是焊接操作的一个实例（见图 8-17）。

图 8-17　焊接操作实例

【8-1】　对图 8-17 所示的零件，完成焊接系统编程。

1）F=2500；　　　　　　　　以 2500cm/min 的速度到达起始点；
2）SEASA=H1，L1=0；　　　根据 H1 给出起始点 L2=0，F=100；
3）ARCONF=35，V=30；　　　在给定条件下开始焊接 I-280，TF=0.5，SENSTON=H1，
　　　　　　　　　　　　　　并跟踪焊缝；
4）SENSTON=HI；　　　　　　给出焊缝结束位置；
5）CORN=*CHFOIAI；　　　　执行角焊缝程序 CHFOIAI；
6）F=300，DW=1.5；　　　　1.5s 后焊接速度为 300cm/min；
7）F=100；　　　　　　　　　以 100cm/min 的速度运动，并保持到下一示教点；
8）ARCON，DBASE=*DHFL09；开始以数据库*DHFL09 的数据焊接；
9）arcoff，vC=20，ic=180；　在要求条件下结束焊接，TC=1.5，F=200；
10）F=1000；　　　　　　　　以 1000cm/min 的速度运动；
11）Dw=1，OUTB=2；　　　　1s 后在#2 点发出 1 个脉冲；
12）F=100；　　　　　　　　　以 100cm/min 的速度运动；
13）MULTON=*M；　　　　　执行多层焊接程序 M；
14）MULTOFF，F=200；　　　结束多层焊接。

安全设备对于工业机器人工位是必不可少的。工业机器人应在一个被隔开的空间内工

作，用门或光栅保护，机器人的工作区通过电及机械方法加以限制。从安全观点出发，危险常出现在下面几种情况：

1）在示教时，示教人员为了更好地观察，必须走到机器人及工件近旁。在此种工作方式下，限制机器人的最高移动速度和利用急停按键，会提高安全性。

2）在维护及保养时，维护人员必须靠近机器人及其周围设备工作及检测操作。

3）在突然出现故障后观察故障时。

因此，机器人操作人员及维修人员必须经过特别严格的培训。

8.2.4 焊接机器人系统应用实例

1. TIG 弧焊机器人系统

本例为 TIG 弧焊机器人系统在大型铝合金存储箱箱底拼焊中的应用。大型铝合金贮箱箱底是重要的承力部件，因此设计时对焊缝质量提出了较高的要求。大型铝合金存储箱箱底是铝合金椭球形组件，它由顶盖、瓜瓣、叉形环三部分组焊而成，箱底直径为 2250～3350mm，材料为 2A14 和 5A06，厚度为 1.8～6.0mm，如图 8-18 所示。

图 8-18 存储箱箱底结构

图 8-19 所示的这套机器人系统主要包括机器人本体、机器人控制器、TIG 焊接电源、送丝机构、变位机和支臂等。

图 8-19 弧焊机器人系统在铝合金储箱箱底拼焊中的应用

1—机器人控制器　2—TIG 焊接电源　3—送丝机　4—焊接夹具　5—机器人本体　6—支臂　7—变位机

机器人本体：抓举力为 160N，由交流伺服驱动，重复精度为±0.1mm，6 自由度。

机器人控制器：能够实现机器人实际焊接过程中，电流、电压实时显示并可通过示教盒进行微量调整；为防止机器人意外碰撞受损，机器人上装有快速停止碰撞传感器；还具有暂时停止、快速停止功能。

变位机：翻转轴的翻转角度为 0°～90°，旋转轴的旋转角度为±480°，花盘旋转径向圆跳动<0.1mm，转台翻转无抖动、爬行和卡死现象。

TIG 焊接电源：电源类型为 OTC Inverter ACCUTIG 500P，AC 20～500A；负载持续率为 60%；脉冲频率为 0.5～500Hz；占空比 15%～85%；电流调节模式为机器人控制、面板调节；AC 波形为标准方波、软方波、正弦波。

送丝机构：送丝直径为 1.2～2.0mm，送丝模式为连续、断续，送丝速度为 0.2～3m/min，速度调节模式为机器人设定、面板调节和远程遥控 3 种。

此套系统将机器人本体倒置、悬挂于支臂上，支臂可以上下移动和左右回转，以满足不同直径箱底的焊接要求。将变位机及模胎置于地坑内，此附加的两个变位机轴可与机器人 6 轴实现联动，以保证纵缝、环缝和法兰盘焊缝的焊接位置始终处于水平状态。

通过箱底试验件的焊接，表明这套机器人系统可以满足纵缝、环缝的基本焊接要求。

2. IR761/125 型点焊机器人系统

东风汽车公司生产 EQ1141G 驾驶室总成的总装线上引入了点焊机器人，可完成整车驾驶室上的 600 多个焊点的焊接，这些焊点分布于驾驶室的 6 个面，焊点数多，且分布广，有些地方搭接层数不尽相同，如图 8-20 所示。

图 8-20　驾驶室焊点位置

根据被焊工件的要求，选择了 IR761/125 型点焊机器人。

IR761/125 型点焊机器人本体：具有带辅助轴的 7 个自由度，重复定位精度小于±0.3mm，工作范围体积为 37m³，载荷为 125kg。

控制系统：核心部分由主 CPU、从 CPU、伺服 CPU、I/O 接口、RCM 处理器和内部电源诊断器组成。

根据生产线的工艺流程，两台机器人布置于第九工位上，完成前围和后围上的所有焊点。

IR761/125 型机器人的机械传动部件制造精度高，驱动方式先进，控制系统的硬件和软件采用了分块设计方式。同时对温度、各轴的运动速度、加速度、位置、运动范围、电压进行监控；另外对计算机的主 CPU、从 CPU 以及伺服 CPU 也采用了监控技术，而且随时对 EPROM 进行检查。各功能模块都是相互独立且互锁的，这些措施将消除机器人的误动作。

如果有某处出错，机器人将停止运行。其自我保护功能强，经试验证明其可靠性是能够满足使用要求的。

8.3 搬运机器人

搬运作业是指用一种握持工件设备，从一个加工位置移到另一个加工位置。搬运机器人可安装不同的末端执行器以完成各种不同形状的工件搬运工作，大大减轻了人类繁重的体力劳动。

8-3 搬运
机器人

目前世界上使用的搬运机器人逾十万台，被广泛应用于机床上下料、冲压机自动化生产线、自动装配流水线、码垛搬运、集装箱自动搬运等。部分发达国家已制定出人工搬运的最大限度，超过限度的必须由搬运机器人来完成。

8.3.1 搬运机器人概述

1. 搬运机器人的组成

自动搬运工作站由搬运机器人和周边设备组成。搬运机器人可用于搬运重达几千克至几吨的负载。微型机械手可搬运轻至几克甚至几毫克的样品，用于传送超纯净实验室内的样品。周边设备包括工件自动识别装置、自动起动及自动传输装置等。为适应对不同种类工件的抓取，根据用户要求可配备不同的手爪，如机械手爪、真空吸盘及电磁吸盘等。

搬运机器人是近代自动控制领域出现的一项高新技术，涉及力学、机械学、液压气动技术、自动控制技术、传感器技术、单片机技术和计算机技术等学科领域，已成为现代机械制造生产体系中的一项重要组成部分。它的优点是可以通过编程完成各种预期的任务，在自身结构和性能上有了人和机器的各自优势，尤其体现出了人工智能和适应性。

搬运机器人机身紧凑、运行速度极快，适用于大中型重物搬运。其独有的多功能设计广泛适应各种制造业需求。搬运机器人拥有高速机动能力，可充分适应对速度和柔性要求都较高的应用场合。设计紧凑的防护型机器人还能应用于普通机器人无法胜任的铸造、喷雾等生产环境。铸造专家型搬运机器人达到 IP67 防护等级，耐高压蒸汽清洗，是恶劣生产环境的理想选择。

2. 搬运机器人的优势

（1）紧凑型设计

该设计使机器人的荷重最高，并使其在物料搬运、上下料以及弧焊应用中的工作范围得到最优化。具有同类产品中最高的精确度及加速度，可确保高产量及低废品率，从而提高生产率。

（2）可靠性与经济性兼顾

结构坚固耐用，例行维护间隔时间长。机器人采用具有良好平衡性的双轴承关节钢臂，第2轴配备扭力撑杆，并装备免维护的齿轮箱和电缆，达到了极高的可靠性。为确保运行的经济性，传动系统采用优化设计，实现了低功耗和高转矩的兼顾。

（3）多种通信方式

具备串口、网络接口、PLC、远程 I/O 和现场总线接口等多种通信方式，能够方便地实现与小型制造工位及大型工厂自动化系统的集成，为设备集成铺平道路。

（4）缩短节拍时间

所有工艺管线均内嵌于机器人手臂，大幅降低了因干扰和磨损导致停机的风险。这种集成式设计还能确保运行加速度始终无条件保持最大化，从而显著缩短节拍时间，增强生产可靠性。

（5）加快编程进度

中空臂技术进一步增强了离线编程的便利性。管线运动可控且易于预测，使编程和模拟能如实预演机器人系统的运行状态，大幅缩短程序调试时间，加快投产进度。编程时间从头至尾最多可节省 90%。

（6）生产能力和利用率

拥有大作业范围，因此一个机器人能够在一个机器人单元或多个单元内对多个站点进行操作。该型机器人除能够进行"基本"物料搬运之外还能完成增值作业任务，这一点有助于提高机器人的利用率。因此，生产能力和利用率可以同时得到提高，并减少投资。

（7）降低投资成本

所有管线均采用妥善的紧固和保护措施，不仅减小了运行时的摆幅，还能有效防止焊接飞溅物和切削液的侵蚀，显著延长了使用寿命。其采购和更换成本可最多降低 75%，还可每年减少多达三次的停产检修。

（8）省空间，增产能

设计紧凑，无松弛管线，占地极小。在物料搬运和上下料作业中，机器人能更加靠近所配套的机械设备。在弧焊应用中，上述设计优势可降低与其他机器人发生干扰的风险，为高密度、高产能作业创造了有利条件。

（9）高能力和高人员安全标准

在设备管理应用环境下，它可以提供比传统解决方案更为理想的操作。该型机器人可以从顶部和侧面到达机器。此外，顶架安装的机器人能够从机器正面到达机器，以进行维护作业、小规模搬运和快速切换等工作。由于在手动操作机器时机器人不在现场，因此可以提高人员安全性。

（10）灵活的安装方式

安装方式其中包括落地安装、斜置安装，壁挂安装，倒置安装以及支架安装，有助于减少占地面积以及增加设备的有效应用，其中壁挂式安装的表现尤为显著。这些特点使工作站的设计更具创意，并且优化了各种工业领域及应用中的机器人占地面积。

8.3.2 成品搬运机器人工作站

如图 8-21 所示为某纸浆生产线最后一道工序中搬运机器人的配置。此机器人的任务是将打捆好的纸浆成品包从装运小车上搬下来，放到传送带上去。捆包的尺寸为 600mm×80mm×500mm，重量为 250kg。过去这项工作通常要由两个工人来翻转。

图 8-21 纸浆成品搬运机器人工作站

8.3.3 码垛机器人工作站

1. 码垛机器人的应用及分类

码垛机器人是能将不同外形尺寸的包装货物，整齐、自动地码（或拆）在托盘上的机器人，所以也称为托盘码垛机器人。为充分利用托盘的面积和保证码堆物料的稳定性，机器人具有物料码垛顺序、排列设定器。码垛机器人广泛应用于将货物搬移到货盘上（码垛）或者从货盘上搬移下货物（卸码垛）以及货物的举起、码垛、包装、运送、分拣和标注。通过自动更换工具，码垛机器人可以适应不同的产品，并能够在恶劣环境下工作。码垛机器人对各种形状的产品（箱、罐、包或板材类等）均可作业，还能根据用户要求进行拆垛作业。

根据码垛机构的不同，码垛机器人可以分为多关节坐标型、直角坐标型等；根据抓具形式的不同可以分为侧夹型、底拖型及真空吸盘型等。此外，码垛机器人还可分为固定型和移动型。

2. 库卡公司的拆、码垛机器人

库卡机器人应用于包装机械行业已有多年历史，库卡公司新型拆、码垛机器人采用了精巧的聚碳纤维材料制造，令机器人在极其轻巧的同时具有更高强度，使其尤其适用于高负载作业。该机器人的拆、码垛过程采用了 FEM 的最优化操作方式，四轴倾斜式设计降低了维护、保养的成本。其工作站配置如图 8-22 所示。

图 8-22　库卡拆、码垛机器人工作站配置

（1）主机构库卡 KR 100 PA 机器人

机身的主要移动部件（除臂部外）由聚碳纤维铸成，重量轻，扭力大，韧性强，具有较好的力学性能和较强的抗振动能力。

机器人底座采用 CRP 工艺制造，制造过程中用 CAD 和 FEM 优化其设计，确保了最大的底座持重能力和最低的底座重量。

驱动系统采用机电一体化设计，所有轴都由数字化交流伺服电动机驱动，交流伺服驱动系统有过载、过流、缺相、超差等各种保护，性能安全、可靠。

机器人的各部件结构精简，容易拆装。特殊的几何构造使机器人只占用极少的空间就能发挥极大的工作能力，能够充分利用工作场地空间。

先进的设计令机器人能够高速、精确、稳定地运行，并易于维护。机器人运动的轨迹十

分精确，重复定位精度小于 0.35mm。

（2）库卡机器人 KR C2 控制器

该控制器采用开放式体系结构，具有联网功能的基于 PC 技术；总线标准采用 CAN/Device Net 及 Ethernet；配有标准局部现场总线（Interbus、FIFIO、Profibus）插槽；整合示波器功能，提供机器人诊断、程序编辑支援等功能；库卡控制盘的 Windows 界面使操作及程序编辑更加简单、直观；采用紧凑型、可堆叠的设计；一种控制器适用于所有库卡机器人；库卡控制盘按照人机工程学原理来设计；具有软盘及光碟数据文件备份功能；机器人采用 C/S 架构，可以通过 Internet 进行远程诊断。如图 8-23 所示。

KR C2 edition 2005（ed05）是一套根据客户需要量身定制的控制系统。在该系统中运用了自动化技术中久经考验的驱动技术以及标准 PC 组件。提供了可靠性保障，并始终与尖端技术接轨。比如可以在基本柜中集成最多两个附加轴，最多可以控制 6 个附加轴和 1 个组柜。控制系统的突出优势在于保养和操作简易方便，其模块化的结构以及易于维修的设计使部件可以轻松简单地得以更换。KR C2 edition 2005 的功能包括多种多样的诊断和故障查找功能，如通过因特网进行远程维修，各种扩展选项和全面的安全设计等。能够为用户提供各种优化生产的解决方案。

适合于从低载重级至高载重级的所有库卡机器人的统一控制方案为客户提供计划安全性和一致性；"一插即通"功能实现了快速投入运行；标准 PC 组件确保了最大化的可用性和最少的保养需求；模块化的结构使其可按客户需要在硬件和软件方面实现多种扩展；基于计算机的技术确保了高效的接口连接和极高的兼容性；相互间进行实时通信的联网控制系统可令多个机器人在同一个工件上实现同步作业。

（3）库卡控制盘

采用人机工程学设计的手持操纵器用于对相应的库卡机器人控制系统进行示教和操作，起着人机接口的作用。如图 8-24 所示。

图 8-23　库卡拆、码垛机器人 KR C2 控制器

图 8-24　库卡拆、码垛机器人 KCP 控制盘

库卡控制盘有一个 8"全彩色显示屏（VGA 分辨率，640×480）。6D 鼠标；7m 长电缆用以连接控制盘及控制器；具有紧急停止、驱动开关和模式选择及授权开关；附加键盘端口；提供以太网端口。这样从机器人控制系统的投入运行到编制程序，再到程序控制和所有控制步骤的诊断都可以直接在机器人上完成。适合于在库卡控制盘上运行的 Windows 界面为用

户引导所有的工作步骤并使编程更快捷高效。

三挡位确认开关和附加的紧急停止按键确保了机器人的安全操作；轻巧便携的控制器为用户提供了最大程度的舒适度；六维输入设备的简单操作实现了快速导航和高效编程；自由布置的功能键和个性化屏幕页面设计使用户个性化操作成为现实。

（4）辅助系统

机器人通过配置如真空吸头、码垛定位夹具、尼龙（纸）袋机械夹爪、纸箱机械夹爪、塑料箱机械夹爪等不同的辅助系统，便能完成尼龙（纸）袋、纸箱、塑料箱、玻璃瓶的拆、码垛任务。如图8-25所示。

图8-25 库卡拆、码垛机器人配置的末端执行器（辅助系统）

（5）库卡机器人的特点

库卡机器人的控制和编程系统装有库卡公司开发的 Pallet Tech 货盘处理软件，可离线编程；具有不影响生产，快速调试和转换，优化摆放形式，节省工程量和运输成本等优点；系统反应迅速，无论什么样的拆、码垛任务，库卡机器人和所选择的辅助系统都能提供一流的解决方案，并采用更快、更灵活的结构来缩短启动时间；Pallet Tech 货盘处理软件和库卡机器人的 KR C2 控制系统确保简单、高效地执行指令，能控制整条生产线，并能通过总线整合成为更高级的结构，有同视窗类似的标准界面；Windows 用户界面编程简单并提供了新的图像编辑程序，允许使用直观的符号进行编程和操作。

8.3.4 码垛机器人系统应用实例

某纸箱制造股份公司是领先的生产化妆品精美包装的厂家。以前，在该企业中，每个班次均需要由两名工作人员专门负责将纸箱堆放到货盘上。这项工作相当紧张，因为每个班次内必须传送多达 3000 个平均重量为 7kg 的纸箱。

1. 系统改造方案

为减轻工作人员的负担，该公司希望找到一种自动化解决方案。公司首先提出了几项主要要求：循环周期短、灵活性及操作简单。

这项紧张的体力劳动现在由两台库卡码垛机器人 KR 180 PA 来完成。每台机器人可以堆垛置于三个辊道上的货盘。为保证最佳的稳定性，KR 180 PA 还可放上纸板作为中间层。它们可将货盘堆放到 2.2m 的高度，这大约相当于五至六层楼高。一旦货盘"装满"了，机器人控制系统就生成一个完成信号。接着，货盘就会向前滚动到一个接货站，在那里由一个横向往返车将其领走，并送至相邻的高架仓库。

纸箱尺寸有 70 种，且堆垛也有大约 15 种不同的方式；所以，为减轻工作负担，库卡控制盘上设计了一个扩展操作区。为此在机器人编程界面上设计了一个客户专有的应用界面，该界面可以简化设备操作以及在出现故障时为相应的工作人员提供支持。操作者无需太多的编程知识就可以创建所需的堆垛模式，并且根据不同要求调出相应的模式。同时应用软件 Pallet Tech 也为减少编程工作做出了极大贡献，该软件能够计算出最佳的堆垛方式。

2．系统部件与附件范围

系统部件与附件包括两台库卡码垛机器人 KR 180 PA；两台以 PC 为基础的机器人控制系统 KR C2，包括带视窗操作界面的控制盘；两个吸头夹持器、将纸箱从自动封箱装置内传送过来的输送装置、标签、将纸箱送走的输送装置包括转台及高架仓库内的缓冲段、三个空货盘分配器、保护装置。

使用两台 Soft PLC（PLC 控制器）的设备控制系统，无需附加硬件，可通过库卡控制盘进行编程，分散型控制结构，通过 ASI 总线传输数据。

3．结果与成效

（1）灵活性

由于每个班次需要传送的纸箱大小至少要变换两次，所以公司决定使用 KR 180 PA，而非另一种龙门架式机器人，后者的灵活性较小且在更换时动作缓慢。码垛机器人的灵活性也要归功于吸头夹持器，该夹持器被设计为可以承担 25kg 的重量且适用于面积为 150mm×380mm～380mm×500mm 的纸箱。跟机械夹持器相比，这种夹持器还可以避免损伤到造价昂贵的折叠盒。

（2）速度

假设每小时需要堆垛 600 个纸箱，公司要求每台机器人的循环时间为 12s。由于每台 KR 180 PA 具有高达每小时 1800 个的堆垛循环，因此它完全能够满足这个要求。

（3）经济效益

"码垛专家"KR 180 PA 是一种带有第五根被动轴的四轴机器人，其特有的、FEM 最优化的运动结构能够保证堆垛流程有效率地进行以及堆垛工艺的经济效益。由于具有较小的惯性转矩，它由碳纤维复合材料 CFK 制成的手臂具有很高的加速值。尽管手臂是轻型结构，但是它具有非常高的刚性；KR 180 PA 可以将 180kg 的物体堆垛到 3000mm 高的地方。

总之，这种自动化解决方案更加经济，因为相对人工传送来说，机器人出现的错误概率最小。

8.4　喷涂机器人

计算机控制的喷涂机器人早在 1975 年就投入使用，它可以避免人体的健康受到危害，提高经济效益（如节省油漆）和喷涂质量。由于具有可编程能力，所以喷涂机器人能适应于各种应用场合。例如，在汽车工业上，可利用喷涂机器人对下车

 8-4　喷涂机器人

架和前灯区域、轮孔、窗口、下承板、发动机部件、门面以及行李箱等部分进行喷漆。由于能够代替人在危险和恶劣环境下进行喷涂作业，所以喷涂机器人得到了日益广泛的应用。

8.4.1 喷涂机器人概述

由于喷涂工序中雾状漆料对人体有危害，喷涂环境中照明、通风等条件很差，而且不易从根本上改进，因此在这个领域中大量地使用了喷涂机器人。使用喷涂机器人不仅可以改善劳动条件，而且还可以提高产品的产量和质量、降低成本。

1. 喷涂机器人的一般要求与特点

喷涂机器人已广泛用于汽车车体、家电产品和各种塑料制品的喷涂作业。

（1）喷涂机器人的环境要求

与其他用途的工业机器人比较，喷涂机器人在使用环境和动作要求上有如下特点：

1）工作环境包含易爆的喷涂剂蒸气；

2）沿轨迹高速运动，途经各点均为作业点；

3）多数的被喷涂件都搭载在传送带上，边移动边喷涂。

（2）喷涂机器人的技术要求

鉴于上述环境特点，因此，对喷涂机器人有如下要求：

1）机器人的运动链要有足够的灵活性，以适应喷枪对工件表面的不同姿态要求，多关节型为最常用，它有5～6个自由度；

2）要求速度均匀，特别是在轨迹拐角处误差要小，以避免喷涂层不均；

3）控制方式通常以手把手示教方式为多见，因此要求在其整个工作空间内示教时省力，要考虑重力平衡问题；

4）可能需要轨迹跟踪装置；

5）一般均用连续轨迹控制方式；

6）要有防爆要求。

2. 喷涂机器人的分类与组成

喷涂机器人通常有液压喷涂机器人和电动喷涂机器人两类。采用液压驱动方式，主要是从充满可燃性溶剂蒸气环境的安全着想。近年来，由于交流伺服电动机的应用和高速伺服技术的进步，喷涂机器人已采用电驱动。为确保作业安全，无论何种形式的喷涂机器人都要求有防爆结构，一般采用"本质安全防爆结构"，即要求机器人在可能发生强烈爆炸的 0 级危险中也能安全工作。防爆结构主要有耐压和内压防爆机构。

喷涂机器人的结构一般为六轴多关节型，如图 8-26 所示为一典型的六轴多关节型液压喷涂机器人。它由机器人本体、控制装置和液压系统组成。手部采用柔性腕结构，可绕臂中心轴沿任意方向作弯曲，而且在任意弯曲状态下可绕腕中心轴扭转。由于腕部不存在奇位形，所以能喷涂形态复杂的工件并具有很高的生产率。

图 8-26 六轴多关节型液压喷涂机器人系统

1—操作机 2—水平臂 3—控制装置 4—垂直臂

机器人的控制柜通常由多个 CPU 组成，分别用于伺服及全系统的管理、实时坐标变换、液压伺服控制系统、操作板控制。示教有两种方式：直接示教和远距离示教。远距离示教有较强的软件功能，可以在直线移动的同时保持喷枪头姿态不变，改变喷枪的方向而不影响目标点。还有一种所谓的跟踪再现动作，只允许在传送带静止状态示教，再现时则靠实时标变换连续跟踪移动的传送带进行作业。这样即使传送带的速度发生变化，也能保持喷枪和工件的距离和姿态一定，从而保证喷涂质量。

8.4.2 喷涂机器人系统应用实例

图 8-27 为驾驶室自动喷涂生产线。

图 8-27 驾驶室自动喷涂生产线

1. 系统组成

该系统各部分构成为：PJ 系列喷涂机器人 4 台；PM 系列喷机 4 台；PM 系列顶喷机 4 台；总监控系统 1 套；可识别车型及排队的自动识别装置 1 套；同步装置 1 套；到位检测及启动装置 11 套；涂料手动快速换色系 2 套。

2．系统功能

1）可对 7 种车型自动识别并自动选择相应程序自动进行喷涂；

2）自动喷涂设备可自动保持与传输链同步；

3）全线自动启停与联锁，防止系统操作错误造成损害；

4）自动喷涂设备作业程序的自动收发与排队；

5）实时工况显示，显示各自动涂装设备工作情况；

6）单机故障离线及修复后再联线功能；

7）系统管理功能，产量自动统计、报告文件的生成、管理、查询、显示和打印；

8）故障自诊断及功能处理功能。

该生产线运行后，产品质量合格率由 85%提高到 96%，年节省油漆费用 120 万元，提高了生产效率和管理水平，改善了工人劳动条件。

8.5　装配机器人

装配作业的主要操作是垂直向上抓起零部件，水平移动它，然后垂直放下插入。通常要求这些操作进行得既快又平稳，因此，一种能够沿着水平和垂直方向移动，并能对工作平面施加压力的机器人是最适于装配作业的。此外，对于某些装配作业，要求装配机器人或其装配工具具有某种柔顺性，即具有自动对准中心孔的能力。

随着机器人智能程度的提高，使得有可能实现对复杂产品（如汽车发电机、电动机、电动打字机、收录机和电视机等）进行自动装配。柔顺运动概念的研究及其进展也有助于机械部件的自动装配工作。

8.5.1　装配机器人概述

装配在现代工业生产中占有十分重要的地位。有关资料统计表明，装配占产品生产劳动量的 50%～60%，在有些场合这一比例甚至更高。例如，在电子厂的芯片装配、电路板的生产中，装配工作占劳动量的 70%～80%。由于机器人的触觉和视觉系统不断改善，可以把轴类件投放于孔内的准确度提高到 0.01mm。

1．装配机器人的功能

装配系统使用机器人进行装配作业，机器人应完成如下操作功能：

1）利用机器人的堆垛功能，实现对零件的顺序抓取，并运送到装配位置；

2）配合使用柔顺定心装置，实现零件在装配位置上的自动定心和轴孔插入；

3）利用机器人及其控制器，配合光电检测装置和识别微处理器，实现螺孔的识别、定向和螺纹装配；

4）利用机器人的示教功能，简化设备安装调整工作；

5）使装配系统容易适应产品规格的变化，具有更大的柔性。

2．装配机器人的组成

目前已逐步开始使用机器人装配复杂部件，例如装配发动机、电动机、大规模集成电路板等。因此，用机器人来实现自动化装配作业是现代化生产的必然趋势。

对装配操作统计的结果表明，其中大多数为抓住零件从上方插入或连接的工作。水平多关节机器人（SCARA 机器人）就是专门为此而研制的一种成本较低的机器人。它有 4 个自由度：2 个回转关节，可上下移动以及转动手腕，其中上下移动由安装在水平臂的前端的移动机构来实现。手爪安装在手部前端，负责抓握对象物的任务，为了适应抓取形状各异的工件，机器人上配备各种可换手。如图 8-28a、图 8-28b 所示为水平多关节装配机器人。

a)   b)

图 8-28　水平多关节装配机器人

a) 日本 EPSON 的水平多关节机器人　b) 中国深圳众为兴的水平多关节机器人

带有传感器的装配机器人可以更好地顺应对对象物进行柔软的操作。装配机器人经常使用的传感器有视觉传感器、触觉传感器、接近觉传感器和力传感器等。视觉传感器主要用于零件或工件的位置补偿，零件的判别、确认等。触觉和接近觉传感器一般固定在指端，用来补偿零件或工件的位置误差，防止碰撞等。力传感器一般装在腕部，用来检测腕部受力情况，一般在精密装配或去飞边一类需要力控制的作业中使用。恰当地配置传感器能有效地降低机器人的价格，改善它的性能。

机器人进行装配作业时，除机器人主机、手爪、传感器外，零件供给装置和工件搬运装置也至关重要。无论从投资的角度还是从安装占地面积的角度，它们往往比机器人主机所占的比例更大。周边设备常由 PLC 控制，此外还要有台架、安全栏等。

零件供给器的作用是保证机器人能逐个正确地抓取待装配零件，保证装配作业正常进行。目前多采用的零件供给器有给料器和托盘。给料器用振动或回转机构把零件排齐，并逐个送到指定位置，它以输送小零件为主。当大零件或易磕碰划伤的零件加工完毕后将其码放在称为"托盘"的容器中运输，托盘能按一定精度要求把零件送到给定位置，然后再由机器人一个一个取出。由于托盘容纳的零件有限，所以托盘装置往往带有托盘自动更换机构。目前机器人利用视觉和触觉传感技术已经达到能够从散堆状态把零件一一分拣出来的水平，这样在零件的供给方式上可能会发生显著的改观。

在机器人装配线上，输送装置承担把工件搬运到各作业地点的任务，输送装置中以传送带居多。通常是作业时传送带停止，即工件处于静止状态。这样，装载工件的托盘容易同步停止。输送装置的技术问题是停止精度、停止时的冲击和减速。

8.5.2　装配作业机器人系统

1. 装配作业系统简介

现以吊扇电动机自动装配系统为例介绍装配作业机器人系统的组成与应用。

（1）装配要求

吊扇电动机自动装配系统用于装配 1400mm、1200mm 和 1050mm 的 3 种规格的吊扇电动机。图 8-29 所示是吊扇电动机的结构，它由下盖、转子组件、定子组件和上盖等组成。定子上下各由一个深沟球轴承支承，而整个电动机则用三套螺钉垫圈连接，电动机重量约为 3.5kg，外径尺寸在 180～200mm 之间，生产节拍 6～8s。使用机器人自动装配系统后，产品质量显著提高，返修率降低至 5%～8% 左右。

图 8-29　吊扇电动机的结构

1—上盖　2—上轴承　3—定子　4—下盖　5—下轴承　6—转子

图 8-30 为吊扇电动机自动装配线的平面布置图。装配线的线体呈框形布局，全线有 14 个工位，34 套随行夹具分布于线体上，并按规定节拍同步传送。系统中使用 5 台装配机器人，各配以一台自动送料机，还有压力机 3 台，各种功能的专用设备 6 台/套。

图 8-30　装配线平面布置图

1,…,14—工位

（2）装配作业

在各工位上进行的装配作业如下。

工位 1：机器人从送料机夹持下盖，用光电检测装置检测螺孔定向，放入夹具内定位夹紧。

工位 2：螺孔精确定位。先松开夹具，利用定向专机的三个定向销，校正螺孔位置，重新夹紧。

工位 3：机器人从送料机夹持轴承，放入夹具内的下盖轴承室。

工位 4：压力机压下轴承到位。

工位 5：机器人从送料机夹持定子，放入下轴承孔中。

工位 6：压力机压定子到位。

工位 7：机器人从送料机夹持上轴承，套入定子轴颈。

工位 8：压力机压上轴承到位。

工位 9：机器人从送料机夹持上盖，用光电检测装置检测螺孔定向，放在上轴承上面。

工位 10：定向压力机先用 3 个定向销把上盖螺孔精确定向，随后压头压上盖到位。

工位 11：三台螺钉垫圈合套预旋专机把弹性垫圈和平垫圈分别套在螺钉上，送到抓取位置，三个机械手分别把螺钉夹持，送到工件并插入螺孔，由螺钉预旋专机把螺钉拧入螺孔 3 圈。

工位 12：拧螺钉机以一定扭矩把 3 个螺钉同时拧紧。

工位 13：检测专机以一定扭矩转动定子，按转速确定电动机装配质量，分成合格品或返修品，然后松开夹具。

工位 14：机械手从夹具中夹持已装好的或未装好的电动机，分别送到合格品或返修品运输出线。

电动机装配实质上包括轴孔嵌套和螺纹装配两种基本操作，其中，轴孔嵌套是属于过渡配合下的轴孔嵌套。这对于装配系统的设计有决定性影响。

除装配机器人外，吊扇电动机自动装配系统还包括机器人夹持器、自动送料装置、螺孔定向装置、螺钉垫圈合套装置等。

2．装配机器人选型

根据上述操作，定子组件采用装料板顺序运送的送料方式，每一装料板上安放 6 个零件。机器人必须有较大的工作区域，因此，选择了直角坐标型。其机器人要求有垂直上下运动，以抓取和放置零件；有两个坐标轴水平的运动，把零件从送料机运送到夹具上，还有一个绕垂直轴的运动，实现螺孔检测。因此，选择了具有 4 个自由度的 SCARA 型机器人。

根据作业要求，平面移动范围有 600mm，垂直坐标行程在工件装入定子组件之前取 100mm，而在装入定子组件以后，由于定子轴上端有一个保护导线的套管，需要增加 100mm 行程，因此分别选择 100mm 和 200mm 两种规格。工厂要求的生产时间控制在为 6～8s 以内，以保证较高的生产率。为了达到这一要求，两种型式的机器人都选择高速型。其中 SCARA 型机器人第一和第二臂的综合运动速度为 5.2m/s，Z 轴垂直运动速度 0.6m/s；直角坐标型机器人平面运动速度为 1.5m/s，垂直运动速度为 0.25m/s。机器人持重由工件及夹持器重量决定，工件中重量最重的是定子组件，为 2.5kg，其余上下盖或轴承都比较轻，再考虑到夹持器的重量，选用持重 5kg 的机器人。为了提高定位精度，根据机器人生产厂家提供的技术资料，SCARA 机器人的重复定位精度为±0.05mm，直角坐标型机器人的为±0.02mm。

图 8-31 和图 8-32 分别为日本 DENSO 公司的 HS-4535*G 和 XYC-40 型机器人。HS-4535*G 是一个水平多关节型机器人，有 4 个自由度；XYC-40 是一个直角坐标型机器人，有

3 个自由度，可沿 X、Y、Z 三个方向移动。

图 8-31　HS-4535*G 水平多关节型机器人　　　图 8-32　XYC-40 直角坐标装配机器人

3．夹持器选型

机器人夹持器是机器人完成装配、搬运等作业的关键机械装置，通常使用气源、液压源、电力驱动，因此需要一套减速或传动装置，这将增加机器人的有效负荷，或是增加了附属设施，增大了制造成本。

采用形状记忆合金（SMA）驱动元件应用在机器人夹持器中，在一些场合能代替传统的驱动元件（如电动机、油压或气压活塞），且由于驱动与执行器件集成于夹持器中，不需要复杂的减速或传动装置。该种夹持器结构简单、重量轻、操作方便，非常适合于小负载、高速、高精度的机器人装配作业中使用。

SMA 轴承夹持器的结构如图 8-33 所示，其外形为直径 50mm、高 90mm 的圆柱体，重约 400g，可安装在 SCARA 机器人手臂末端轴上进行装配作业，其工作过程分为抓取、到位、插放、复位 4 个阶段。

当夹持轴承时，夹持器先套入轴承，通电加热右侧记忆合金弹簧（SMA1），使其收缩变形，带动杠杆逆时针转动，轴承被夹紧；松夹时 SMA1 断电，通电加热左侧记忆合金弹簧（SMA2），使其收缩变形而带动杠杆顺时针转动松开轴承，其工作原理如图 8-34 所示。

图 8-33　SMA 轴承夹持器结构　　　　图 8-34　SMA 轴承夹持器的工作原理
　　　　　　　　　　　　　　　　　　　　　a) 套入轴承　b) 夹紧轴承

4．轴承送料机选型

轴承零件外形规则、尺寸较小，因此采用储料式储料装置。轴承送料机如图 8-35 所

示，主要由一级料仓 6（料筒）、二级料仓 2、料道 3、给油器 10、机架 8、隔离板 4、行程
程序控制系统和气压传动系统（包括输出气缸 1，隔离气缸 5，栋输送气缸 7 和数字气缸组
9）等组成。物料储备为 576 件，备料间隔时间约为 1h。

为达到较大储量，轴承送料机采用多仓分装，多级供料的结构形式。设有 6 个一级料
仓，每个料仓二维堆存，共 6 栋，16 层；一个二级料仓，一维堆存，1 栋，16 层。料筒固
定，料筒中的轴承按工作顺序逐个沿料道由一个输出气缸送到指定的机器人夹持装置；当料
筒耗空后，对准料筒的一级料仓的轴承在栋输送气缸的作用下，再向料筒送进 1 栋轴承；如
此 6 次之后，该一级料仓轴承耗空，由数字气缸组驱动切换料仓，一级料仓按控制系统设定
的规律依次与料筒对接供料，至耗空 5 个料仓后，控制系统发出备料报警信号。

图 8-35　轴承送料机

1—输出气缸　2—二级料仓　3—料道　4—隔离板　5—隔离气缸　6—一级料仓

7—栋输送气缸　8—机架　9—数字气缸组　10—给油器

5. 上、下盖送料机选型

上、下盖零件尺寸较大，如果要增加储料量，会使送料装置过于庞大，因此，着重从方
便加料角度考虑，重点放在加料后能自动整列和传送，所以采用圆盘式送料装置。上、下盖
送料机如图 8-36 所示，它主要由电磁调速电动机及传动机构 5、转盘 4、拨料板 3、送料气
缸 7、定位气缸 8、导轨 2、定位板 1、机架 6 等组成。上、下盖物料不宜堆叠，采用单层料
盘，储料为 21 个。备料间隔时间约为 2min。

上、下盖送料机料盘为圆形转盘，盘面为 3°锥面。电动机驱动转盘旋转，转盘带动物
料做绕转盘中心的圆周运动，把物料甩至周边，利用物料的圆形特征和拨料板的分道作用使
物料在转盘周边自动排序，物料沿转盘边进入切线方向的直线料道。由于物料的推挤力，直

线料道可得到连续的供料。在直线料道出口处，由送料气缸按顺序要求做间歇供料。物料抓取后，由定位气缸通过上、下盖轴承座位孔定位。

6. 定子送料机选型

定子送料机如图8-37所示。它由11个托盘、输送导轨、托盘换位驱动气缸、机架等组成。定子组件1由于已经绕上线圈，存放和运送时不允许发生碰撞，因此采取定位存放的装料板形式。送料机储料为60件，正常备料间隔时间约为3min。

定子送料机采用框架式布置，矩形框四周设12个托盘位，其中一个为空位4，用作托盘先后移动的交替位。矩形框的四边各设一个气缸，在托盘要切换时循环推动各边的托盘移动一个位。在工作位3（输出位）底部设定位销给工作托盘精确定位，保证机器人与被抓定子的位置关系。

图 8-36 上、下盖送料机
1—定位板 2—导轨 3—拨料板 4—转盘 5—电动机
6—机架 7—送料气缸 8—定位气缸

图 8-37 定子送料机
1—定子组件 2—托盘 3—工作位 4—空位

7. 控制系统选型

由于装配线上有5台机器人和20多台/套专用设备，它们各自完成一定的动作，既要保证这些动作按既定的程序执行，又要保证安全运转。因此，对其作业状态必须进行严格检测与监控，根据检测信号防止错误操作，必要时还要进行人工干预，所以监控系统是整条自动线的核心部分。

监控系统采用三级分布式控制方式，既可对整个装配过程的集中监视和控制，又使控制系统层次分明，各司其职。监控级计算机可对全线的工作状态进行监控。采用多种联网方式保证整个系统运行的可靠性。在监控级计算机和协调级的中型PLC/C200H之间使用RS-232串行通信方式，在协调级和各机器人控制器之间使用I/O连接方式，在协调级和各执行级控制器之间使用光缆通信方式，以保证各级之间不会出现数据的传输出错。设置数百个检测点检测初始状态信息、运行状态信息及安全监控信息，在关键或易出故障的部位检测危险动作的发生，防止被装零件或机构相互干涉，当有异常时发出报警信号并紧急停机。

8.5.3 装配机器人系统应用实例

1. FANUC 公司直流伺服电动机装配线

（1）系统简介

图 8-38 所示为日本 FANUC 公司的直流伺服电动机装配工段平面图，该装配工段应用了 4 台 FANUC 机器人进行装配工作。位于工段中央的搬运机器人 FANUC M-1 用于搬运装配部件；3 台装配机器人 FANUC A-0 用于精密装配。M 系列机器人比 A 系列具有更大的负载能力，但动作不如 A 系列快，A 系列的公差也较小（达到±0.05mm～±0.1mm）。所有机器人的控制器都集中在工段的后方。

图 8-38 FANUC 的直流伺服电动机自动装配工段

右侧的输入圆盘传送带用于输送上一工段装配好的转子，左侧的输出圆盘传送带用于把装配好的部件送至下一工段。3 台小型装配机器人以搬运机器人为中心沿着半圆排列，并均有辅助设备。靠近第一台装配机器人处有一个小工作台（台上有一台压床）和一个装配工作台（含有另一台压床）；第二台装配机器人周围附有一个固定螺栓给料器；第三台装配机器人附有振动槽给料器，用以供应螺母垫圈。

（2）系统操作

本工段装配机器人的操作包括：

1）把油封和轴承装上转子；

2）把转子装至法兰盘；

3）加上端盖；

4）插入固定螺栓；

5）装上螺线和垫圈，并把它们固紧。

为完成上述操作，搬运机器人把转子从输入圆盘传送到第一装配工作台。接着，第一台装配机器人把轴承装到转子轴上，然后用压床把轴承推至轴肩处，接下去对油封重复上述相同操作。搬运机器人把装有轴承和油封的转子装配体送到小圆盘传送带上。在此之前，当压床工作时，第二装配工作台已送来了端盖。机器人从圆盘传送带上抓起转子装配体，将它置入端盖；工作台上的压床把端盖装配到转子组件上。

由于定子又大又重，所以需要由搬运机器人把它下放到转子外围，并靠在端盖上，然后再把装配组件送至下一个工作台。在下一个工作台，机器人把固定螺栓装进宽槽内。为使固定螺栓与机器人配合工作，应用了一台专用搬运装置，它抓起螺栓，并从槽内移开，然后旋转90°，使螺栓处于垂直位置。此后，机器人移过来，把它插入定子定位孔。四次重复上述操作，把4个螺栓都装到定子上，然后搬运机器人把此装配组件送至下一个工作台。

在最后一个工作台，装配机器人把4个垫圈放进螺栓，然后依次旋入和紧固4个螺母。搬运机器人把在本工段装配好的电动机送至输出圆盘传送带上。

整个装配系统由一个控制系统统一控制。FANUC公司应用这个装配工段能够在一天（三班制24h）内装配好300台电动机。如果由工人手工装配，那么每个工人每班（8h）只能装配30台，因此，装配费用下降了30%。

2. 西屋公司的APAS系统

美国西屋（Westinghouse）公司开发的APAS系统是一个具有视觉装置的自适应可编程装配系统。这一系统的目标是要建立一个有视觉功能的柔性装配线，能够生产450种不同型号的电动机。该系统每天的产量为13批、600台左右。如图8-39所示为APAS系统的组成。

图8-39　西屋公司APAS系统的组成

APAS 系统装配线组成闭合回路，含有 10m 长的传送带。每个回路有 5 个装配工作台和 1 个双装配工作台。视觉系统用于检查装配零件，确定零件的确切位置与方向，以便让机器人能准确抓起它，并执行一个装配操作。本视觉系统由 128×128 像素固态摄像机、视觉预处理器和视觉处理模块、用于显示 X-Y-Z 数据的示波器、阴极射线管图像显示终端、机器人及控制器等单元组成。该系统通过一条直接存取通信线实现机器人与视觉模块间的交互作用。

对于最复杂的装配任务，该系统一个工作循环的时间为 7.5s，其中视觉系统处理数据的时间为 1.5s。

练习与思考

1. 机器人应用的分类和领域有哪些？
2. 工业机器人应用的准则和步骤有哪些？
3. 要从哪些方面计算使用工业机器人的成本？
4. 焊接机器人的组成有哪些？其工作机理主要有什么？
5. 点焊机器人和弧焊机器人各有何种特点？
6. 点焊机器人是如何分类的，其结构组成有哪些？
7. 点焊机器人的选择要考虑哪些问题？
8. 弧焊机器人有哪些分类？其结构组成有哪些？
9. 弧焊机器人在操作和安全上要考虑哪些内容？
10. 焊接机器人的技术指标包括哪些内容？
11. 请说说 TIG 焊接机器人系统的组成、技术指标和功能。
12. 搬运机器人的组成有哪些？有何种优势？
13. 库卡码垛机器人的主要设备有何性能？适用何种工作范围？
14. 喷涂机器人有哪些特点和技术要求？
15. 喷涂机器人在用于汽车驾驶室喷涂时系统的组成和功能？
16. 装配机器人的功能有哪些？有哪些部分组成？
17. 一条装配生产线需要哪些设备，各完成何种功能？

第9章　其他机器人及其应用

【内容提要】

本章主要介绍了其他机器人及其应用。内容包括操纵机器人的分类、特点、控制；水下机器人的概念、关键技术，AUV 机器人、HOV 机器人、ROV 机器人的特性、功能与组成，空间机器人的定义、关键技术，火星探测机器人、玉兔号月球车的特性、功能与组成，飞行机器人的种类、实例，服务机器人的定义、关键技术，医用机器人、导盲机器人、导游机器人、清扫机器人的应用；军用机器人的特性、关键技术，排爆机器人、大狗机器人、无人作战飞机、保安机器人的应用，农业机器人定义、关键技术，瓜果自动采摘机器人、割草机器人的应用，仿人机器人的定义、关键技术，ASIMO 仿人机器人的性能、特点、组成与应用。

【教学提示】

学习完本章的内容后，学生应能够：了解操纵机器人的分类、特点和控制，掌握水下机器人、空间机器人、飞行机器人、服务机器人、军用机器人、农业机器人、仿人机器人的概念、关键技术、特性、功能与组成；能够熟练地分析各种结构机器人的特点与性能，能够读懂并解释这些机器人的技术规格和应用案例并适时运用。

除工业机器人外，还有其他机器人，本章将讲述这些机器人的基本知识和应用。

9.1　操纵型机器人

操纵型机器人是一类由人操纵进行工作的机器人。

操纵型机器人的控制方式实际上是用"操纵"代替了工业机器人的"示教"方式。简单的操纵型机器人的动作可以看作是处于示教阶段的直接示教工业机器人的动作。复杂的操纵型机器人具有适应控制方式，即操纵人员只给予"宏指令"，并不指示机器人的动作细节，机器人能根据本身的认识、学习机能自动适应作业情况。这种操纵型机器人接近于智能机器人。

9-1　操纵型机器人

操纵型机器人由于具有灵活性、机动性，可代替人完成重复、烦琐或危险的劳动，已广泛应用于服务、医疗卫生、海洋探索等领域。随着机器人技术的突飞猛进，操纵型机器人将呈现出更加广阔的应用前景。

9.1.1　操纵型机器人的分类

操纵型机器人工作系统实际上是一种人机系统。操纵人员处于联机控制回路之中。一方面操纵人员在工作中不停地向机器人发送操作指令，在智能和适应能力方面辅助机器人完成复杂的作业；另一方面，机器人把操作对象和作业环境的状态直接或间接地（通过监视装置）反馈给操纵人员，作为操纵人员控制机器人行为的根据。这样，人与机器人之间相互传递信息的问题就成为操纵型机器人的研究重点。

1. 以功能划分

操纵型机器人既具备机器人的一般结构和性能特点，又不能离开人的操纵，完全是因为它具有特定的应用需要。操纵型机器人按照其功能划分大体分为以下两种类型。

（1）能力扩大式机器人

这种机器人用于扩大人的体力和活动范围，或弥补人的肢体功能，例如装着式机器人和各种人工假肢等。

装着式机器人也称为"体外骨骼（Exoskeleton）"。这种装置往往有几十个关节和相应的电动或液动机构。它们"披挂"或装定在人体身上，数倍或数十倍地"放大"各个部位的动作力量，代替人从事体力工作，执行机构同时配有力传感器，使操纵者感觉到操作对象的反作用力，调整控制作用。

为伤残者研制的各种动力假肢是典型的操纵型机器人。假肢结构是一种关节式机械手臂，自备驱动源，以便按照需要适当增加自由度。大脑皮质运动中枢产生的兴奋脉冲传到截肢端部的肌肉，假肢的控制信号就来源于肌肉作机械伸缩的"应变"信号，或者肌肉在兴奋脉冲到达时产生的"肌电位"信号。假肢装着者可以用眼睛监视调整假肢的动作，而假肢也可以配备人工触觉装置，向皮肤感觉系统反馈动作过程中受到的刺激。

装着式机器人是为了代替人的肢体的工作而研制的。假肢既然要"以假乱真"，它的运动轨迹、动作姿态就需要自然、美观、协调。因此，它不但要用到一般机器人的基本技术，而且控制性能方面还有着许多独特的研究课题。多年来，动力假肢在福利事业的促进下已形成了一个专门的研究方向。

（2）遥控机器人

这种机器人一般用于特殊的作业环境，例如：放射性物质、真空、有毒气体等隔离工作情况；造船、铁塔、建筑等危险工作条件；宇宙、海洋开发用的探查工作环境。

苏联 1970 年向月球发送了"月球探测器 1 号"机器人，进行土壤分析、摄影、观测等任务，如果它碰到石头，可自行拒绝地面人员的挖土命令。美国由"阿波罗 12 号"向月球发送了"探测者 3 号"机器人，它在空中实验室操作人员的控制下伸出约 1.5 米的机械手，采集月球岩土样品，在实验室中进行化验，把结果发回地球。

用于海洋开发的遥控机器人实际上是安上了机械手、足、眼等器官的深水作业机器人。美国建造的"可控水下回收装置"Curv 和"海洋机器人"Mobot，装有作为视觉用的声呐和摄像机，作为听觉的水听器，检测方向用的陀螺罗盘等。它的机械手通过电缆按照岸上观测站的指令进行动作，曾在西班牙海域回收了掉入海底的核弹头。这是一种"无人有缆"的机器人。另外，还有"有人无缆"的情况，操作人员在机器人——深海调查船内操纵多个机械手从事搬运物体和照相摄影等作业。

遥控机器人，特别是远距离操纵的机器人，由于作业环境的复杂，以及与人的通信联系方面的困难，正在由简单遥控式、监控式，向智能式的方向发展。

2. 以应用划分

操纵型机器人是机器人的一个重要分支，按其应用的领域可分为服务机器人、水下机器人、医疗机器人等特种机器人以及娱乐机器人。

（1）服务机器人

服务机器人是为公用设备提供服务的一类机器人。目前服务机器人在技术上已趋于成熟，已在许多国家得到了实际应用。家庭服务机器人、导游机器人、保安巡逻机器人、自动加油机器人、高楼擦窗机器人、清洗机器人及高空作业机器人等服务机器人的使用越来越广泛。例如，全自动吸尘器可以自动完成房间的吸尘工作，遇到障碍物会自动改变方向继续前进，直到整个房间清理干净为止。其在电力不足时可自动充电，减轻了主人的负担。此外，家用服务机器人中为残疾人研制的各种辅助机器人也已经投入使用，如为盲人设计的导航机器人以及为腿脚不便的人设计的轮椅机器人等。

（2）水下机器人

水下机器人主要用于沉船打捞、海上救生、光缆铺设、资源勘探和开采等水下作业任务。随着世界经济的飞速发展和世界人口的不断增加，人类消耗的自然资源越来越多，陆地上的资源正在日益减少，能在不同深度进行多种作业的水下机器人为人类的生存和发展提供了有力的技术保障。

我国从1990年开始进行自主水下机器人的研制工作，并先后推出了"探索者"、7B8军用智能水下机器人以及与俄罗斯联合研制开发的6000m水下机器人。

（3）医疗机器人

医疗机器人主要指能够直接为医生提供服务，帮助医生对病人进行手术治疗的服务机器人。医疗机器人包括外科手术机器人、外科手术导航系统以及其他各种利用机器人技术的医疗器械。典型的医疗机器人是医疗外科机器人，可以由医生对机器人进行遥控操作，在难以直接进行人工手术的部位由机器人准确地完成各种手术。外科手术导航系统、可进入人体的诊疗系统可以为医生进行手术提供必要的手术信息，因此，采用医疗机器人进行手术可以减小创面，缩短手术时间，从而达到减少病人痛苦，并使病人早日痊愈的目的。

目前世界上许多国家都在积极进行医疗机器人的研究，各种类型的医疗机器人已经成功地完成了包括神经脑外科手术、心脏手术、胸外腹腔手术、髋关节置换手术在内的许多例不同类型的手术，充分证明了医疗机器人的实用价值。新一代医疗机器人是可以直接进入人体血管进行外科手术的微型机器人和机器人伴侣（Partner robot）。机器人伴侣能提醒病人吃药；给病人量体温，测脉搏，喂饭；在病人身体不适时通知医师；为病人和老年人提供各种必要的服务。

（4）娱乐机器人

目前国内外也有许多企业在积极研发娱乐机器人，并推出了各种类型的娱乐机器人产品。日本Sony公司推出的机器狗AIBO为机器人进入家庭提供了一个新的发展思路。日本欧姆龙公司的机器猫产品采用仿真皮材料和人工智能技术，在外形、叫声以及基本行为方面都与真猫十分接近，给人以耳目一新的感觉。

机器人动物园、机器人歌手以及各种演奏机器人都能以逼真的形体或音质给人以视觉和听觉上的享受。各种类型的机器人竞赛具有很好的观赏性，可以使参赛的学生在创新能力、动手能力等方面得到很好的锻炼，深受学校和学生家长的欢迎，并越来越多地受到各国政府的重视。

9.1.2 操纵型机器人的特点

1. 操纵型机器人的可移动性

与工业机器人相比，操纵型机器人的显著特点是其具有可移动性，使操纵型机器人移动的机构是行走装置。操纵型机器人行走装置由驱动装置、传动机构、位置检测元件等组成。行走装置一方面支承机器人的机身、手臂，另一方面主要根据任务要求，带动机器人在规定空间内运动。按照行走机构的特点，操纵型机器人行走装置可分为轮式、足式、履带式和混合式等。

2. 操纵型机器人工作环境的多样性和复杂性

操纵型机器人不可能像工业领域的机器人那样总是具有良好的工作环境。其使用环境的有关信息往往是不完全或不准确的，而且可能随着时间改变。因此，在部分已知或未知环境，同时又要求自主执行任务时，用传感器探测环境、分析信号，通过适当的建模方式理解环境就具有特别重要的意义。

人只能在自己所能忍受的环境条件下工作，超过这个限度就无法正常工作，如在宇宙、海底及放射性环境中，人就要受到很多因素的制约，因此机器人是最理想的工具。

例如核电站使用的核工业机器人代替工人到核电站工作，执行如巡回检查、维修设备及处理反应堆等任务，既可减少放射线对人造成的伤害，还可节省费用，减少放射性废料；空间机器人可克服恶劣的自然条件，代替人去探索宇宙的奥秘，为人类实现遨游太空、移居外星球的理想；虽然潜水员、潜水艇可潜入海底工作，但它们均受到氧气、压力、温度、深度等因素的制约，而水下机器人则能克服这些困难，并能保证工作的准确性、安全性；火灾中产生的大量烟、有毒气体、高温等对人体有极大的危害，防灾机器人能预报火灾，预测火势发展等，无论在什么情况下都能控制火势并进行自主灭火，将火灾造成的损失降到最低。

由于操纵型机器人实际执行的任务可能是一系列复杂的运动，且这些运动往往在不能明确预见事件及环境的条件下进行，因此机器人在一定范围内必须能自主行动。为了满足机器人所有的自主性需要，能实现手爪、运动平台和各轴的动态运动，可对操作顺序及动作连续性自动进行规划、执行及监视的智能控制器和任务程序设计使用的用户接口需要相互配合。

9.1.3 操纵型机器人的控制

操纵型机器人除满足一般机器人的运动控制要求外，还应利用认知控制、自主控制等现代控制理论与方法对其进行控制，满足操纵型机器人高精度、高速、高灵活性及多样性的要求。操纵型机器人应能自动分析工作环境状况，具备评价环境的能力；规划能达到目标的路径并能实时跟踪控制已规划的路径；能根据目标物的颜色、大小等外观和空间参数进行自学习及手眼协调控制等。

1. 手眼协调控制

实现手眼协调控制的系统是机器人的手眼协调控制系统。机器人通过摄像机（至少两台，以产生立体视觉），使机器人能看到目标，并利用此视觉输入通过控制器产生动作信号，使末端执行器能准确抓取工作空间中一个任意放置的物体。手眼协调控制系统包括视觉系统（图像处理和模式识别）、机器人系统和手眼控制器三大部分，如图 9-1 所示。

图 9-1　手眼系统示意图

操纵型机器人手眼协调控制要求在无外部输入和外反馈的情况下，使系统完成的输出与通过控制系统内部计算出的结果一致，即具备一致性。操纵型机器人手眼协调控制系统自一致学习流程如图 9-2 所示。

图 9-2　自一致学习流程图

在手眼协调控制系统的运行过程中，还可以加上感觉误差的自学习。这样即使几何或物理参数变了，如机器人底座垫高、摄像机倾斜以及机械臂磨损等情况发生时，系统也能及时进行自适应调整，以维持其工作特性。这个学习过程建立在视觉误差反馈基础上，需要系统具有有关先验知识，而这些知识已在前面的自一致学习中建立起来，整个系统仍然是无导师的自学习系统。

2. 认知控制

认知控制使操纵型机器人产生自主运动。认知控制系统包括感知层、数据处理层、存储层、控制层及执行层，如图 9-3 所示。系统分为认知、控制与环境三个子系统。认知子系统由感知子系统、认知知识数据库与概念三部分组成。控制子系统由目标感知、控制知识数据库以及解的产生三部分组成。

图 9-3　认知控制系统结构图

（1）感知子系统

感知子系统感知内、外部环境参数，将感知的结果转换成适当的形式，以一定的形式存储、处理和解释信息并解决信息的存储、效率恢复等问题。感知子系统如图 9-4a 所示。

感知子系统对信息进行适当的组织，反映输入信息、输出信息和存储介质的性质。输入和输出的性质由传感器和输出子系统的表达能力决定，表达能力的广度和多样化应该满足运行目标的要求。

（2）认知知识数据库

认知知识数据库是一种解释知识数据库。它在注意域中选取内容，判断场景的特征和场景之间的关系，存储所选取的场景，在指定的场景上为世界感知注上新的标签，完成细节产生过程，并激发标注的场景自动聚集的过程。这一系列的动作建立在场景标签（或知识超级图解）汇编网的基础上。认知知识数据库如图9-4b所示。

图9-4　认知子系统的组成

a) 感知子系统　b) 认识知识数据库　c) 概念的产生

（3）概念的产生

概念产生的过程与感知子系统类似。感知子系统的算法通过对足够大的严格词汇表进行操作，将传感器的信息转换成传感信息的图形描述；概念产生子系统从注意域映射到概念域是假设没有严格确定在操作的词汇，因此称为描述空间或映像世界。感知和概念产生是组合算法，当输入/输出的词汇足够大时，它们不能实时操作。概念的产生过程如图9-4c所示。

（4）目标感知

输入信息由整个运行目标或系统给定，目标产生器和目标感知系统初始化，目标感知系统转换成目标概念系统，组成目标概念图。目标感知部分如图9-5a所示。

（5）控制知识数据库

类似认知知识数据库，控制知识数据库是解释知识的数据库。它集中在与目标有关的标签网络的定义域上，并完成目标的分解、子目标集合的确认以及在每一层里持续减去子目标，确定适当的命令，对其优点进行评价，经过自聚集确定目标标签网。控制知识数据库如图9-5b所示。

（6）解的产生

这个过程在概念子系统内完成，图像的建立时间与远处实际观测场景的时间不同。解的产生如图9-5c所示。

图 9-5 控制子系统的组成

a) 目标感知部分 b) 控制知识数据库 c) 解的产生

3. 自主控制

操纵型机器人自主控制主要用于无法描述和模型化的环境，或用于描述过于复杂，人有限介入或无人介入操作的未知环境。机器人工作在具有不确定性、不完整性和内部有不精确信息的布满障碍的环境中。自主控制由自主控制系统来实现。

自主控制系统包括传感器、知识库、闭合控制和驱动回路、通信接口等。通信接口用来指定或修正任务，接收事先考察的结果，启动、中止或修正所需要的自主控制动作。自主控制的理论基础是面向知识的控制理论。它应用于基于面向知识的运动控制系统模块的开发、算法结构及自主或半自主系统最优运动的系统设计等。自主控制系统可替代人类工作在许多对人体有危害的场合。

现举例说明自主控制。地域图如图 9-6 所示，对于目的地 G_1 或 G_2，由于没有给出任何人为目标（房子、篱笆、沟渠或耕地）的信息，以及由于地图的信息是不完整或有错误的，运动时在与环境接触的过程中将发现许多影响运动的因素，对运动的所有初始方案进行不断调整。一个操纵型机器人处在初始位置 O 点，G_j 作为可能的目的地目标。最终目标由操作者确定。中间目标或子目标作为控制策略自动生成过程的一部分，由自主控制系统自动确定。自主控制系统在最短的时间里可以连续地到达一个或几个目的地，还可以预先制定许多可能的实际运动方案。

如果目的地为 G_1，可选择的方案有 $OABG_1$ 和 $OCBG_1$，此时，系统必须评价哪一个更好。如果不拐弯或只需拐小弯，就必须降低在沙地里行走的速度；如果选取在坚固的表面行走，则要走较长的距离；如果因增加了运动速度，路径 OC_1DEFG_1 的确能够减少运动时间，或者如果在 G_1 的邻近地带河水足够浅，自主运动系统不需要桥就能过河，那么这个方案就是有价值的。然而，这个方案存在一定的风险：如果不可能直接过河，则自主运动控制系统必须退回执行前一个方案。

如果目的地为 G_2，那么路径 OC_1DEFG_2 应是最好的方案，除非桥被毁坏，或采用其他

方案如 $OABG_1G_2$（过河）。

图9-6 自主控制实例地域图

另外，穿过一段地域时，要针对实际情况做出实时调整：沿路的边缘走，避开石头和水坑；需要执行很多动作来保持所选择的行走角度、行走速度或加速度；避免在急转弯和制动时打滑等。完成所有这些操作没有人的介入（没有预先设置和没有远程操作），完全依靠操纵型机器人的自主控制系统来实现。

9.2 操纵型机器人应用

近年来，操纵型机器人的发展非常迅速，新的机型不断问世；整机性能不断提高；应用领域越来越广泛，已经涉及海洋探测、太空、娱乐、医疗卫生等很多领域。随着机器人技术的不断进步和机器人制造和使用成本的不断降低，可以预见在不久的将来操纵型机器人将会应用到更多的领域，呈现出更好的使用前景。

9-2 操纵机器人应用

9.2.1 水下机器人

水下机器人也称为无人遥控潜水器。水下机器人可由水面母船上的工作人员通过连接潜水器的脐带提供的动力进行操纵或控制，通过水下电视、声呐等专用设备进行观察，还能通过机械手进行水下作业。

1．水下机器人概述

海洋占整个地球总表面积的 71%，人类要进一步扩大开发和利用具有丰富资源的海洋，水下机器人作为一种高技术手段，在海洋开发和利用中扮演着重要角色。水下机器人是一种可在水下移动，具有视觉和感知的系统，通过遥控或自主操作方式，使用机械手或其他工具代替或辅助人去完成水下作业任务的装置。

水下机器人分有缆水下机器人和无缆水下机器人两种，其中有缆水下机器人又分为水中自航式、拖航式和爬行式三种。无缆水下机器人通常分为无人水下机器人和载人水下机器人（HOV）。无人水下机器人又可分为遥控水下机器人（ROV）和自治水下机器人（AUV），另外还有海底爬行水下机器人和拖航式水下机器人。

自治水下机器人是一种非常适合于海底搜索、调查、识别和打捞作业的既经济又安全的工具。在军事上，自治水下机器人也是一种有效的水中兵器。与载人潜水器（HOV）相比较，它具有安全（无人）、结构简单、重量轻、尺寸小、造价低等优点。而与遥控水下机器人（ROV）相比，它具有活动范围大、潜水深度深、不需要庞大水面支持、占用甲板面积小和成本低等优点。自治水下机器人代表了未来水下机器人技术的发展方向，是当前世界各国研究工作的热点。当前自治水下机器人的发展趋势为更深、更远、功能更强大，特别是未来海上作战等军事需求的增加，给自治水下机器人的发展带来了无限生机，也预示着 AUV 开始走向应用阶段。

2．水下机器人的关键技术

水下机器人应用的关键技术如下。

（1）能源技术

水的黏度比空气高，使得水下机器人要比在空气中消耗更多的能量。对于无缆自治水下机器人，只能靠自带的蓄电池，从而大大地限制了它在水下的工作时间。开发应用新的能源，将是自治机器人向远程、大范围作业发展的关键。

（2）水下精确定位、通信和零可见度导航技术

水是导电物质，使无线电波在水中的衰减快，无法传播，这样无线电通信、无线电导航及定位以及雷达等都无法使用。如何利用新的信息处理技术研制出高精度、低误码率、作用距离更大的水声设备是水下机器人的关键技术。

（3）材料技术

水深每增加 10m，外界压力将增加 0.1MPa。这就要求机器人上的每一个部件必须能承受大的压力而不形变、不被破坏。高强度、轻质、耐腐蚀的机构材料和浮力材料是水下机器人重点发展的技术问题。

（4）作业技术

水下机器人的发展目标是代替人完成各种水下作业。柔性水下机械手、专用水下作业工具以及临场感、虚拟现实技术的发展，将使水下机器人在海洋开发中发挥更大的作用。

（5）智能技术

水的密度和黏滞度比空气高得多，海面的风浪变幻莫测，海底又是千山万壑、暗流纵横的黑暗世界，水下机器人在这样复杂的环境中工作是危机四伏的。这使得水下机器人的航行控制、自我保护、环境识别和建模困难得多。目前机器人智能的发展程度还有较长的路要走，由人参与或半自主的水下机器人是解决目前复杂水下作业的现实办法。

（6）回收技术

水下机器人的吊放回收作业一般是在海面附近进行，所以常受海况条件的限制而成为影响水下机器人水下作业的主要因素。

3. 自治水下机器人（AUV）

1995 年中国和俄罗斯联合研制开发的"CR-01"6000m 自治水下机器人，是一套采用预编程方式航行，能自动回避障碍，可进行 6000m 水下地形扫描、浅地层剖面测量、温度、盐度、深度等海洋要素测量、拍照、录像等作业，并能自动记录各种数据及其相应坐标位置的无人无缆水下机器人系统。如图9-7 所示。

图9-7 "CR-01"自治水下机器人

6000m 自治水下机器人的主要技术功能为：最大工作水深6000m，最大水下航速2节，续航能力 10h，定位精度为 10～15m；可拍摄照片 3000 张，实现微光水下拍摄；连续录像时间 4h，侧扫声呐距离 750m，避碰声呐作用距离 60m，剖面仪地层穿透度 50m；能源为银锌电池，总功率 4.8kW·h，电压 24V；机器人本体在空气中重 1305.15kg，长 4.374m，宽 0.8m，高 0.93m。回收海况风力小于或等于 4 级，可实现插挂和回收器两种回收方式。

"CR-01"6000m 自治水下机器人主要由控制系统、载体系统、水声系统和收放系统四部分构成。

（1）控制系统

控制系统包括自动驾驶系统网络及网络管理系统、导航系统、安全系统、能源及其监视与保护系统、语言及编译系统、实验设备及实验检测系统、油压补偿及其连接系统、支持母船的操纵及信息处理和显示系统、软件体系结构及应用软件的编制与调试系统等。

（2）载体系统

载体系统包括载体自身的骨架、浮力材料、压力罐、传感器及 4 台推进器、1 台头侧推、1 台垂直单推桨、下潜上浮用压铁、稳定翼及小襟翼、油压补偿系统等。

（3）水声系统

水声系统包括长基线声学定位系统、侧扫声呐系统、浅层剖面仪系统、避碰声呐系统和声呐主控器等。

（4）收放系统

收放系统包括水面回收器、甲板滑道装置、载体下水脱钩和回收插挂装置、操纵台及控制间等。

"CR-02"除具有"CR-01"的功能外，还具有更好的机动性能，并具有对洋底微地形地貌进行探测和对洋底地形的跟踪和爬坡能力，能进行多种深海资源调查。"CR-02"机器人首次使用了双电动机对转桨推力器，提高了纵垂面运动的机动性；首次研制了非同轴的对转螺旋桨。通过对推进器进行合理布局，提高了潜水器的操纵性，使"CR-02"在复杂海底安全航行的能力得到提高，避碰与爬坡的能力得到增强。项目组研制成功了"CR-02"半物理数字虚拟仿真平台，为安全、便捷地进行深海应用奠定了基础；研制成功了全新型的测深侧扫声呐系统，使"CR-02"具有进行地形地貌探测和浅地层剖面能力。

4. 载人的双工水下机器人（HOV）

2013年，中国研制的"蛟龙号"载人水下机器人（潜水器）本体、船舶与水面支持系统进入了试验性应用阶段。如图9-8所示。

图9-8 "蛟龙号"载人潜水器

"蛟龙号"能运载科学家和工程技术人员进入深海，在海山、洋脊、盆地和热液喷口等复杂海底进行机动、悬停、正确就位和定点坐坡，有效执行海洋地质、海洋地球物理、海洋地球化学、海洋地球环境和海洋生物等科学考察。

（1）"蛟龙号"技术特点

1）最大下潜深度7000m，这意味着该潜水器可在占世界海洋面积99.8%的广阔海域使用。

2）针对作业目标稳定的悬停，这为该潜水器完成高精度作业任务提供了可靠保障。

3）先进的水声通信和海底微貌探测能力，可以高速传输图像和语音，探测海底的小目标。

4）配备多种高性能，确保载人潜水器在特殊的海洋环境或海底地质条件下完成保真取样和潜钻取芯等复杂任务。

（2）"蛟龙号"技术参数

1）长、宽、高分别是8.2m、3.0m与3.4m。

2）空重不超过22t，最大荷载是240kg。

3）最大速度为25海里/h，巡航为1海里/h。

4）"蛟龙号"当前最大下潜深度7062.68m；最大工作设计深度为7000m。

（3）"蛟龙号"控制系统

控制系统相当于"蛟龙号"的神经系统，每条神经末梢都连着其他的系统，"蛟龙号"在海底的每一个动作都必须得到"大脑"的命令。

航行控制系统是"蛟龙号"大脑的核心，具备自动定向、定深、定高以及悬停定位功能，使"蛟龙号"能全自动航行，免去潜航员长时间驾驶的疲劳。

综合显控系统相当于"仪表盘"，能够分析水面母船传来的信息，显示出"蛟龙号"和母船的位置以及潜水器各系统的运行状态，实现母船与"蛟龙号"间的互动。

水面监控系统显示母船信息与"蛟龙号"信息的集合，使指挥员能对母船的位置和"蛟龙号"的位置进行正确判断，进而做出相应调整，保证"蛟龙号"安全回家。

数据分析平台可以对综合显控系统所采集的数据如深度、温度及报警信息等进行分析，使之自动生成图形。这一平台还可查看历次下潜的时间、地点以及潜航员的操作流程。

半物理仿真平台的主要用途是验证"蛟龙号"控制系统设计的准确性。科研人员通过输入相关参数，模拟水下环境，测试控制系统运行状况，可以节约人力、物力，降低风险缩短研制周期，提高系统可靠性和安全性，还能为潜航员训练提供"虚拟环境"。

（4）技术突破

近底自动航行、悬停定位和高速水声通信被誉为"蛟龙号"号的三大技术突破。

1）近底自动航行。

"蛟龙号"可以完成三种自动航行：自动定向航行，驾驶员设定方向后，"蛟龙号"可以自动航行，而不用担心跑偏；自动定高航行，这一功能可以让潜水器与海底保持一定高度，尽管海底地形起伏，自动定高功能可以让"蛟龙号"轻而易举地在复杂环境中航行，避免出现碰撞；自动定深功能，可以让"蛟龙号"保持与海面固定距离。

2）悬停定位。

一旦在海底发现目标，"蛟龙号"不需要像大部分国外深潜器那样坐底作业，而是由驾驶员行驶到相应位置，"定住"位置，与目标保持固定的距离，方便机械手进行操作。在海底洋流等导致"蛟龙号"摇摆不定，机械手运动带动整个潜水器晃动等内外干扰下，能够做到精确地"悬停"，在已公开的消息中，尚未有国外深潜器具备类似功能。

3）高速水声通信。

陆地通信主要靠电磁波，速度可以达到光速。但这一利器到了水中却没了用武之地，电磁波在海水中只能深入几米。"蛟龙号"潜入深海数千米，为保持与母船的联系，科学家们研发了具有世界先进水平的高速水声通信技术，采用声呐通信。这一技术需要解决多项难题，比如水声传播速度只有1500m/s左右，如果是7000m深度，喊一句话往来需要近10s，声音延迟很大；声学传输的带宽也极其有限，传输速率很低；此外，声音在不均匀物体中的传播效果不理想，而海水密度大小不同，温度高低不同，海底回波条件也不同，加上母船和深潜器上的噪声，在复杂环境中有效提取信号更难。而"蛟龙号"很好地克服了这些缺点。

5. 遥控水下机器人（ROV）

使用 ROV 最主要的是代替潜水员完成特定任务，以及在深水环境下，到达人类很难甚至不可能到达的地方。通常将 ROV 的应用领域归纳为以下几个方面：海洋工程辅助、深海科学与研究、潜水员辅助监测、协助电影拍摄、内陆湖泊检查、港口及航道安全、事故和现场调查、先进的水产养殖业务、先进的饮用水水箱检查。

天津斯卡特科技有限公司制造的 SYSROV D300 是一个远程遥控潜水器，是适合于海底观察和轻型作业的水下机器人。如图9-9所示。

图9-9　斯卡特 SYSROV D300 远程遥控潜水器

（1）SYSROV D300 功能特性

300m 额定工作深度，8kg 负载能力（可增配）；最大 400m 零浮力电缆；最大 1100m 光纤零浮力电缆；磁耦合式无刷直流推进器同时提供转速反馈；2 个水平推进器，1 个垂直推进器，1 个侧向推进器；分布式智能控制系统；智能系统诊断；高分辨率彩色摄像机，俯仰180°、水平140°云台系统；亮度可调的卤素灯；自动定向，定深，罗盘和陀螺仪；便携式地面控制系统，具备视频叠加显示和阳光下可读的高亮 LCD 显示器；低拖曳力的电缆；单向 AC 电源输入 100～270V，5kW 功率。

（2）SYSROV D300 水下机器人主体

1）性能：全方位 3 轴运动，外加绕自身中心轴自旋；前进速度>3 节（海里/h）；工作水深 300m；稳定性好，有低重心位；负载 8kg，带有可调节的配重块（可增配）；系统供电需求 AC 100～270 V，功率 5kW。

2）机械性能：尺寸（mm）9001×470×600（L×H×W）；框架材料聚丙烯，该材料免维护且在海水中有很好的防腐蚀性能。仓体材料，6082 海洋级别阳极氧化的铝合金；主电路仓带有漏水检测功能，当警报发生时会在视频叠加区域显示。重量 70kg（不包括选配仪器）。

3）推动力：水平 2 个推进器，前向推力 34kg；垂直 1 个推进器，垂直推力 17kg；侧向1 个推进器，侧向推力 17kg。无刷直流电动机已经被应用到所有的 ROV 推进器上。每个推进器是通过磁耦合式驱动且通过水冷。所有的推进器具有高可靠性且只需要非常少的维护。

4）视觉系统：观察型 TV 摄像机，挂载在外置云台单元（水平 140°，俯仰 180°）上，包括彩色变焦摄像机（PAL 或者 NTSC 可选）和卤素灯。导航 TV 摄像机，装在机器人顶部，为低照度黑白摄像机。

5）传感器：航向有 3 轴磁方传感器，精度±1°；陀螺仪 0.1°/s；有自动定向功能。深度有压力传感器；精度满量程的 0.5%；自动定深功能。

6）可选的配件：两功能电子机械臂；4/5 功能液压机械臂；图像声呐；金属探测；侧扫声呐。导航和剖面声呐；数字照相机和闪光灯；LBL or USBL 定位系统；高度计（可具备自动定高功能）；后置黑白 TV 摄像机；声脉冲发生器。

（3）地面控制

1）集成计算机，供电单元和数字硬盘录像机；19 英寸防振箱，前后盖可拆卸；防水等级 IP52；带有 15 英寸液晶屏的计算机。与水下机器人通过 19 200bit/s 通信，RS-485 格式。

2）控制系统软件菜单提供的功能包括：摄像机参数（视频增益，电子快门，白平衡）；自动定向和自动定深；数字照相机控制；拍摄的照片回调；整套系统的自检；灯光控制（开/关，亮度调节）。

3）摄像机视频链路选择（观察/导航/同时）；屏幕显示视频图像，导航参数，电流和电压，错误指示。

4）手动控制器：4 轴摇杆控制 ROV 移动，云台单元摇杆控制和 4 轴摇杆控制机械臂；TV 摄像机控制；灯光控制；自动定深和自动定向控制。

9.2.2　空间机器人

1. 空间机器人概述

宇宙空间充满着对人致命的太阳辐射线，且具有重力、高温差、超高真空等难以使人类生存的恶劣条件，在这样的恶劣环境条件下要有效地进行空间开发，需要能够部分或大部分代替宇航员舱外作业的空间智能机器人。

（1）空间机器人的定义

空间机器人是指在大气层内、外从事各种作业的机器人，包括在内层空间飞行并进行观测、可完成多种作业的飞行机器人，到外层空间其他星球进行探测作业的星球探测机器人和在各种航天器里使用的机器人，因此又叫作星球探测机器人。

星球探测是航天领域中一个重要的研究课题，目前星球探测主要集中在月球探测和火星探测。为了进行这些探测，研制出了多种类型的星球探测机器人。

（2）星球探测机器人的关键技术

1）星球探测机器人在重量、尺寸和功耗等方面受到的严格限制。

星球探测机器人的机械结构应紧凑、体积小、重量轻，同时与之配套的驱动机构应具备良好的稳定性以及较强的爬坡和越障能力；星球探测机器人的电源主要用于提供动力和为仪器供电，这就需要星球探测机器人使用的电池对环境的适应能力强、体积小、寿命长，功率密度大。

2）星球探测机器人适应苛刻的未知环境。

外层空间的星球环境可能比地球环境更为复杂，因此，在设计探测机器人时必须考虑到地球上没有的一些特殊环境可能对机器人造成的损害。

3）建立一个易于操作的星球探测机器人系统。

星球探测机器人的工作方式一般同时具备自主和遥控操作两种。一方面，星球探测机器人可以根据自身携带的计算机进行自主决策，实现一定程度的自主导航、定位和控制；另一方面，星球探测机器人也可以接受地面系统的遥控操作控制指令。因此要求星球探测机器人具有很高的智能。

2．火星探测机器人

火星是太阳系里面唯一被认为有机会取代地球成为人类居住地的行星，自20世纪60年代开始，世界各国不断的尝试探索火星。历经了几次失败之后，终于在1964年11月由美国太空总署（NASA）的水手四号（Mariner 4）成功飞跃火星并且回传火星表面照片。从1964年开始到现在，人类总共对火星发射了超过30种宇宙飞船与探测器，虽然大部分的任务都以失败收场，但是科学研究一直都对火星探测持有高度的兴趣。

美国太空总署在2011年发射的火星探测机器人命名为火星科学实验室（Mars Science Laboratory）好奇号（Curiosity），如图9-10所示。而本次任务的最主要目标为探索火星的可居住性。

图9-10 火星科学实验室好奇号

为了调查火星的可居住性，好奇号携带了大量最先进的仪器设备来执行以往从来没有执行过的科学研究，针对石头、土壤以及当地的地质背景来调查组成生命的化学成分以及评断火星过去的环境状况。

好奇号的身体外层用来保护好奇号的重要"器官"如计算机、电池与其他的电子设备，并且控制体内的温度，因此被称为暖电子盒。

好奇号的头脑，是由一台计算机所组成，设备媲美高档且功能强大的笔记本电脑。好奇号的计算机含有特殊的内存来承受太空环境里的极端辐射，并且在断电情况下（如夜间关闭时），提供安全措施保证程序和数据存在，不会意外丢失。

好奇号的手臂，有着像人类手臂一样的构造：肩、肘、腕。可以巧妙地操控各种仪器，使得科学家可以如同自己接触一般更近距离地接触火星岩石和土壤，同时显示显微图像以及分析其组成成分。

好奇号本身拥有六个轮子，每个轮子都有驱动自己的电动机。好奇号本身的悬吊系统继承了以往火星机器人的摇晃式转向架悬吊系统。转向架这一概念来自于旧的铁路系统，转向架是拥有六个轮子的列车底盘部分，可以沿着曲线的轨道旋转。整个摇晃式悬吊系统的设计是用于在行驶于岩石地形时，能够保持平衡，避免剧烈的位置变化造成好奇号倾倒。

好奇号的眼睛与其他感觉器件包括如下设备。

1）四个避危摄影机：这四个避危摄影机捕捉三维的影像（3D image），视野可达 120°，可建立长 4m 宽 3m 的地形图，用于提供好奇号危险地形的信息。

2）两个导航摄影机：两个导航摄影机为一对立体视觉摄影机，提供了 45°的全景视野，给予好奇号导航时的信息。

3）两个科学摄影机：两个科学摄影机拥有强大的变焦镜头，可捕捉三维的彩色立体影像。观测岩石与泥沙时，科学摄影机会发射一道激光使得在平面区域上小于 1mm 的岩石与泥沙的组成成分蒸发，并且使用摄谱仪来分析这些组成成分。

4）一个降落成像系统：降落成像系统又称为火星降落成像系统，每秒提供五张高分辨率的影像，这些影像会如同人眼看到的一样呈现真实的颜色。借由观测降落时所拍摄到的影像信息，科学家与工程师们用尺度的变化以及水平风速扩线信息来建立详细的地质、地貌并且规划最佳的登陆地点。

5）一个科学手镜头：科学手镜头为一个全新的设备，可以让地球上的地质学家看到比头发还小的火星上的特征。这项设备就如同这些地质学家手中的镜头一样，可以近距离观测有关火星上矿物、火星上岩石的质地与结构以及火星上表层的岩石碎片与尘埃。

6）一个惯性导航单元：惯性导航单元提供了好奇号有关自己的三轴位置信息，可以让好奇号在移动时保持适当的垂直与水平位置，以及适当的航向角。

3. 玉兔号月球车

玉兔号是中国首辆月球车。玉兔号设计质量 140kg，以太阳能为能源，能够耐受月球表面真空、-180℃～150℃极限温度等极端环境。月球车具备爬坡和越障能力，并配备有全景相机、红外成像光谱仪、测月雷达等科学探测仪器。2013 年 12 月 2 日，西昌卫星发射中心成功将着陆器和玉兔号月球车组成的嫦娥三号探测器送入轨道。如图 9-11 所示。

图 9-11　玉兔号

（1）主体介绍

玉兔号呈盒状，长 1.5m，宽 1m，高 1.1m，周身金光闪闪，耀眼夺目。"黄金甲"是为了反射月球白昼的强光，降低昼夜温差，同时阻挡宇宙中各种高能粒子的辐射，支持和保护月球车的腹中"秘器"——红外成像光谱仪、激光点阵器等十多套科学探测仪器。它肩部有两片可以打开的太阳能电池帆板，腿部有六个轮状的移动装置，玉兔号对车轮要求极高。研制中，科研人员曾拿出四轮、六轮、八轮以及履带式等几十种方案。最终，确定为"六轮独立驱动，四轮独立转向"的方案。玉兔号上装有一个地月对话通信天线；头顶有导航相机，前后方有避障相机；有负责钻孔、研磨和采样的机械臂。

（2）月球移动

玉兔号具备20°爬坡、20cm越障能力，可耐受300℃温差。月球重力是地球的1/6，表面土壤非常松软，凹凸不平，有石块、陨石坑，还有陡峭的高坡。在这种环境中，月球车既不能打滑，更不能翻车。为了克服这些困难，玉兔号上有全景相机和导航相机，总计4台。

通过相机"观察"周围环境，对月面障碍进行感知和识别，然后对巡视的路径进行规划。遇到超过20°的斜坡、高于20cm的石块或直径大于2m的撞击坑，能够自主判断安全避让。月球车在月面"行走"风险重重，月壤细粒会大量扬起，形成月尘，一旦附着很难清除。月尘可能引起月球车很多故障，包括机械结构卡死、密封机构失效、光学系统灵敏度下降等。

（3）系统组成

玉兔号月球车由移动、导航控制、电源、热控、结构与机构、综合电子、测控数传、有效载荷8个分系统组成，被形象地称之为"八仙过海，各显神通"。

1）移动分系统：采用轮式、摇臂悬架方案，具备前进、后退、原地转向、行进间转向、20°爬坡、20cm越障能力。

2）导航控制分系统：携带有相机及大量传感器，在得知周围环境、自身姿态、位置等信息后，可通过地面或车内装置，确定速度、规划路径、紧急避障、控制运动、监测安全。

3）电源分系统：由两个太阳电池阵、一组锂离子电池组、休眠唤醒模块、电源控制器组成，利用太阳能为车上仪器和设备提供电源。

4）热控分系统：利用导热流体回路、隔热组件、散热面设计、电加热器、同位素热源，可使月球车工作时舱内温度控制在-20℃～55℃之间。

5）结构与机构分系统：由结构和太阳翼机械部分、桅杆、机械臂构成，主要为各种仪器、设备、有效载荷提供工作平台。

6）综合电子分系统：将中心计算机、驱动模块、处理模块等集中一体化，采用实时操作系统，实现遥测遥控、数据管理、导航控制、移动与机构的驱动控制等功能。

7）测控数传分系统：保证月球车与地球38.4万千米的通信以及与着陆器之间的通信。

8）有效载荷分系统：月球车配备的科学探测仪器，包括全景相机、红外成像光谱仪、测月雷达、粒子激发X射线谱仪等。

9.2.3 飞行机器人

飞行机器人或称为无人机、无人飞机，全称为无人飞行载具（Unmanned Aerial Vehicle，UAV），它是指借由遥控或自动驾驶技术，进行科学观测、战场侦察等任务的飞行载具。UAV与传统有人飞机相比具有操作成本低、运用弹性大、支援装备少等特性。

1．飞行机器人概述

（1）飞行机器人的种类

一般来说，UAV大致上可分为以下几种。

1）近距离UAV：搭载5kg以下，低空飞行距离5km，常称为迷你型UAV。

2）短距离 UAV：将飞行距离增加至 20km，常称为小型 UAV。

3）微型 UAV（Micro Aerial Vehicle，MAV）：指翼展 0.5m 以下，飞行距离至多 2km。

4）战术 UAV：至少具有 20h 的飞行时间，视任务而定，升限至少 5000m。

5）无人作战空中载具（Unmanned Combat Aerial Vehicle，UCAV）：具备类似攻击机的性能。

（2）长时留空无人机

为对目标进行长时间监视，弥补无人侦察机留空时间短，对同一目标反复侦察时所需航次多等不足，长时间留空无人机便应运而生。如美国洛克希德公司的微波动力无人机，可在高空飞行 60 天以上。国外的长时间留空无人机最大续航时间可达 1 年，可对目标进行连续不断地侦察、监视。

（3）飞行机器人的应用

无人机最早的开发是在一战后，二战中曾以无人靶机用于训练防空炮手之外，美国与德国都尝试以飞机携带大量炸药，经由飞行员直接或者是通过另外一架飞机控制，对特殊目标进行精确度较高的攻击。

随着电子技术的进步，无人机在担任侦查任务的角色上开始展露出它的灵活性与重要性。美国军方在这类飞行器上的兴趣不断增长，因为这为他们提供了成本低廉、极富任务灵活性的战斗机器，使用这样的战斗机器不存在飞行人员伤亡的风险。由无人机担任更多角色的军事设想，最初是侦察，现在则发展到了空对地攻击。装备有武器的无人机被称为无人作战空中载具（UCAV）。一款被命名为"猎鹰 HTV-2"的无人飞行器可达到 20 倍音速飞行，预计该速度下不足 12min 便能从纽约抵达洛杉矶，而正常情况下航班飞行至少需要 5h。

中国无人机在四川雅安地震后崭露头角，作为灾后救援的重要科技力量，首次投入到抗震救灾的队伍中，承担起灾情航拍的重要工作，并成为国家政府和人民对灾情掌控的中坚力量。事实上无人机的应用领域不仅仅在地震航拍，同时在救灾物资投放、地理测绘、警用侦察、环境保护、大气研究、地质勘探、气象观测、农药喷洒等诸多领域，无人机都有着巨大的市场潜力。

2. 飞行机器人实例

（1）微型无人机

1）黄蜂号（Wasp）长度 20cm，重量 170g，最大航程半径 0.97km。这款翼展 33cm 的"飞翼机"2004 年创下了一项飞行纪录，飞行了 1 小时 47 分钟，比 2 年前所创下的微型 UAV 飞行纪录的 3 倍还要长。由无线电控制的黄蜂号有一项巧妙的设计，它的机翼是由一种新奇的合成"多功能"材料制成，此材料除了做成机翼，还能提供电能，以作为推进之用。下一代的黄蜂号将会加上简单的自动驾驶仪，并配上彩色摄影机。

2）全球鹰无人机（iStar）直径 23cm，高度 30.5cm，重量 2.3kg，最大航程半径 8.9km。它配有一组感应器（光电、红外线、雷达）。iStar 会像直升机一样盘旋，不过也会转成接近水平姿势往前飞。iStar 的飞行高度可达 4880m，最长可飞行 1h。

（2）迷你型无人机

1）直升间谍（HeliSpy）直径 28cm，高度 69cm，重量 2.7kg，最大航程半径 40km。原本是为 DARPA 研发，如今的直升间谍 2（HeliSpy II）则主要针对商用市场，具有完整的自主性；它也可以用一个类似游戏机的摇杆来控制，还可在空中重新进行设定。这款飞机是由一具价格低廉的模型飞机引擎所驱动，可以从垂直飞行转换成水平飞行，借以加速。还有一个潜在的用途是，警方的特种武器战略部队（SWAT）可派遣它穿过窗户，进入怀疑有恐怖分子藏匿的建筑物中进行搜索。

2）龙之眼（Dragon Eye）长度 76cm，重量 2.3kg，最大航程半径 4.7km。这款翼展长 1.2m 的双螺旋桨飞机可拆成五段，以装进背包中。它不需要地面站，使用者只要配备穿戴式笔记本计算机与通信控制盒即可。起飞方式是用手或弹性橡皮绳，并可携带日光、低光度与红外线影像系统。

3）黄金眼（Golden Eye）直径 91cm，高度 1.7m，重量 68kg，最大航程半径 800km（估计值）。这是一个小型酬载的匿踪运送系统，目的是要将 4.5kg 或 9kg 重的感应器悄悄地放置在敌界之内，然后快速飞离。其机翼让它能够在升空之后转变为水平飞行。

（3）小型无人机

1）扫描鹰（Scan Eagle）长度 1.2m，重量 15kg，最大航程半径 748km。扫描鹰利用弹射器起飞，并用一个被称为钩（skyhook）的有线钩装置从空中收回。它的翼展长 3m，可在空中飞行 15h；研发中的引擎可让它飞行时间长达 60h，距离大约 8000km。

2）指针号（Pointer）长度 1.8m，重量 4.5kg，最大航程半径 5.6km。由螺旋桨驱动，翼展长 2.7m 的 FQM-151 指针号，能搭载 0.9kg 的物品，并且靠手的力量来起飞。目前在佐治亚州班宁堡的城市作战训练中心，有 6 个指针号系统正在运作中，其他的则仍在缉毒局作为微型感应器的试床。波多黎各备受争议的维克试爆场，最近就用指针号来监视示威抗议分子，它配上了红外线摄影机，用来发现与观察入侵者。如图 9-12 所示。

图 9-12　指针号

3）龙战士（Dragon Warrior）长度 2.1m，重量 104kg，最大航程半径 93km（估计值）。这款完全自主的 UAV，是专为侦察与通信传输任务而设计。它的引擎设计以摩托车引擎为灵感来源，是燃料喷气、火花塞点火，液冷式直列三汽缸的结构。

4）影子 200（Shadow 200）长度 3.4m，重量 147kg，最大航程半径 126km。RQ-7A 影子 200 的载重量高达 27kg，上面安装有光电与红外线感应器。它的翼展为 4m。

5）先锋号（Pioneer）长度 4.3m，重量 205kg，最大航程半径 185km。RQ-2B 先锋号的起飞可利用火箭、弹射器或跑道，用拦截索或网子回收。

6）蜻蜓号（Dragon fly）长度 5.4m，重量 810kg，最大航程半径 170km（估计值）。这是首款能在飞行中故意停止旋转翼的直升机。在用类似直升机的方式起飞后，它的旋转翼就能变成机翼，分歧阀会将推进力导向旋转叶片的尖端，以进行旋转飞行；或导向机尾的喷嘴，以进行高次音速的定翼巡航。

7）鹰眼号（Eagle Eye）长度 5.5m，重量 1020kg，最大航程半径未知。旋翼呈垂直状态时，TR911X 鹰眼号能够像传统的直升机一样起飞、盘旋与降落。将旋翼倾斜到水平位置，它就能达到涡轮螺旋定翼机的飞行速度与航程。

9.2.4　服务机器人

服务机器人与人们生活密切相关，服务机器人的应用将不断改善人们的生活质量。服务机器人是一种以自主或半自主方式运行，能为人类健康提供服务，或者是能对设备运行进行维护的一类机器人。由于服务机器人经常与人在同一工作空间内，因此它比工业机器人有更强的感知能力、决策能力和与人的交互能力。

1. 服务机器人概述

（1）服务机器人的定义

服务机器人目前处于早期阶段，国际机器人联合会对服务机器人的定义是：服务机器人是一种半自主或全自主工作的机器人，它所从事的服务工作可使人类生存得更好，使制造业以外的设备更好地工作。德国生产技术与自动化研究所（IPA）对服务机器人所下的定义是：服务机器人是一种可自由编程的移动装置，它至少应有三个运动轴，可以部分或全自动地完成服务工作。这里的服务工作不是指为工业生产而从事的服务活动，而是指为人和单位完成的服务工作。

随着传感器和控制技术、驱动技术及材料技术的进步，在服务行业实现运输、操作及加工自动化具备了必要的条件，服务机器人开辟了机器人应用的新领域。专家们预测，服务机器人的数量将会超过工业机器人。目前世界各国正努力开发应用于各种领域的服务机器人，医用机械手（治疗及诊断）、建筑机器人、公共事业及环保机器人、物体及平面清洗用机器人、在难以接近的地方进行维护检查用机器人、保安部门及内部送信用移动机器人等服务机器人不断出现。

非制造业用操作型工业机器人也可以看作服务机器人。服务机器人在某些情况下可由一个移动平台构成，上面装有一只或数只手臂。服务机器人的控制方式与工业机器人手臂的控制方式相同。对服务机器人评价的内容包括：能否完成人所不能完成的任务；它的使用是否有意义或对人有所帮助；能否改善人的生活质量，并完成繁重的家务劳动等。

（2）服务机器人的关键技术

1）环境的表示。

服务机器人通常在非结构化环境中以自主方式运行，因此要求对环境有较为准确的描述。如何针对特定的工作环境，寻找实用的、易于实现的提取、表示以及学习环境特征的方法是服务机器人的关键技术之一。

2）环境感知传感器和信号处理方法。

服务机器人的环境传感器包括机器人与环境相互关系的传感器和环境特征传感器。前者包括定位传感器和姿态传感器，后者是与任务相关的专门类型传感器，它随机器人的工作环境变更，这类传感器可以是直接的或间接的，通常需要借助多传感器信息融合技术将原始信号再加工。

3）控制系统与结构。

机器人控制系统和体系结构研究目前主要集中在开放式控制器体系结构、分布式并行算法融合等方面。对于服务机器人控制器而言，更加注重控制器的专用化、系列化和功能化。

4）复杂任务和服务的实时规划。

机器人运动规划是机器人智能的核心。运动规划主要分为完全规划和随机规划。完全规划是机器人按照环境—行为的完全序列集合进行动作决策，环境的微小变化都将使机器人采取不同的动作。随机规划则是机器人按照环境—行为的部分序列计划进行动作决策。

5）适应于作业环境的机械本体结构。

设计在非结构环境下工作的服务机器人是一项富有挑战性的工作。灵巧可靠、结构可重构的移动载体是这类机器人设计成功的关键。服务机器人作为人的助手，经常与人进行接触，所以服务机器人的安全性、友善性应首先考虑。因此，服务机器人的机械本体设计指导思想与工业机器人或其他自动化机械有较大变化。在满足功能的前提下，功能与造型一体化的结构设计也要充分考虑。如柔韧性、平滑的曲线过渡、美观的造型、与人的亲近感等。

6）人机接口。

人机接口包含了通用交互式人机界面的开发和友善的人机关系两个方面。

2. 医用机器人

（1）医用机器人的分类

医用机器人大致可以分为三类。

1）对残疾人、病人、护理人员个别进行援助的机器人，如护士助手、护理机器人等。

2）对诊断、治疗、检查等医疗业务进行辅助的机器人，如诊疗机器人、机器人医生等。

3）用于医学研究的研究用机器人，如解剖机器人、生理机器人等。

医用机器人的研究与开发需要综合工、医、生、药、农等各个学科领域的先进技术与成果，特别是以人作为操作对象的机器人，必须具有对状况变化的适应性、作业的柔软性、对危险作业的安全性以及对人和精神的适应性等性能。图9-13为机器人医生。

图9-13　机器人医生

医用机器人既是高度精密的机械装置，又是以计算机控制为核心，可进行识别、判断和行动的综合性精密机电系统，是智能化仿生机械的典型应用。

医用机器人在医疗方面的应用越来越广泛。例如美国协助外科医生完成关节移植手术的机器人 ROBODOC 可以完成开颅、在骨头上钻孔、精确铰孔及安装人造关节等多种操作。手术中，由 CAI 扫描仪将需要移植的骨头形状扫描并传给 ROBODOC 的控制系统，ROBODOC 将植入物放到最佳位置。医用机器人还可以帮助外科医生完成许多复杂手术和微型手术，这一方面增加了手术的精确性，另一方面避免了外科医生因疲劳而产生误操作。

储藏库和搬运车配备在患者的卧室内，护理人员只要定期地把患者的生活用品存入库内，患者就可以通过中央综合控制系统的显示装置（电视画面）选择想要进行的动作，构成指令，进行有关的操作，并且还可以与其他房间里的患者或室外的来访者进行通信对话等。

（2）护士助手

护士助手属于卧床患者护理用机器人，主要由机械手、储藏库与搬运车、控制装置与通信装置等组成。该机器人系统的主要特点如下。

1）可以自由地向任意方向前进以运送患者。

2）床上特殊进口处的两个机械手，可以连床一起把患者抱起来移动。

3）有供患者独立、自行操作的装置（主要是人机对话方式）等。

美国 TRC 公司于 1985 年开始研制医院用的"护士助手"机器人，如图 9-14 所示，1990 年开始出售，目前已在世界许多国家的几十家医院投入使用。

图 9-14　护士助手

"护士助手"是自主式机器人，它不需要通过导线控制，也不需要事先作计划，一旦编好程序，它可以完成的任务有：①运送医疗器材和设备；②为病人送饭；③送病历、报表及信件；④运送药品；⑤运送试验样品及试验结果；⑥在医院内部送邮件及包裹。

"护士助手"由行走部分、行驶控制器及大量的传感器组成。因而可以在医院中自由行动。机器人中装有医院的建筑物地图，在确定目的地后，机器人利用航位推算法自主地沿走廊导航，由结构光视觉传感器及全方位超声波传感器探测突然出现的静止或运动物体，并对航线进行修正。

它的全方位触觉传感器保证机器人不会与人和物相碰，车轮上的编码器测量它行驶过的距离。在走廊中，机器人利用墙角确定自己的位置，而在病房等较大的空间时，它可利用天花板上的反射带，通过向上观察的传感器帮助定位，需要时它还可以开门。在多层建筑物中，它可以给载人电梯打电话，并进入电梯到所要去的楼层。通过"护士助手"上的菜单可以选择多个目的地，机器人有较大的荧光屏及较好的音响装置，用户使用起来迅捷方便。由于设计有冗余的传感器及系统，操作中不会出现故障，到达目的地后，机器人停下来等候主人的指示。它的保险机构能够防止未经允许的人从它的后柜中拿走东西。

护士助手已在英国伦敦的一家 NorthwiehPark 的大型教学医院试用，经过一段时间的试用，证明"护士助手"基本上能胜任自己的工作。

3. 导盲机器人

导盲机器人的导向功能通过导盲街道地图——移动用数据库来实现。导盲机器人不仅能把握障碍物等外界状况，而且能实时地捕捉其后面盲人的行动，并根据盲人的行动来决定自己的行动。此种机器人可以按照盲人的自由行走步伐决定其自身的相应移动。当盲人行动安全时，机器人不会给盲人任何约束，以保障盲人能集中残存的生理机能自由行动；只有当盲人的行动存在危险的时候，机器人才会让盲人了解到危险，躲避或远离危险的环境。

移动用数据库是由计算机把普通地图进行图像处理，预先制成面向机械装置的地图，包括将十字路口和十字路口之间的连接关系，机器人边走边对照来自地图和自身传感器的信息，使自己了解自身现在的位置和方向，用从外部传感器得到的确切信息来修正，以消除误差，继续行走或停止前进。因此，在每个十字路口或重要的地方设置里程标记，帮助机器人根据外部传感器的信息确定其位置与方向，机器人便可成为盲人的向导。应用时只要盲人向导盲机器人输入现在所在点和目的地的编码，机器人就会找到到达目的地的有效途径，实现盲人和机器人一体行动的目的。

4. 导游机器人

导游机器人装备有先进的计算机语音处理系统，它能使用语言与人类交流，机器人内的计算机可以根据雷达选择行走路线。这种机器人可以用于商店导购、宾馆服务及盲人导向等多方面的服务工作。

图 9-15 是中国台湾精密机械研究发展中心的第二代导游机器人 UPITOR（User-interfaced Purpose-defined Interactive Tour guide Operation Robot），也就是"具有用户接口的用途定义化互动导游机器人"，是一台具有跟游客高度互动能力的多用途导游机器人，可在各大博物馆、美术馆、科学教育馆担任导游员的工作，也可在各大展览帮厂商推销产品。它拥有灵活的双手跟头部，精准的定位、避障、导航能力，电容式触控屏幕与生动的图形化人机接口，也具有播放影片、投影片或动画的能力。

图 9-15 第二代导游机器人 UPITOR

精密机械研究发展中心依靠微加工技术、智慧化机械技术、ICT 制造服务技术及薄膜太阳能技术等，运用精密机械、ICT 以及致动技术发展机器人技术，并以导游服务及教育娱乐机器人两大产品，进行智能机器人产品与关键模块的研发。

该机器人整体造型运用曲线来塑造了一个仿人型而亲切的姿态，看起来温文儒雅。前方触控屏幕、扬声器及散热孔整合成一件半立领礼服，头部应用面罩传达出前瞻科技感，面罩内利用灯光来呈现脸部的表情，让互动更直接。主要控制安全距离的激光扫描仪及超音波传感器设置在动作底座上，除了有加强底座结构跟重量的考虑，并且因为分割跟细节灯光的处理，显得轻盈而有特色。

5．清扫机器人

日本精工株式会社的清水工厂开发出一种自动清扫机器人，它可完成各种工厂的清扫工作。该机器人采用了光纤陀螺自主控制机器人的方向，对地面没有任何要求，而传统的自动导引车（AGV）采用了不同的控制方式，例如，电磁导引、磁气导引、反射式光学导引等方式。尽管它们的控制方式不同，但都要求地面上有相应的配套设施。

清扫机器人能够稳定地进行大面积清扫，而人则能把复杂场所的死角扫得干干净净。该机器人把机器人与人的特点充分地结合，且采取了充分的安全措施。机器人装备的光学传感器可测定障碍物的位置，机器人接收到信号后可实现加速、停车、等待和避障等动作。人与机器人清扫车一般不接触，为防止出现意外，在清扫车的四周装有橡胶垫，其内装有触觉传感器，一旦车辆与人接触，触觉传感器的信号就会使车辆停下来，从而保证人的安全。

（1）机器人清扫车的特点

1）行驶稳定，清扫效果良好。

2）可利用车载充电器安全充电。

3）采用无需维修保养的安全电池组。

4）作业时的行驶路线呈梳形，由直线段和圆弧段构成。

（2）机器人清扫车的功能

1）既能自动操作又能手动操作。

2）前轮是一个转向轮，左、右两个后轮是驱动轮。

3）直线行驶时车辆通过两个驱动轮的速度差修正方向；转向时，以转向轮为中心，两后轮沿接线方向行驶并保持一定的速度差。

4）有两种不同功能的机器人，一种是擦洗车，另一种是真空吸尘式清扫车。

5）控制装置由多个部件构成，包括控制机器人功能的 CPU 插件板、控制清扫功能的定序器、传送角度信息的光纤陀螺、测距用编码器及超声波传感器、探测障碍物用光学探测器、驱动电动机及控制转向用的电动机、液晶显示器、操作面板以及手动操作用悬垂式按钮开关。

9.3 其他机器人的应用

9.3.1 军用机器人

历史上，一切高新技术无不首先出现在战场上，机器人也不例外。早在第二次世界大战期间，德国人就研制出并使用了扫雷及反坦克的遥控爆破机器人，美国则研制出遥控飞行机器人。近十几年来，在接连不断的局部战争的推动下，在飞速发展的高新技术支持下，军用机器人的发展产生了质的飞跃。

1. 军用机器人概述

军用机器人有地面的、水下的和空间的。其中，以地面军用机器人的开发最为成熟，应用也较为普遍。地面军用机器人分为两类：一类是智能机器人，包括自主和半自主车辆；另一类是遥控机器人，即各种用途的遥控无人驾驶车辆。

（1）军用机器人特性

首先，机器人可以代替士兵去完成那些不太复杂的工程及后勤任务，使战士从繁重的工作中解放出来，而去从事更加重要的工作。

其次，由于机器人对各种恶劣环境的承受能力大大超过载人系统，因而，在各种极限条件下，如使用核、生化武器的情况下，战场机器人不仅能生存，还能够完成各种作战任务，而在这样的战场上，士兵要生存，其代价是昂贵的，而且是困难的。

最后，由于机器人没有感觉，在环境极其险恶、只有采取某种自杀行为才能挽救战局时，它会毫不畏惧地承担其自杀性的战斗任务。

（2）军用机器人关键技术

机器人在军事领域的应用要比在民用领域困难得多，其关键性技术如下。

1）对于地面军用机器人，机器人必须随时对意料不到的障碍物做出反应，还要适应不断变化的地面特征。地面行驶能力和快速准确识别重要目标是发展地面军用机器人面临的重大挑战。

2）对于半自主机器人，控制台与机器人之间的每一次数据传输都可能被敌人干扰甚至控制，因此应尽量减少它们之间的信息交换。这样就要求一次交给机器人多项任务，由它独立地去完成，而一个操作人员可以控制多台机器人。

3）要进一步提高军用机器人的自主程度，主要依靠以下的关键技术：模式识别及障碍物识别、实时数据传输及适当的人工智能方法，还要开发全局模型，可以为机器人解释所拥有的全局信息，还要在传感器及执行机构方面取得重大进展。

2. 排爆机器人

当今世界，恐怖活动始终是各国头痛的问题，随着时间的推移，这些活动还越演越烈。针对这种活动，早在20世纪60年代，排爆机器人就诞生了。

排爆机器人有轮式的，也有履带式的。它们一般体积不大，转向灵活，便于在狭窄的地方操作，操作人员可以在几百米到几千米外对它进行遥控，可以通过无线电或光缆控制其活动。排爆机器人车上一般装有多台CCD摄像机对爆炸物进行观察，一个可360°旋转的、有多个自由度的机械手，用它的手爪或夹钳可将爆炸物的引线或雷管拧下来，并把爆炸物运走。车上还装有猎枪，利用激光指示器瞄准后，它可以把爆炸物的定时装置及引爆装置击毁。也有的机器人装有高压水枪，可以切割爆炸物。如果装上步枪、机枪或其他非致命武器，还可用它来抓捕罪犯及歹徒。

图9-16所示为法国Cybernetics公司研制的TR200排爆机器人，该机器人重265kg，长1m，宽0.67m，高1m。其臂长2.4m，有6个自由度。在操作臂完全展开时，可以举起12kg的重物；当臂处于折叠位置时，可举起70kg重的物体。机器人装有橡胶履带，最大速度65m/min，能越过40°的斜坡和30°的侧坡，能够跨越直径为1.2m的坑，并能通过多石的

地形。它使用两组密封的可再充电的 12V 电池，可以连续行驶 4h。机器人采用无线电控制时最远可达 300m，采用电缆控制时最远为 200m。目前法国空军、陆军和警察署都购买了这种机器人。

图 9-16　排爆机器人

3．大狗机器人

这个形似机械狗的四足机器人被命名为"大狗"（Big dog），由波士顿动力学工程公司（Boston Dynamics）专门为美国军队研究设计。与以往各种机器人不同的是，"大狗"并不依靠轮子行进，而是通过其身下的四条"铁腿"。

大狗机器人不仅可以跋山涉水，还可以承载较重载荷的货物，而且这种机械狗可能比人类跑得还快。大狗即可以自行沿着预先设定的简单路线行进，也可以进行远程控制。大狗机器人被称为"当前世界上最先进适应崎岖地形的机器人"，如图 9-17 所示。

图 9-17　美军大狗机器人

这种机器人的体型与大型犬相当，能够在战场上发挥非常重要的作用：在交通不便的地区为士兵运送弹药、食物和其他物品。它不但能够行走和奔跑，而且还可跨越一定高度的障碍物。该机器人的动力来自一部带有液压系统的汽油发动机。

大狗机器人的四条腿完全模仿动物的四肢设计，内部安装有特制的减振装置。机器人的长度为1m，高70cm，重量为75kg，从外形上看，它基本上相当于一条真正的大狗。行进速度可达到7km/h，能够攀越35°的斜坡，可携带重量超过150kg的武器和其他物资。

大狗机器人的内部安装有一台计算机，可根据环境的变化调整行进姿态。而大量的传感器则能够保障操作人员实时地跟踪大狗的位置并监测其系统状况。

4. 无人作战飞机

经过多年的资金投入、发展和使用，美国无人航空器取得了很大的进步，其能力已经可以和有人机相提并论，在某些情况下，甚至超过了有人机的性能。在军事上，无人机技术更是迅速成熟，其中最为卓著的无人机项目莫过于美军的联合无人空战系统（JUCAS）了。

（1）X-45A

X-45A的无尾翼设计借鉴了于1996年首飞成功的X-36无人试验机的设计，两种机型的机翼外形十分相似，如机翼边缘控制面和偏航向矢量排气喷管等。不过两者还是有很大区别的，如X-45A就要比X-36大许多，而且后者不具备自动驾驶能力。X-45A动力为一台霍尼韦尔F124-GA-100涡扇喷气发动机，其进气口置于飞机的上方。X-45A机身内部有两个武器弹仓，其中一个携带试验设备，另一个则挂载一枚450kg重的JDAM炸弹或六枚113kg炸弹。

（2）X-45C

X-45B没有进入实质性的研制阶段就被取消了，取而代之的是X-45C。X-45C型无人机的最大起飞重量为16t，远远超过了A型机的6.8t，机长也由A型的8.08m增加至11m，翼展则为14.6m。如图9-18所示。由于重量大幅增加，X-45C采用了通用电气公司强劲的F404-102D发动机。X-45C也有两个内置武器舱，可携带两枚750kg重的JDAM炸弹。

图9-18　X-45C无人作战飞机

5. 保安机器人

如图9-19所示是Cybermotion公司为美国国防部研制的SR2室内保安机器人，机器人高1.93m，宽0.86m，最大速度0.76m/s，它可围绕其中心以120°/s的速度旋转，一次充电可连续工作12h～15h。

SR2装备了多种传感器，有可探测入侵者、火焰的微波扫描仪及被动红外传感器，有可探测气体及烟雾并测量湿度和温度的空气采样器，有闭路电视摄像机，以及导航及避障用的超声波传感器等。这台机器人是为满足美国三军后勤部门的迫切需求而研制的。

图 9-19　保安机器人

9.3.2　农业机器人

1．农业机器人概述

农业机器人是机器人在农业生产中的运用，区别于工业机器人，是一种新型多功能农业机械。农业机器人的广泛应用，改变了传统的农业劳动方式，降低了农民的劳动力，促进了现代农业的发展。

（1）农业机器人定义

农业机器人是一种以农产品为操作对象、兼有人类部分信息感知和四肢行动功能、可重复编程的柔性自动化或半自动化设备。能够部分模拟人类智能的农业机器人则称为智能型农业机器人。

农业机器人可分为移动型和定位型，也可以将农业机器人分为室内型和室外型。农业机器人比工业机器人简单，但面临不确定、不宜预估的复杂环境和工作对象。

能够自主完成复杂任务的机器人已经成为农业中的新生力量。它们不会疲倦，更精细，更主动，而且往往比人工工作的效率更高。在未来数十年当中，这些农业机器人可能会成为更有力的工具。

目前最成熟的农业自动化机器，当属奶牛的自动饲养和自动挤奶设备。奶牛的牛奶产量并不是稳定的，它会随奶牛的生理状态而改变。在不同的时段，要给奶牛喂养不同数量的精饲料来提高成本收益比，而每天两到三次的挤奶工作也可以由机器来代劳。自动化挤奶机器不仅可以比人更高效地收集牛奶，还能自动测试牛奶的质量，如蛋白质含量和抗生素含量。目前这种机器已经大规模地应用在大型奶牛场中，目的和其他自动化机器一致：降低成本和提高效益。

相比于其他的农业机器人，和奶牛相关的机器人还算比较简单。毕竟奶牛自己会走动，也可以训练。田间的杂草和害虫会更难对付一些，而我们也没法给每棵庄稼都安装电子身份证。只有让机器人学会人类农夫所做的一切，才能让智能农业真正成为现实。

（2）农业机器人关键技术

1）自动在特定空间行走或移动。

在果园或田野中自动运动的机器人，其移动和精确定位技术比工业机器人要复杂得多，它涉及地面的凹凸不平、意外的障碍、大面积范围的定位精度、机器人的平稳和振动、恶劣的自然环境等问题。

2）对目标的随机位置准确感知和机械手的准确定位。

由于作业对象是果实、苗、家畜等离散个体，它们的形状和生长位置是随机性的，又多数在室外工作，易受光线变化、风力变化等不稳定因素的影响，因此，农业机器人的机械手必须具有敏感和准确的对象识别功能，能对抓取对象的位置及时感知，并基于位置信息对机械手进行位置闭环控制系统。

3）机械手抓取力度和形态控制技术。

对于像桃、蘑菇之类的娇嫩对象或蛋类等脆弱产品，机械手抓取力度必须进行合理控制，需具有柔软装置，能适应对象物的各种形状，保证在传送和搬运过程中不能有损伤现象发生，并保持对象物的新鲜度。

4）对复杂目标的分类技术和学习能力。

农产品的采摘、分选，往往需要对同类产品进行成熟程度或品质进行分类，例如依据颜色、形状、尺寸、纹理，结实程度等特征，挑选符合采摘条件的果实进行采摘。由于农产品特征的复杂性，进行数学建模比较困难，因此农业机器人应具有不断进行学习、并记忆学习结果、形成自身处理复杂情况的知识库。

5）恶劣环境条件的适应技术。

农业机器人的工作环境较工业机器人要复杂和恶劣得多，其感知、执行以及信息处理各部件和系统必须适应环境照明、阳光、树叶遮挡、脏、热、潮湿、振动的影响，保持高可靠性的工作。为尽量多采集监测数据，需要开发新型传感器或按照一定融合策略构造传感器阵列，以弥补单个传感器的缺陷以及提出新的融合方法来提高传感器的灵敏度和反应速度，完善探测结果，这些都是重要的研究方向。

2. 瓜果自动采摘机器人

农业机器人最可能得到广泛应用的领域是农产品的自动采摘。如图 9-20 所示为瓜果自动采摘机器人。机器人用于农产品采摘，可以充分利用机器人的信息感知功能，对被采摘对象的成熟程度进行识别，从而保证采摘到的果实的质量，机器人采摘的工作效率将大大高于人工。由法国开发的水果采摘机器人，其机械手是三自由度圆柱坐标型，可以收获苹果或柑橘，利用 CCD 摄像机和光电传感器识别果实，识别苹果时从树冠外部的识别率可以达到85%，速度达到 2～4s/个。

机器人既可以应用于番茄、洋葱、马铃薯等蔬菜的采摘，也可用于樱桃、枣、柑橘和西瓜等水果的采摘，甚至花生和蘑菇等经济作物也可利用机器人进行采摘。英国已开发出蘑菇采摘机器人，用 CCD 黑白摄像机识别作业对象，识别率达 84%，使用直角坐标机械手进行采摘。为了防止损伤蘑菇，执行器部分装有衬垫，吸附后用捻的动作进行收获，收获率达60%，完整率达 57%。

日本国家农业和食品研究所发明了一个能够采摘草莓的机器人。该机器人装有一组摄像头，能够精确捕捉草莓的位置，还有配套软件能根据草莓的红色程度来确保机器人采摘的是成熟的草莓，如图 9-21 所示。由于感测以及辨识的困难度，要达到完全百分之百的无人化筛选是不可能的，因此本套机器人是采用人机协同合作的策略，晚上由机器人筛选大部分的草莓，等到白天的时候再由工人筛选剩下的草莓，本机器人的视觉传感器包含三组彩色摄影机以及五组含有偏光镜的 LED 图像光线，由左右两侧的摄影机拍下照片后进行处理以辨识成熟的红草莓，选定的草莓由立体影像系统进行量测，该机器以每筛选一个耗费 9~12s 的时间，当操作环境的光源是稳定的状态下，收割机器人的准确性是相当高的。虽然此机器人目前只能采摘草莓，但可以通过修改程序来使机器人采摘其他水果，如葡萄、番茄等。

图 9-20　瓜果自动采摘机器人

图 9-21　草莓自动采摘机器人

3．割草机器人

瑞典 Husqvarna 公司研制了太阳能割草机。清晨光线充足时，太阳能割草机就可自动开始工作。它可避开花园中有阴影的地方，等到阴影离开后再回到这一地区工作。1 台机器人割草机一个夏天可以整齐地修剪 $1200m^2$ 的草坪。割草机表面装有多晶太阳能电池，可将日光转换为电流；为防止损坏，太阳能电池进行了封装处理，两组充电电池从太阳能电池获取能量，供机器人上的计算机使用；计算机中装有功能强大的微处理器。

太阳能电池为电动机提供能量，电动机驱动割草刀片，刀片高度的变化范围为 30~60cm。电动机内安装的传感器可测量切割阻力的大小。该信息经计算机处理后，再由计算机决定切割速度及切割图形。

太阳能电池还为车轮电动机供电。割草机安装了两台电动机，电动机直接从太阳能电池获得电流驱动。电动机内装有连续可变的齿轮箱，驱动割草机运动。

专门设计的太阳能发电机为割草机器人的导航提供动力。围绕待割草地边界铺设导线，导线产生两种不同频率的信号：一种是安全信号，只要机器人在圈内，它就可探测到这个信号；另一种是接近信号，机器人离开导线 40cm 远时，它可接收到此信号。接近信号可使机器人掉转头，并转向其他方向。装在割草机前面的两个碰撞传感器接受安全信号和接近信号，机器人碰到坚硬物体时触发这两个碰撞传感器，所得到的信息也由计算机处理。这时机器人会停下来，掉头离开该物体。

机器人割草机自己会决定怎样割草。若草比较短，它就随意割；若所到地区的草比较高，它就开始系统地按照一个方形图形割草，随后又转换到随意割草的方式。机器人割草机可利用信号指出它正在割草、休息还是给电池充电（光线太暗时）；指示它是否出了问题或者需要引起人的注意，并需要操作者输入指令码。当有人无意拿起时机器人割草机还会报警。

9.3.3　仿人机器人

人类一直梦想着创造出和人类构造相似、能与人类合作的仿人机器人。从 20 世纪 70 年代起，研究人员开始对双足步行机器人进行研究，至 20 世纪 90 年代前后，仿人机器人的研究取得标志性的成果，从一般性的拟人行走发展到全方位的拟人。

1. 仿人机器人概述

（1）仿人机器人的定义

模仿人的形态和行为而设计制造的机器人就是仿人机器人，一般分别或同时具有仿人的四肢和头部。因此，仿人形机器人是指，具有两手，两足，头部、躯干等人类外形特征，能用双足进行移动以及其他类人功能的人形机器人。仿人机器人是一种具有人的外形，能够效仿人体的某些物理功能、感知功能及社交能力并能承袭人类的部分经验的机器人。

当然，仿人机器人的研究目的不是企图制造以假乱真或替代人类的机械，而是要创造一种新型工具，它能在典型的日常环境中和人类交流，在更广泛的环境任务中扩展人类的能力。仿人机器人不仅具有双腿、双臂、头、眼、颈、腰等物理特征，还能模仿人类的视觉、触觉、语言、甚至情感等功能。

这和能在特种环境下工作的服务机器人是有区别的，仿人机器人的自由度远远超过传统的工业机器人，相应的形位空间在维数上的切实增加使得与它们相关的建模、编程、规划和控制具有了更大的挑战性。

仿人机器人的研究是多学科的交叉、综合与提高。机械工程师、电子学家、计算机专家、机器人学家、人工智能专家、心理学家、物理学家、生物学家、认知学家、神经生物学家甚至哲学家、语言学家和艺术家等都参与研究。

（2）仿人机器人关键技术

1）仿人机器人的机构设计。

2）仿人机器人的运动操作控制，包括实时行走控制、手部操作的最优姿态控制、自身碰撞监测、三维动态仿真、运动规划和轨迹跟踪。

3）仿人机器人的整体动力学及运动学建模。

4）仿人机器人控制系统体系结构的研究。

5）仿人机器人的人机交互研究，包括视觉、语音及情感等方面的交互。

6）动态行为分析和多传感器信息融合。

2. ASIMO 仿人机器人

2000年10月31日，日本本田公司的"ASIMO"（Advanced Stepin Innovative Mobility）问世了。ASIMO 身高 1.3m，体重 54kg，有 57 个自由度。它的行走速度是 0～6km/h。外形就像背书包的小学生。如图 9-22 所示。

（1）ASIMO 简介

ASIMO 机器人可以斜行、跳舞、上楼梯，由于它的颈部和手部关节连接部位模仿人类的构造设计，动作非常轻盈灵活。它有 5 个手指，可以同时将手指合拢紧握，还能与其他人握手、指引行路、点头、摇头以及作头部 45° 的倾斜等动作。ASIMO 机器人另一个重要特性是可以模仿人类性情，如啼哭、发怒、欢喜、惊讶以及怡然自得等。

从诞生起，ASIMO 的进步可以用神速来形容，2013 最新版的 ASIMO，除具备了行走功能与各种人类肢体动作之外，还能跑能走、上下阶梯、踢足球和开瓶倒茶倒水，动作十分灵巧。更具备了人工智能，能依据人类的声音、手势等指令，来从事相应动作；还能在复杂的地形中行走并规避动态障碍。此外，它还具备了基本的记忆与辨识能力。

ASIMO 机器人采用了新开发的技术" I-Walking（Intelligent Realtime Flexible Walking）"，实现更加自由的步行。它可连续地、自由自在地、平稳地改变步幅、方向、步频等，彻底改变了以前要改变步伐和方向都要停机后更换程序才能进入下一步动作，因此该机器人的姿势非常接近人类。

a)

b)

图 9-22 仿人机器人 ASIMO

a) 正面行走的 ASIMO b) 站住倒水的 ASIMO

ASIMO 的灵活程度达到了同类机器人难以比拟的高度，也大大超出了人们对于机器人的想象。这些功能之所以能够实现，主要依赖于 ASIMO 内部的电动机驱动系统与关节的配合，这种相互配合的系统使它拥有了 57 个自由度，达到近乎和人类一样的灵活。

这么多的零件同时工作会散发出大量的热，ASIMO 内部装配了空气制冷系统，保证核心功能能够在正常的工作温度下工作。同时，ASIMO 的电量消耗也是非常大的，以至于 ASIMO 必须天天背着背包（电池）才能跑来跑去。

ASIMO 的应用场景主要用于帮助人们解决实际生活中的一些问题和事情，如在不久的将来，人们会看到 ASIMO 的机器人能够在家里帮助人们打理家务，协助照看老人，在火车站或者飞机场这样公共场所中为人们提供体贴的服务等。

（2）ASIMO 的奔跑控制技术

在实现机器人的奔跑方面，面临着两大课题。一个是正确地吸收飞跃和着陆时的冲击，另一个是防止高速带来的旋转和打滑。

1）正确地吸收飞跃和着陆时的冲击。

实现机器人的奔跑，要在极短的周期内无间歇地反复进行足部的踢腿、迈步、着地动作，同时，还必须要吸收足部在着地瞬间产生的冲击。本田公司利用新开发的高速运算处理电路，高速应答、高功率电动机驱动装置，轻型、高刚性的脚部构造等，设计、开发出性能高于以往 4 倍以上的高精度、高速应答硬件。

2）防止旋转、打滑。

在足部离开地面之前的瞬间和离开地面之后，由于足底和地面间的压力很小，所以很容易发生旋转和打滑。克服旋转和打滑，成为在提高奔跑速度方面所面临的控制上的最大课题。对此，本田公司在独创的双足步行控制理论的基础上，积极地运用上半身的弯曲和旋转，开发出既能防止打滑又能平稳奔跑的新型控制理论。

由此，ASIMO 实现了时速达 6km/h 的像人类一样的平稳直线奔跑。而且，步行速度也由原来的 1.6km/h 提高到 2.7km/h。另外，人类在奔跑时，迈步的时间周期为 0.2～0.4s，双足悬空的时间（跳跃时间）为 0.05～0.1s。ASIMO 的迈步时间周期为 0.36s，跳跃时间为 0.05s，与人类的慢跑速度相同。

（3）ASIMO 的传感技术

ASIMO 利用其身上安装的传感器，拥有 360°全方位感应，可以辨识出附近的人和物体。配合特别的视觉感应器，它可以阅读人类身上的识别卡片，甚至认出从背后走过来的人，真正做到眼观六路。当它识别出合法人员后，还可以自动转身，与之并肩牵手前进。在行进中，ASIMO 还能自动调节步行速度配合同行者。和人握手时，能通过手腕上的力量感应器，测试人手的力量强度和方向，随时按照人类的动作变化做出调整，避免用力太大捏伤人类。

ASIMO 装载的大量传感器，既包括传统人类的传感器，也拥有一些超越人类的特殊感应器，能够迅速地了解周围情况，在复杂的环境下也能快速顺畅地移动。

1）视觉感应器：其眼部摄影机通过连续拍摄图片，再与数据库内容作比较，以轮廓的特征识别人类及辨别来者身份。

2）水平感应器：由红外线感应器和 CCD 摄像机构成的传感系统共同工作，可避开障碍物。

3）超音波感应器：以音波测量 3m 范围内的物体，即使在无光的黑暗中行使也完全无碍。

3. NAO 仿人机器人

NAO 是法国 Aldebaran Robotics 公司生产的两足行走的仿人机器人。高难度的机械结构设计，多自由度的复杂动力学特征，精密制造和多传感器融合技术的难度激发了全世界科学家和工程师的研究热情。

（1）NAO 简介

NAO 拥有 25 个自由度，动作灵活。它还配有一个惯性导航仪装置，在移动时十分平稳，并可随时确定自己的位置。NAO 还可以靠超声波传感器探测并绕过障碍物。其减速引擎使用尖端技术，可以使它的活动十分精确。

装入的许多算法使 NAO 具有声音合成、音响定位、颜色图案与形状的探测等能力。这些算法也使它能（依靠一种双通道的超声波系统）探测到障碍物并依靠自己的大量发光二极管借助视觉进行互动。

NAO 机器人智力相当于 2、3 岁儿童，机器人 NAO 拥有可爱的外形，灵活的肢体动作，显著的语音和视觉性能，被广泛应用于机械、电子、传感器、自动化、软件、人工智能等多个领域的教学与研究，作为 RoboCup 的标准平台组机器人高端的配置与性能，受到广大名牌院校的青睐。

可以用不同颜色（红、蓝或者个性化的颜色）的附件使 NAO 个性化。装入的多媒体构件（扬声器、无线互联网、扩音器、两个数字摄像头）为它提供了各种可能：语音对话、播放音乐、音响源的定位或者脸部探测等。如图 9-23 所示。

（2）NAO 技术规格

基本情况：身高约 58cm，重量约 4.3kg，机体材料为工程塑料。25 个自由度包括头部 2 个，每只手臂各 5 个，胯部 1 个，每条腿部各 5 个，每只手部各 1 个。

图 9-23　仿人机器人 NAO

能量：来自充电电池，可用 AC 90～230V/DC 24V 充电，电池能量持续时间约 90min，采用 MAXON 空芯杯直流电动机。

控制器硬件：内置英特尔 ATOM 处理器，CPU 1.6GHz，1GB 内存，2GB 闪存；数据通信与接口包括 WiFi（IEEE 802.11g），以太网，红外，USB；控制器操作系统采用开放式架构 Linux 操作系统。

传感器：有 32 个霍尔效果传感器，8 个压力传感器，1 个 3 轴加速器，1 个双轴陀螺仪，2 个碰撞器，2 个双通道超声波传感器，2 个红外传感器，8 个压觉传感器，9 个触觉传感器等总共 100 多个传感器；2 个 SOC 图像传感器，具有物体识别、面部探测及识别的功能；4 个声音传感器，分别位于前后左右，可进行声源定位、语音识别。

声音源：2 个扬声器，2 个高保真音响，4 个扩音器。

（3）NAO 编程能力

NAO 拥有一个开放的编程构架，所以不同的软件模块可以和谐的方式相互作用。不管使用者的专业水平如何，都完全能用图像编程平台 Choregraphe 来为 NAO 编制程序，高级的操作人员还可以通过一个非常丰富的应用程序接口使用各种脚本语言来编程。

依靠这个高级的应用程序接口，使用者可以创造 NAO 的移动动作并控制它的平衡。更专业的使用者还可打开一个低水平的传感器与驱动器编写程序，如果愿意可用他们自己的编码替换我们的编码。最后，在使动作序列生效时，Choregraphe 也适用于微软 Robotics Studio 和 CyberboticsWebots 模拟器。软件开发环境要求可同时支持 Linux、Windows、Mac OS；编程语言要求支持 C、C++、Net、Python、Choregraphe、Matlab 等。

（4）NAO 智能控制能力

智能刚度功能：机器人在做动作时，根据实际情况，自动调节电动机耗电量。既可有效地使用驱动器组件，也可节约电池能量。

防自撞功能：可自动避免机器人的手臂碰撞到身体的其他部位。

摔倒管理功能：机器人摔倒探测系统，帮助 NAO 在倒地之前，使用手臂进行自我保护，并可按照程序指令自行站起来。

资源管理器：由于电动机较多，控制复杂，要求机器人必须具备可中断、停止或调整正在执行中的行为的能力，之后，再执行新的行为命令。

物体识别：可识别大量物体，并可通过开发软件保存物体信息。此后，当它再次看到已保存的物体时，就会自主地进行识别并说出其名称。

面部探测与识别：可探测并学习记忆不同的面部。此后，它可对其进行识别。

自动语音识别：可在 2m 范围内听到讲话，并能听懂一整句话或关键词汇。能够识别国际通用的 8 种语言：汉语、英语、法语、德语、意大利语、日语、韩语、西班牙语。具有中、英双语语音识别功能。

声音合成：可讲 9 种语言：汉语、英语、法语、德语、意大利语、日语、韩语、西班牙语、葡萄牙语。提供中、英双语语音库。

声音探测与定位：可借助安装在其头部的麦克风，像人类一样探测到周围环境中的声音，并进行声源定位。

练习与思考

1. 什么是操纵机器人？有哪些分类？具有哪些特点？
2. 操纵机器人控制有什么特点？
3. 什么是水下机器人？其关键技术有哪些？
4. 举例说明 AUV 机器人的特点和应用。
5. 举例说明 HOV 机器人的特点和应用。
6. 举例说明 ROV 机器人的特点和应用。
7. 什么是空间机器人？其关键技术有哪些？
8. 举例说明火星探测机器人的特点和应用。
9. 玉兔号月球车的特性、功能与组成各有哪些？
10. 举例说明飞行机器人的种类和应用。
11. 什么是服务机器人？其关键技术有哪些？
12. 举例说明医用机器人的特点和应用。
13. 举例说明导盲机器人的特点和应用。
14. 举例说明导游机器人的特点和应用。
15. 举例说明清扫机器人的特点和应用。
16. 什么是军用机器人？其关键技术有哪些？
17. 举例说明排爆机器人的特点和应用。
18. 举例说明大狗机器人的特点和应用。
19. 举例说明无人作战飞机的特点和应用。
20. 举例说明保安机器人的特点和应用。

21. 什么是农业机器人？其关键技术有哪些？
22. 举例说明林木球果采集机器人的特点和应用。
23. 举例说明瓜果自动采摘机器人的特点和应用。
24. 举例说明割草机器人的特点和应用。
25. 什么是仿人机器人？其关键技术有哪些？
26. 举例说明 ASIMO 仿人机器人的特点和应用。
27. 举例说明 NAO 仿人机器人的特点和应用。

第10章 新兴机器人及其应用

【内容提要】

本章主要简单介绍了近几年新兴的几款机器人。内容包括协作机器人的定义、需求、特点、应用、核心技术和典型产品；AGV 的定义、结构、特点、分类、组成与关键技术、实例与应用；复合机器人的定义、组成、核心技术、实际产品与应用。

【教学提示】

学习完本章的内容后，应能够：熟悉协作机器人实际需求引出的应用，了解协作机器人的核心技术，熟悉其典型产品及其应用，能够熟练运用协作机器人完成一个实际应用的搭建。掌握 AGV 的组成与结构，了解 AGV 的分类，熟悉 AGV 自动导引系统的构成与核心技术，熟悉 AGV 的典型产品及其应用，能够完成一个 AGV 实际应用的搭建。掌握复合机器人的组成与结构，熟悉其核心技术、典型产品及其应用解决方案，能够完成一个复合机器人实际应用的搭建。

工业和服务业对新兴机器人有强劲的需求。最强劲的增长势头出现在低成本、易于使用、部分集成了机器学习和机器视觉技能的协作机器人领域。凭借造型美观、升降平稳、坚固耐用、运转灵活等特点，AGV 机器人也广泛受到企业的青睐。当物料搬运逐渐增多，工业之外的服务业对全自动的 AGV+协作机器人——复合型无人搬运车的使用也变得更多。

10.1 协作机器人

2017 年国际机器人联合会（IFR）发布了未来 5 年的市场预测。在其主题报告中，着重强调了未来机器人的趋势：易于安装、编程和操作的机器人将打破进入企业的市场壁垒。生产向终端消费者靠拢的趋势，推动全球各品牌机器人向标准化、一致性推进。协作机器人正在改变"哪些可以自动化"的限制。协作机器人增加了制造的灵活性，满足客户"小批量、多品种"的需求。协作机器人提高了人类与机器人互动的效率。

简单易用、灵活、安全协作型的机器人，会更适应企业的不同生产需求，成为工业机器人发展的最主要趋势。

10.1.1 协作机器人的定义

从本质上讲，协作机器人依旧是工业机器人，并不是某种全新的产品，仅仅是定位不同。简单来说，传统的工业机器人更注重精度和速度，而协作机器人则注重人机安全共存和操作的简便性。

协作机器人的目的是为了整合机器人的重复工作特性与人的技能。人类有很好解决不确定动作的能力，机器人的作业呈现出精确性、高强度以及大承受力。

1. 协作的几个概念

在定义协作机器人之前，先看一系列与协作相关的概念。

协同操作，是指一种专门设计的机器人系统与操作员工作于协同工作空间中的行为。

协同工作空间，又叫协作区域，是指机器人和人可以同时工作的操作空间。在协同工作空间内，机器人系统（包括工件）与人在生产活动中能同时执行任务，即协同操作。协同工作空间示例如图 10-1 所示。

图 10-1　协同工作空间示例

准静态接触，是指操作员与机器人系统部件之间的接触，这种接触条件下操作员身体部位可能被夹在机器人系统运动部件以及另一个机器人单元固定或运动部件之间。

暂态接触，是指操作员与机器人系统部件之间的接触，这种接触条件下操作员的身体部位没被夹住并能从机器人系统移动部件上反弹或撤回。

2. 协作机器人定义

为达到安全性，在机器人传统应用中，机器人运行时要避免操作员进入其操作区域。这样各种需要人工干预的作业经常不能使用机器人系统来自动完成。

协作机器人，是指被设计成可以在协同工作空间内与人直接进行交互并协同操作的机器人。协作机器人的操作特性与传统机器人系统及其他机器和设备截然不同。在协作机器人操作中，操作员可以近距离地工作在加载了动力的机器人旁边，且在协同工作空间中二者之间会发生准静态接触和暂态接触等物理接触。

3. 人与机器人的合作形式

人与机器人之间有四种不同类型的合作形式。

第一种，安全等级受监控的停止。在此情况下，如果工人进入操作工作空间，机器人便会停机，一旦工人离开操作工作空间，机器人可以自动重新启动。

第二种，手动示教。机器人的运动由人工手持示教器进行引导控制。

第三种，速度和距离监控。在这种类型中，机器人能防止人机接触，实现方式为，当机器人和人互相靠近时，机器人降低速度，当双方互相离开时，再次提高速度。

第四种，功率和压力限制。在这种类型中，通过技术手段将工人和机器人之间的接触力限制在无害水平。因此，功率和压力限制日益成为人机合作安全实施的主要趋势。

采用机器人的功率和压力限制的方式进行人与机器人的合作，是一个新概念。近年来市场上爆发式涌现出的带限制的机器人，即协作机器人。它们工作时"轻手轻脚"，在满足相应功率和压力限制标准的情况下不会伤害到操作工人。停车时会利用力和压强测量系统，测量时对人体施加的力和压强，确保不超过上限值，即使碰撞也不会造成伤害。

10.1.2　对协作机器人的需求

1. 降低部署成本的需求

目前的工业机器人主要负责工厂中重复的工作，这就要求其有非常高的重复定位精度，以及依赖固定的外界环境。为了保证这一点，除了机器人本身的设计要求之外，还需要将待加工的产品放在固定的位置，以便机器人每次都可以到同一个地方准确地拿取或者执行某项操作。这就需要耗费大量的资源，占用大面积的空间以及较长的实施时间。

同时，传统机器人的使用难度较高，只有经过培训的专业人员才能熟练使用机器人完成配置、编程以及维护，普通用户很少具备这样的能力。

业内统计数据显示，整个机器人部署费用大概是机器人售价的 3～4 倍。近几年随着国内集成商增加，竞争越来越激烈，整体价格有所下滑，但也基本在 2～3 倍。而协作机器人与传统机器人相比，部署的环境完全不同。传统的机器人系统中，单独的机器人无法直接用于工厂的生产线，还需要很多外围设备的支持，如护栏、安全连锁设施、众多的供料和出料设备等周边设施、庞大的工作空间等，如图 10-2a 所示。

对于协同机器人，机器人可以与人一同工作，不需要众多的安全设施和供出料设备等外围设施，工作空间大大减小，如图 10-2b 所示。

a)　　　　　　　　　　　　　　　　b)

图 10-2　协作机器人与传统机器人比较

a) 传统机器人　b) 协作机器人

虽然机器人本身是一种高柔性、高灵活性的设备。但传统机器人为主的整个生产线灵活性较差，一旦涉及生产线变动，费用很高。协同机器人却没有此类问题。

2. 满足中小企业及新兴市场的需求

一款新车从发布到退出市场，一般会经历 3~6 年时间。这期间，即使有改款，也只是对外观、内饰的微调，这些变动一般不会影响到机器人的工作（车身焊接、喷漆、主要零部件搬运），因此在机器人的整个生命周期基本上不需要对已经完成的生产线进行改动或者对机器人进行重新部署，只需要正常的维护即可。这就发挥了传统机器人的优点，避开了它的缺点。

而中小企业则不同，它们的产品一般以小批量、定制化、短周期为特征，没有太多的资金对生产线进行大规模改造，并且对产品的投资回报更为敏感。这要求机器人具有较低的综合成本，快速部署、重新部署的能力，简单上手的使用方法，而这些传统机器人很难满足。

此外，某些机器人应用的新兴行业中，即使是大企业也面临与中小企业同样的问题，计算机类、通信类和消费类电子产品（3C 产品）行业是这个方面的典型代表。3C 市场中如手机、平板计算机、可穿戴设备等产品的更新换代速度非常快，生命周期只有 1~2 年，甚至只有几个月。如果采用传统机器人方案，投入大量资源，耗费数月建设的生产线可能连成本的零头还没收回，所生产的产品就该退市了。而如果对生产线再进行改造，又要投入巨大的资源，更重要的是耽误产品上市计划。

3. 满足协作市场的需求

传统机器人的工作环境并不需要人的参与，机器人可以独立完成。因此与人在一起工作时的安全性不是机器人发展的重点，一般要求使用围栏把机器人和人员进行隔离。

随着人力成本的上升，以前很多没有或很少使用机器人的行业开始寻求机器人自动化解决方案，例如 3C、医药、食品、物流等行业。这些新兴行业的特点是产品种类多、体积普遍不大、对操作人员的灵活度性要求高。传统的机器人很难在成本可控的情况下给出性能满意的解决方案，自然就想到人机结合。

由人类负责对柔性、触觉、灵活性要求比较高的工作，机器人则利用其快速、准确的特点来负责重复性的工作。但是如果二者要合作，中间还要隔一个栅栏就太不方便了。这个时候就需要保证机器人与人类可以安全地在同一个区域工作，即要求机器人具有安全协作的特性。

协作机器人的优点概括起来主要有三个：安全、低成本、易于上手。大部分场合可以做到即插即用，符合中小企业的需求。但是协作机器人并不是万能的，它只是现有机器人产品线中一个新兴的细分品类，具有很多传统机器人无法比拟的优势，但是也有不少缺点。比如，为了降低碰撞造成的损失，整个机器人的速度和重量必须被限制在一定范围内，所以协作机器人的速度普遍都很慢，负载也比较低，较小的自重导致刚性比传统机器人差很多，重复定位精度一般比传统机器人要低一个数量级。

10.1.3　协作机器人的特点

1. 协作机器人与传统机器人的区别

从本质上讲，协作机器人与传统机器人之间并没有很大的不同，它们是基于不同市场定位的工业机器人产品，或者说二者替代的对象不一样，如表 10-1 所示。

传统机器人生产线，机器人作为整个生产线中的组成部分，很难单独拿出来，如果某个环节的机器人坏了，在没有设计备份的情况下，整个生产线可能要停工。而协作机器人的独立性很强，它代替的是人，二者之间可以互换，一个协作机器人坏了，挪开找个人代替就好了，整个生产流程的灵活性非常高。

表10-1 协作机器人与传统机器人的区别

性能方面	协作机器人	传统机器人
驱动功耗	直驱机构、零部件少、体积小、重量轻、发热少	齿轮机构、零部件多、体积大、重量大
编程维护	图形化编程、拖动示教、重新编程快、维护简单	复杂指令编程、点位示教、长时间编程、专门人员维护
生产部署	轻便、生产切换方便、部署灵活、适合小品种、多批次订单、狭小空间安装	笨重、生产切换不方便、部署不灵活、需要大空间安装
安全防护	不需要围栏、无死角、运动范围大	必须用围栏、工作空间受限

2. 协作机器人的优势

（1）安全性

机器人和人交互，必须要保证的是人的安全，碰撞检测是协作机器人必须实现的功能，是人机协作的前提。国际标准化组织在2016年发布了ISO/TS 15066标准，对协作机器人安全性分为安全级监测、手动示教、功率和力限制、速度和分离监控四个方面。

传统机器人也有碰撞检测功能，但是传统机器人碰撞检测的目的是为了减少碰撞力对机器人本体的影响，避免机器人本体或者外围设备损坏。

协作机器人碰撞检测的功能是为了解决人和机器人共存的问题。其实现的方式，有关节力矩传感器，电流估算力反馈模型等方式。在实现的方式上，要体现碰撞力的设置，以满足不同环境下力的灵活设置。

（2）易于上手

易用性最为直接是拖动示教。还有很多企业通过对机器人编程语言优化，推出图形化编程界面。

拖动示教的原理是借助机器人的动力学模型，控制器实时计算出机器人被拖动时所需要的力矩，然后提供该力矩给电动机，使得机器人能够很好地辅助操作人员进行拖动。其计算公式包括惯性力项、科里奥利力和离心力项、重力项以及摩擦力项。

（3）低成本

目前协作机器人本体均价约12万元左右，预计5年内年可降至8万元左右，相比一般工业机器人价格优势明显。

（4）灵活

协作机器人本体重量轻，能够适应不同场景的搬动和简单安装，产品安装及移动部署相对灵活。

3. 协作机器人的劣势

协作机器人作为工业机器人产业链中一个重要的细分类别，有它独特的优势，但因产品定位的原因，缺点也很明显。

（1）速度慢

为了控制力和碰撞能力，协作机器人的运行速度比较慢，通常只有传统机器人的三分之一到二分之一。

（2）负载小

低自重，低能量的要求，导致协作机器人体型都很小，负载一般在 10kg 以下。

（3）精度与工作范围

为了减少机器人运动时的动能，协作机器人一般重量比较轻，结构相对简单，这就造成整个机器人的刚性不足，工作范围与人的手臂相当，但定位精度比传统机器人差。

10.1.4 协作机器人的应用

1. 协作机器人应用场合

协作机器人与传统工业机器人基于不同设计理念、产品定位，拥有各自的目标市场、制造模式与应用领域，可解决如下痛点。

1）适用空间狭小和行程多变的不同工作平台。

2）适应柔性化生产、生产切换灵活。

3）保证生产安全性。

因此，可以制作一个协作机器人选用速查表，用来考虑是选用传统机器人系统还是协作机器人，如表 10-2 所示。

表 10-2 协作机器人与传统机器人选用速查表

序号	应用诉求	传统机器人	协作机器人
1	机器人可轻松部署到不同流程/任务中		√
2	企业员工可以自行编程和设置机器人		√
3	高速生产和高产量（运动速度超过 1m/s）	√	
4	有效载荷超过 16kg	√	
5	工作半径超过 1300mm	√	
6	不对现有生产布局做大幅变动		√
7	工人能够进入机器人单元工作		√
8	能够与其他机器和机器人相集成	√	√
9	初期投入成本低，一年内有望收回投资		√
10	在无/少量员工监管的情况下安全运行	√	√
11	流程自动化不会因时间的推移而改变	√	√
12	快速开箱部署和安装	√	√

2. 协作机器人应用前的考虑

如果计划用协作机器人改造自动化生产线，可考虑如下几个方面。

（1）确定实施自动化的环节

查看生产工艺，确定想要实现自动化的环节。可从最简单、最具成本效益的项目作为切入点。寻找不需要现场决策或人类灵巧性的重复性流程。例如，让机器人来进行取放作业就是一个不错的开始。

（2）确定可用空间

查看实施自动化的环节，并确定车间是否有足够的空间来部署机器人。要同时考虑目前和将来发展的需求。如果空间紧张，就要寻求小巧、灵活、易于实施、不占用很多空间的解决方案。

（3）考虑自动化的价值

如果生产特点是多品种小批量，那么就需要采用灵活的解决方案，因为这样才能满足客户不断变化的需求并实现柔性化生产，快捷地为不同的产品和流程重新布置工作区。

考虑采用何种方案时，要结合未来的需求。要寻求既可以在当下提高效率，又能适应未来业务增长需求的解决方案。

自动化让用户可以有持续性地拓展业务、提高市场竞争力、降低生产成本、始终如一地生产出高质量的产品。

3．协作机器人的应用范围

从近三年的协作机器人行业应用分布数据来看，汽车及零部件和电子行业依旧是该类机器人应用最广泛的两个领域，从各类型机器人在行业占比来看，教育科研和医疗器械是协作机器人目前最占优势的两个领域。

从工艺流程的角度来区分，协作机器人能够实现装配、搬运、拣选螺钉与拧紧、上下料、喷涂与涂胶、质检与测量、包装码垛、打磨抛光等。

从行业的角度来区分，协作机器人能够应用于如下领域。

（1）传统制造行业

1）汽车整车：喷涂、白车身、冲压、总装等。

2）汽车零部件：结构部件、内外部件、汽车电子等。

3）电子行业：信息家电、半导体工业、白色家电等。

4）一般工业：金属加工、塑料橡胶、光伏、化工、航空航天等。

5）消费品和服务：食品饮料、鞋服制造、快销品、零售、食品加工与餐饮等。

（2）新领域

新领域包括教育培训、科研、电影视频拍摄、建筑、口岸管理等。

（3）医疗领域

伴随人口老龄化和经济水平提高，人们对医疗机器人的需求为刚性且持续存在。在医疗领域，协作机器人能够应用的场景有很多，尤其是手术，随着数据量越来越大，机器视觉效果越来越好，就能够给外科医生提供更多的帮助。

手术机器人：技术壁垒极高，但由于其微创和稳定性等优势，未来会替代相当一部分外科手术，目前手术机器人龙头——直觉外科公司是最为成功的典范，其推出的达·芬奇手术机器人在美国已销售了2000多台。目前国内已经出现了天玑、妙手S等手术机器人系统。

外骨骼机器人：主要用在帮助患者行走的康复、提升信心。我国有几百万人的需求，市场空间巨大。

辅助治疗机器人：包括胶囊胃镜、配药机器人、诊断机器人、远程医疗机器人等辅助治疗机器人。

义肢机器人：由于协作机器人比较安全，加上机械臂模仿人类手臂的灵活特性，非常适合作为义肢使用。

协作机器人的出现为我们提供了一个让机器人走入普通人生活的可能性。生活中还有无数个可以用到机器人的环节有待发掘。

4．协作机器人的应用场景

随着人力成本逐年上涨，智能制造和"机器换人"成为制造业发展的新方向。协作机器人高性价比、轻量化、易部署、高效率的特点，使得用户可以在不改变原有生产线部署的情况下，快速导入协作机器人工作站，分担工人重复性、单调性的工作，使其转入更有挑战性的、能发挥主观能动性的岗位。

（1）自动拧紧

在实际生产场景中，拧紧是一项非常单调、枯燥的工作，当前仍然有工厂采用工人手持拧紧枪的方式拧螺钉，使用协作机器人就能将工人解放出来，去从事更有挑战的工作。

协作机器人螺钉自动拧紧系统通过螺钉自动供料机，把螺钉有序的供给拧紧模组，机器人末端搭载拧紧模组，通过拧紧模组中电动数控螺钉旋具可将螺钉在指定位置拧紧。

在拧紧过程中，螺钉自动供钉系统通过控制单元控制出钉速度以及进行缺料提醒，拧紧模组通过螺钉到位传感器检测螺钉到位状态，电动数控螺钉旋具通过深度传感器检测及扭矩监测反馈确认螺钉拧紧，机器人携带拧紧模组即可实现多位置快速拧紧工作。该应用需要运用协作机器人超高的重复定位精度（±0.02mm）。

协作机器人采用轻量化设计，占用地面积小，可以在有限的空间进行工作，拧紧时只需要搭配法兰和拧紧系统即可使用，不仅保证拧紧符合操作规范，也能跟上生产节奏，24 小时不间断作业。在拧紧中，不同的协作机器人能达到的最大扭矩值受到机器人使用的减速器和臂展等因素影响。为此，选用的机器人需要减速器传动力矩性能优秀，臂展适中，使其能达到所需的扭矩值。机器人拧紧可省人工，扭力精确，效率高。

（2）视觉分拣

视觉系统相当于为机器人装上了"眼睛"，使机器人能够具备识别、分析、处理等更高级的功能，主流的视觉系统包括 2D 视觉和 3D 视觉，2D 视觉价格更具优势，但其相比 3D 视觉具有一定局限性，例如，不能够测量诸如物体平面度、表面角度、部分体积或者区分相同颜色的物体之类的特征；另一方面，照明变化也会导致测量误差。

协作机器人 3D 视觉分拣是通过机器人配备的 3D 相机，将平面物体立体化，再通过机器视觉算法精准测量出物体的体积大小和中心位置，引导机器人准确抓取。

在实际应用中，搭载 3D 视觉系统的机器人能准确辨别被抓取物料的大小、颜色、距离等，将杂乱的物料按照预设的规则进行分拣。

目前该应用主要用于上下料、分拣、码垛等各个环节，分拣合格率达 99% 以上，在电商/物流领域，可实现货物取放环节的无人化操作，节省人力成本。

（3）柔性码垛

协作机器人配合真空吸盘交替进行包装盒的拆垛和码垛工作。机器人首先将包装盒从托盘上拆垛放至输送线上，盒子到达输送线末端后，机器人吸取盒子，码垛至另一托盘上。

码垛应用对于机器人的工作半径要求较高，适合应用于食品饮料和 3C 电子等行业的拆垛、码垛和上下料环节。

（4）曲面打磨

协作机器人末端安装带有力控技术并且可伸缩的智能浮动打磨头，通过气动装置使其保持恒力进行曲面打磨。该应用可以用于打磨制造业中的各类毛坯件。

（5）灵活涂胶

协作机器人末端安装电动胶枪，压缩空气作为辅助力去推动出胶，机器人末端可根据要求轨迹喷涂多种胶水。

协作机器人具有优秀的牵引示教功能，牵引示教可协助操作人员更方便容易地编写程序。同时使用机器人可以控制涂胶出胶量，保证均匀出胶。非常适用于汽车零部件行业、3C电子行业等各类需要涂胶的场景。

（6）行星齿轮装配

行星齿轮装配的过程中，先通过视觉系统感知上料区齿轮的位置，再抓取齿轮，然后进行装配。装配过程中通过力传感器感知齿轮间的契合程度，在检测到齿轮间无力作用的情况下，将齿轮准确摆放在固定位置，完成行星齿轮的装配。

协作机器人力控装配技术可应用于汽车变速箱内齿轮装配、PCB 的插拔、机械零部件的去毛刺和打磨抛光等。

（7）服务业应用

服务业引入机器人是一件吸引眼球的事情，在展会中，协作机器人无论是做咖啡或者倒啤酒总是会吸引很多人围观。对于服务业来说，引入机器人就相当于更高的收益以及更低的成本。按照抓取的物体特性不同，协作机器人可选择性地搭配电爪、气爪、真空吸盘、硅胶柔性手爪等。比如，在倒啤酒应用中使用到的柔性手爪，可抓取规格、尺寸不同的啤酒杯和啤酒瓶，而不需要更换夹具。

10.1.5　协作机器人的核心技术

各大机器人厂商的机器人都配备各自的安全技术，例如 ABB 的 SafeMove 技术、FANUC 的 DCS 技术，KUKA 的 KUKA.safe 技术，但它们的安全功能本身还比较初级，例如将物理的围栏换成了虚拟围栏、检测到有人靠近时自动停止，与完整的协作安全技术仍有差距。

优傲公司（UR）协作机器人的关节是模块化的"中空电动机+中空减速器+双编码器"构造，这种模块化关节质量轻，可以低成本检测外力干扰，从而实现机器人与人协同工作。

库卡公司（KUKA）协作机器人的关节则是基于含力矩检测的模块化关节，这类关节是目前最复杂、最先进、成本最高的关节，代表下一代机器人的方向。它相比 UR 类型的关节多了力矩传感器，更安全、更灵敏，可实现更高级力控。

ABB 公司的协作机器人 Yumi 代表另一种类型，是基于直流无刷电动机驱动减速器，靠检测电流实现碰撞检测和拖动示教。这种关节功率小，质量轻，本质上就比较安全，但负载也无法做到普通工业机器人那样。

还有一些厂家是通过在底座或末端法兰添加六维力传感器，在软件算法改进后就可作为协作机器人。

1. 协作技术的产业链

协作机器人产业链分为上游核心零部件、中游本体和下游集成应用三部分。

上游核心零部件与传统工业机器人类似，主要由控制器、伺服电动机、减速器、传感器等零部件的生产厂商组成。

中游本体由新兴的协作机器人厂商与传统四大家族展开竞争，负责工业机器人本体的组装和集成，即机座和执行机构，包括手臂、腕部等，部分机器人本体还包括行走结构。

下游是集成应用商，负责根据不同的应用场景和用途对机器人有针对性地进行系统集成和软件二次开发，应用在各行各业。

其中，上游核心零部件，占据了工业机器人整机大部分的成本和利润，也是技术上的核心和难点，是影响机器人性能最重要的部分。控制器、伺服电动机、减速器这三大核心零部件的成本占传统工业机器人总成本约 70%，其中减速器占整机成本约 35%，伺服电动机占整机成本约 20%，控制器占整机约 15%，而本体和其他部分占整机成本均为 15%。

绝大多数协作机器人在设计上都要遵循轻量化安全设计准则，因此对关节集成度提出了非常高的要求，所需核心零部件也与传统工业机器人有很大区别，如中空伺服电动机、谐波减速器、模块化编码器、伺服驱动器以及安全控制器等。

目前，协作机器人很多关键零部件还没有实现大规模生产，不仅选型受限，价格也十分昂贵，这就对开发人员提出了很高要求。因此，协作机器人的设计绝不是简单的零件拼凑，而是将尽可能多的零部件集成在尽可能小的空间内。

2. 上游核心部件

协作机器人使用了很多传统机器人没有使用的零部件，例如直流电动机、模块化的编码器、关节力矩传感器、安全控制器等。

（1）电动机

电动机是机器人的动力来源，直接影响其有效负载、工作半径等关键参数。传统工业机器人大多使用交流伺服系统，工艺成熟，可选范围广。协作机器人通常要在内部走线，必须使用中空电动机。同样扭矩下，直流电动机的价格大约是交流电动机的 3～4 倍，使用这样的零部件成本较高。

（2）伺服系统

伺服系统是用来精确地跟随或复现某个过程的反馈控制系统，由伺服驱动器、伺服电动机、编码器三部分组成，是工业机器人主要的动力来源。伺服电动机可使控制速度和位置精度非常准确，可以将电压信号转化为转矩和转速以驱动控制对象。

（3）减速器

精密减速器是工业机器人最重要的零部件，工业机器人运动的 "关节"就是由它构成，每个关节都要用到不同的减速器产品。减速器是多个齿轮组成的传动零部件，利用齿轮的啮合改变电动机转速，改变扭矩及承载能力，也可实现精密控制。工业机器人对减速器的精度、负载和寿命等要求极高，其技术壁垒是工业机器人核心零部件中最高的一个，是对工业机器人本体性能影响程度最高的核心零部件。

目前，机器人领域使用较多的精密减速器是 RV 减速器和谐波减速器。谐波减速器体积小、传动比大、零背隙、高传动/体积比，多用于小臂、腕部或手部等轻负载的位置，因此广泛应用于协作机器人；而 RV 减速器则具有更高的刚度和回转精度，惯性小，具有良好的加速性能，广泛用于机座、大臂、肩部等 20kg 以上的重负载位置。

（4）控制器

控制器是工业机器人的大脑，对机器人的性能起着决定性的影响。工业机器人控制器主要控制机器人在工作空间中的运动位置、姿态、轨迹、操作顺序及动作的时间等。

目前运动控制器主要分为三类：PC Based 运动控制器主要用于半导体、包装机械、电子制造等行业；专用控制器用于机床、包装机械等行业；PLC 在纺织机械、包装机械、电子制造等行业运用较多。

3．中游机器人本体

柔性机电一体化技术使机器人的安全性得到进一步保障。更安全的电动机和执行机构是重要的科技创新，其中包括柔性机电一体化的机械手和其他执行机构。

力感知是协作机器人和智能机器人与外界环境交互的一项重要功能，特别是对于抓取、轮廓检测、避障、人机交互以及力反馈控制等操作尤为重要。例如：在工业机器人生产线中，力传感器被用来做碰撞检测和反馈控制；在机械灵巧手系统中，力传感器被用来实现触觉感知；在手术机器人系统中，力传感器被用来辅助安全控制和碰撞检测等。可见，碰撞（位置）检测和反馈控制是力感知的两个关键功能。

协作机器人力感知方式的使用场景如图 10-3 所示。

图 10-3　协作机器人力感知方式的使用场景

协作机器人力感知方式如下。

（1）基于关节电流的安全防护

优势在于成本低，但获取困难，其中协作机器人研发的先驱之一，优傲公司部分协作机器人采用该技术，在遇到一个超过设定值的阻力（如 50～150N，阻力值可以调整）就会自动停止运行，这确保了机器人在运动过程中不会误伤人类和其他设施。

（2）基于单轴力传感器的安全防护

如库卡公司的 iiwa，单轴一维力传感器增加了设计难度，降低了关节的刚度，同时量程相对受限。

（3）六维力传感器

该方案便于集成，一般可以安装在底座或者末端，但价格昂贵且量程受限。力的感知误差主要由机器人姿态角度误差引起，力矩感知误差主要由采样数据的随机误差引起。

在静态条件下，机器人腕部六维力传感器测得的力与力矩数据由三部分组成，即传感器自身系统误差、负载重力作用、负载所受的外部接触力。若要得到负载所受的外部接触力，需要消除传感器系统误差、负载重力作用两方面的影响（低度运动时，惯性力的影响可忽略）。其中优傲的 E 系列是通过安装末端六维传感器实现力控制。

（4）基于压电薄膜传感器的电子皮肤

该技术检测灵敏，但大大地增加了设计和布线难度。

4．下游核心技术

下游的核心技术是分散到各行各业的系统集成。工业机器人系统集成是根据不同的应用场景和用途，对机器人本体有针对性地进行二次开发，并配套周边设备，实现工业化应用。与上游核心零部件、中游本体相比，下游系统集成的技术壁垒最低，且具备本土化服务竞争优势。

（1）以人为核心

系统集成商是以人为核心的订单型企业。系统集成商的核心竞争力是人才，因此系统集成商实际是轻资产的订单型工程服务商，核心竞争优势是销售人员、项目工程师和安装调试人员的经验，没有太多的核心技术或者固定资产，所以系统集成商很难通过并购的方式扩张规模。

（2）非标供应

几乎每个项目都是非标的，项目之间无法完全复制，不能简单复制上量。

（3）垫资经营

系统集成项目通常采用"3-3-3-1"付款模式，即图纸通过审核后、发货完成后以及安装调试后分别拿到 30%的资金，剩余的 10%为质保金，一般在产线平稳运行 1~2 年后获得。按照这种付款流程，系统集成商通常需要垫资经营，因此限制了其同时实施项目的数量及规模。

（4）低技术壁垒

相比机器人核心零部件与本体业务，大多数系统集成是一个技术壁垒较低的领域，行业进入较为容易，在近年市场爆发增长的情况下，诞生了一大批中小微系统集成商。

5．人机交互技术

人与机器交流互动是实现人机协作的关键。这里的"交互"并不仅仅停留在语音或肢体层面，更多是指广义上的控制与反馈。

在控制手段上，目前多数协作机器人依然保留了传统工业机器人的控制模式，即配备专门的控制面板。一些创新产品，已经在一定程度上脱离了对外部设备的依赖，实现了由"台式机"向"一体机"的转变。

在控制方法上，可拓展空间巨大。传统方法是使用控制器编辑指令对机器人的运动进行控制，如今随着人与机械臂的近距离接触，拖动示教已被广泛应用。其中部分机器人还集成了视觉系统。此外，还有研究人员利用惯性测量单元（IMU）对机器人进行体感示教，让机器人实现与人的非接触同步运动，这在对精度要求不高的服务业非常实用。目前最受关注的当数协作机器人在人工智能领域的探索。随着 Alpha GO 的强势表现，人工智能尤其是深度学习在全球掀起了一股狂潮，让协作机器人具备自学能力已成为各企业及科研机构的热门课题。

人机交互是操控机器人的关键技术之一。由于协作机器人直接和人打交道，实现人与机器人之间的信息传递，及时准确地理解对方的意图就显得非常重要。未来，为了使协作机器人更容易操控，人机接口技术需要得到进一步的发展，其主要发展方向包括视觉和语音交互、力觉和触觉交互等。

6．安全性保证技术

要使机器人与人类更加亲密地合作，人类的安全必须首先得到保障。当下协作机器人的发展虽然还处于初级阶段，但在安全性方面已经率先得到了加强。

（1）安全性研究现状

首先，对人与机器的接触部位及受伤类型进行了分类，提出了风险评估方法；其次，进行了碰撞实验、故障诊断及故障隔离；之后，又提出了以安全为硬约束的运动控制策略。完备的理论及实验支撑，可以让系统机器人在安全性方面获得业内的信任。

此外，还包括对协作机器人在工作过程中保持高度依从性的研究，以及利用残余信号探测人与机器是否接触，并利用深度传感器确定接触位置的研究等。相信随着研究的深入，人与机器共处将不再有任何心理负担，同时能更高效地协同完成工作任务。

（2）机器人事故类型

机器人事故类型包括撞击或碰撞事故、挤压和拍击事故、机械零件事故和其他事故。

危险源包括人为错误、控制错误、未经授权的访问、机械故障、环境原因、电源系统和不正确的安装。

（3）协作机器人安全措施

2016年3月，国际标准化组织针对协作机器人发布了最新的工业标准——ISO/TS 15066—2016：Robots and robotic devices - Collaborative robots 作为支持 ISO 10218 的补充文档，该标准进一步明确了协作机器人的设计细节及系统安全技术规范。

ISO/TS 15066—2016 中提到协作机器人使用的四种安全措施。

1）安全等级受监控的停止：类似于传统工业机器人使用的方法，当工人想进入机器人的工作空间时，工作停止。

2）手动示教：机器人只能在操作员的控制下移动。

3）速度和距离监控：当工作人员接近时，机器人会自动降低其速度，直至机器人被触摸时停止。

4）功率和压力限制：机器人可携带的有效载荷以及意外撞到人身上施加的力量会受到限制。功率/力限制的机器人往往设计成具有圆滑的边缘和较柔软的表面，降低了发生接触时受伤的风险。

10.1.6　协作机器人的典型产品

目前生产协作机器人的企业分三类：一类是拥有核心技术的创新型企业，一类是传统机器人工业巨头，一类是互联网企业。

整体上看协作机器人领域，国际上，不仅四大家族（ABB、FANUC、KUKA、安川）全部入局，还有欧姆龙、博世、柯马等大型企业，Google、亚马逊等互联网企业，Rethink、Franka、优傲等知名创企。国内方面，新松、格力、大族激光等都已进入，遨博智能、节卡机器人、珞石机器人、艾利特等创业公司也在开拓市场。但是，多数国产协作机器人企业出货量少，尚未形成一个明晰的竞争格局。国产协作机器人价格因其本土化优势，较国外便宜。

1. 优傲（Universal Robot）公司的 UR 系列

位于丹麦的 Universal Robots 和位于美国波士顿的 Rethink 公司，同是协作机器人的先驱。两者发明协作机器人的时间相差不多，但是技术路线不同。UR 系列的单臂 6 轴机器人在市场上很成功，每年可生产 5000 多台。

2008 年，优傲公司推出了全球首款协作机器人 UR5 六轴协作机器人，其有效负载为 5kg，自重为 18kg，臂展为 850mm，外接 Teach Pendant 控制器，支持拖动示教，它具有编程简单、安装迅速、部署灵活、安全可靠等特点，其超高的性价比让人印象深刻。如图 10-4 所示。

图 10-4　工作在分拣喂料系统中的 UR5 六轴协作机器人

UR5 采用其自主研发的 Poly Scope 机器人系统软件，该系统操作简便，容易掌握，即使没有任何编程经验，也可当场完成调试并实现运行。正常情况下，UR 机器人的安装只需 2~3h，可以安装在桌面上，也可以安装在设备上，甚至天花板上，极大地提升了设备的使用灵活性，从而提高了生产效率。UR 机器人结构上采用模块化关节设计，通过监测电动机电流变化获取关键的关节力信息，实现力反馈，从而在保证安全性的同时摆脱了力矩传感器，生产成本大大降低，极大提高了市场竞争力。

在执行动作和设计编程工作上，UR 机器人所配备的示教器类似于 iPad，90%以上的编程工作可以通过示教器来完成。示教板完全是图形化的界面，也是模块化的处理，会使用智能手机的人都可以操作它。其图形化的界面，包含 360° 的任何方向。机器人工具中心点所在的位置也可以通过上下左右的方式来移动。如果选取自由驱动的模式，机器人可以随着操作人员的手进行拖动。机械手还可根据人手的速度和轨迹，模仿人手的动作，从而节省大量的时间。

2. ABB 公司的 YuMi 系列

2014 年，ABB 公司推出"YuMi"之后，协作机器人才吸引机器人领域的重视。

YuMi（IRB14000）是 ABB 推出的全球第一款双臂协作机器人，如图 10-5 所示。YuMi 整体重量 38kg，单臂七轴冗余设计，有效负载为 0.5kg，臂展为 500mm，支持拖动示教。这款机器人是一个颠覆式的创新产品。它的应用把机器人从传统的围栏中解放出来，表明机器人可以安全地与人类并肩合作。从此，协作机器人作为一个新的机器人种类将人与机器之间的合作带入了一个新的时代。

YuMi 专为消费级电子产业设计，具有极高的精度、安全性及灵活性。每只手臂均可高效模仿人类动作，既可单独作业，也可实现臂与臂的协作。其末端工具速度最高可达 1.5m/s，重复定位精度高达 0.02mm。由于末端速度较快，YuMi 在安全性方面引入了许多独特的设计：机械臂骨骼采用轻质铝镁合金材料，表面包裹了柔软的漂浮塑料。当发生意外接触或碰撞时，机械臂能在几毫秒内停止运动，同时塑料层也能很大程度上吸收接触力，起到减振防护作用。

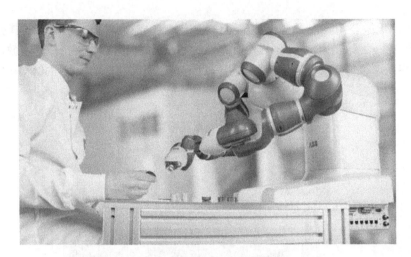

图 10-5　与人共同操作中的 YuMi 双臂协作机器人

2015 年初，ABB 收购了位于德国慕尼黑的另一家协作机器人公司 Gomtec，后者有单臂机器人 Roberta。Roberta 是一组模块化六轴机器人，有定制无刷电动机和谐波传动，还能附加安全传感器和关节转矩传感器，可有效负载 3～5kg。

3．FANUC 公司的 CR 系列

2015 年，FANUC 在中国正式推出全球负载最大的六轴协作机器人 CR-35iA，CR-35iA 是基于传统结构的六轴协作机器人。其自重为 990kg，有效负载为 35kg，臂展为 1813mm，外接 R-30iB 控制器，支持拖动示教，如图 10-6 所示。

为实现高负载，FANUC 没有采用轻量化设计，而是在传统工业机器人的基础上进行了改装升级，所以 CR-35iA 是协作机器人中的"绿巨人"。虽然在结构上与传统工业机器人极为相似，但 CR-35i 整个机身由绿色软护罩包裹，内置 IRVision 视觉系统，同时具有意外接触后停止功能，这使得机器人能够很好地缓和冲击力，防止人被伤害，从而实现与人共享工作环境。CR-35iA 不适合窄小的空间，也就不适合电子产品流水线，但得益于高负载，CR-35i 可协同工人完成重零件的搬运及装配工作，例如组装汽车轮胎或往机床搬运工件等。

FANUC 后来进行了轻量化产品补充，以 CR-35iA 为基础，陆续推出了 CR-4iA、CR-7iA 及 CR-7iA/L，负载/臂展分别为 4kg/550mm、7kg/717mm 以及 7kg/911mm。整个系列产品灵活配置，能够充分满足不同工况的需求，同时保持操作上的一致性。

2019 年，FANUC 首次推出新型协作机器人 CRX-10iA，作为一款与 UR 系列很像的小型协作机器人，CRX-10iA 最大负载为 10kg，可达半径 1249mm，其长臂型机型 CRX-10iA/L，动作可达半径达 1418mm。它针对小型部件的搬运、装配等应用需求为用户提供精准、灵活、安全的人机协作解决方案。该机器人最高运动速度达到 1000mm/s，长臂型机型还具备手臂下翻功能，在运行时可降低干涉区域，可以轻松取放位于机器人后面的零件。

4．KUKA 公司的 LBR iiwa 系列

2013 年，KUKA 推出了第 5 代轻型机械臂 LBR iiwa 七轴协作机器人，LBR iiwa 意为轻量机器人，作为智能工业助手，它有 7 个关节扭矩传感器，控制系统可检测出外部施加的力，能快速向控制器输入信息，安全控制机器运动。

图 10-6　CR-35iA 协作机器人完成对汽车底盘工件质量的检测作业

BR iiwa 完全符合行业安全标准 ISO 10218，以及新的人机协作标准 ISO 12100 和 ISO 13849。通过编程，LBR iiwa 可自动完成任务，能小心地靠近物体并根据条件变化进行调整，例如，如果一个工件没有适当安放，机器人会调整其运动序列、限制或监控工作空间、机器间或人机间的安全区域，如图 10-7 所示。

图 10-7　LBR iiwa 协作机器人在配合倒酒作业

LLBR iiwa 具有两种型号：LBR iiwa 7 有效负载为 7kg，自重约 23.9kg，臂展为 800mm；LBR iiwa 14 有效负载为 14kg，自重约 29.9kg，臂展为 820mm。两种机器人均外接 KUKASmart PAD 控制器，支持拖动示教。与 LBR iiwa 类似的协作机器人有 Schunk 的 LWA 4D 以及 KBee 的 Franka Emika。

LBR iiwa 专为工业设计，具有灵活、安全、灵敏、精确等特点。机身采用全铝制材料，不但减轻了重量，还提高了安全性。流线型的外观设计体现了力与美的结合，同时消除了由棱角带来的挤压与剪切所造成的安全隐患。LBR iiwa 的 7 个关节均配备了高性能的集成力矩传感器，体积小，灵敏度高。当运行中发生意外接触时，它能实现立即减速，避免伤害。精度方面，所有齿轮单元均采用系统化精度设计及一流的制造工艺，这使得它的重复作业精度达到±0.1mm。通过导入力矩信号，LBR iiwa 能够在路径控制中实现独特的平滑运动，这也使操作者在拖动示教过程中能够顺利将机器人摆放至最佳姿态。

5. 安川公司的 HC10 系列

2015 年安川公司推出了第一款协作机器人 Motoman 的 HC10 六轴协作机器人，HC10 有效负载为 10kg，臂展为 1200mm，外接 YRC1000 控制器，支持示教器进行离线编程和拖动示教规划机器人的工作路径，与 ABB 的 Roberta 协作机器人非常相似。在物料搬运、机械维护、包装或轻型装配等领域中被广泛应用。同时，终端客户也可以从安川公司中获得各种工具和零配件。

HC10 在外形设计上无夹点或棱角，表面包裹了一层柔软的蓝色橡胶材料以吸收意外碰撞的能量。所有关节都配备了精密的力/力矩双扭矩传感器，通过传感器可以持续监控力觉感应，并对机器人跟其他物体的接触做出响应，当操作人员和机器人发生接触时，HC10 会通过自动停机来确保和人协同工作时的安全性，如图 10-8 所示。

HC10 协作机器人采用了机械臂内部布线方式。同时，HC10 还通过减少跟其他设备的接触和干扰大幅提高其安全性能。

图 10-8　HC10 协作机器人在完成协作搬运太阳能板的拖动示教

此外，HC10 的一大特色在于其具备多种工作模式。"协作模式"下，HC10 将最大程度保证操作者的安全，运行速度会受到限制；当切换至"高速工业模式"时，机械臂运行速度将大幅提升，工作效率也将达到传统工业机器人水平，因此该模式下也要采取必要的安全措施，如进行安全区域监测，设置防护栏等。

10.2　自动导引车（AGV）

随着工厂自动化、计算机集成制造系统技术的逐步发展以及柔性制造系统、自动化立体仓库的广泛应用，AGV（自动导引车）作为联系和调节离散型物流系统以使其作业连续化的必要的自动化搬运和装卸工具，其应用范围和技术水平得到了迅猛发的发展。

10.2.1　AGV 概述

AGV 具有灵活性、智能化等显著特点，可以方便地重组系统，达到生产过程的柔性化运输。与传统的人工或半人工的物料输送方式相比，AGV 减轻了劳动强度，降低了危险性，提高了生产效率，在各行各业均可发挥重要作用。作为一种无人驾驶搬运车辆，AGV 由于柔性好、清洁、无人搬运等优点在全球应用广泛。

1. AGV 的定义

AGV（Automated Guided Vehicles）是自动导引运输车的缩写，它可以按照监控系统下达的指令，根据预先设计的程序，依照传感器确定的位置信息，沿着规定的行驶路线和停靠位置自动驾驶。实现的主要功能是在计算机和无线局域网的控制下，经磁条、激光等导向装置导引可沿程序设定路径运行以完成作业。如图 10-9 所示。

图 10-9　自动导引运输车

AGV 是以微控制器为控制核心、蓄电池为动力、装有非接触导引装置的无人驾驶自动导引运载车。它自动作业的基本功能是导向行驶、认址停准和移交载荷。它的主要特征为具有小车编程、停车选择、安全保护以及各种移载功能。它能在计算机的监控下，按指令实现无人驾驶，自动沿着规定的导引路径行驶，到达指定地点，完成一系列作业任务。

AGV 的产品已经成为柔性生产线、柔性装配线、仓储物流自动化系统的重要设备。作为当代物流处理自动化和柔性制造系统的重要设备，AGV 已经得到了越来越广泛的应用。

2. AGV 基本结构

AGV 的基本结构由机械系统、动力系统和控制系统三大系统部分组成。机械系统包含车体、车轮、转向装置、移载装置、安全装置几部分。动力系统包含电池和充电装置，行走电动机、转向电动机、移载电动机等驱动装置。控制系统包括安全控制装置、移载控制装置、转向控制装置、驱动控制装置，通信、导引等信息传输与处理装置，如图 10-10 所示。

（1）机械系统

1）车体。主要由车架、驱动装置和转向机构等所组成，是其他总成部件的安装基础。另外，车架通常为钢结构件，要求具有一定的强度和刚度。

图 10-10　AGV 的基本结构

　　2）驱动装置。由驱动轮、减速器、制动器、驱动电动机及速度控制器（调速器）等部分组成，是一个伺服驱动的速度控制系统，驱动系统可由计算机或人工控制，可驱动 AGV 正常运行并具有速度控制、方向和制动控制的能力。

　　3）转向机构。根据 AGV 运行方式的不同，常见的 AGV 转向机构有绞轴转向式、差速转向式和全轮转向式等形式。通过转向机构，AGV 可以实现向前、向后、纵向、横向、斜向及回转的全方位运动。

　　4）移载装置。AGV 根据需要还可配置移载装置，如滚筒、牵引棒等。移载装置与所搬运货物直接接触，实现货物的装卸、运载等。

　　5）安全保护装置。包括对 AGV 本身的保护、对人或其他设备的保护等方面。

　　（2）动力系统

　　AGV 的动力系统包括蓄电池及其充放电控制装置，蓄电池为 24V 或 48V 的工业电池，有铅酸蓄电池、镉镍蓄电池、镍锌蓄电池、镍氢蓄电池、锂离子蓄电池等可供选用，需要考虑的因素除了功率、容量（Ah 数）、功率重量比、体积等外，还需要重点考虑充电时间的长短和维护的难易。

　　快速充电为大电流充电，一般采用专业的充电装备，AGV 本身必须有充电装置和安全保护装置。充电装置在 AGV 上的布置方式有多种，一般有地面电靴式、壁挂式等，并需要结合 AGV 的运行状况，综合考虑其在运行状态下，可能产生的短路等因素，从而考虑配置 AGV 的安全保护装置。在 AGV 运行路线的充电位置上安装有自动充电装置，在 AGV 底部装有与之配套的充电连接器，AGV 运行到充电位置后，AGV 充电连接器与地面充电连接器的充电滑触板连接。

　　（3）控制系统

　　AGV 控制系统通常包括车上控制器和地面（车外）控制器两部分，目前均采用微型计算机，由通信系统联系。通常，由地面（车外）控制器发出控制指令，经通信系统输入车上控制器以控制 AGV 运行。

　　1）车上控制器。接受控制中心的指令并执行相应的指令，完成 AGV 的手动控制、安全装置起动、蓄电池状态、转向极限、制动器解脱、行走灯光、驱动和转向电动机控制、充电接触器的监控及行车安全监控等。同时将本身的状态（如位置、速度等）及时反馈给控制中心。

2）地面控制器。完成 AGV 调度、控制指令发出和 AGV 运行状态信息接收。控制系统是 AGV 的核心，AGV 的运行、监测及各种智能化控制的实现，均需通过控制系统实现。

3）安全控制装置。AGV 的安全至关重要，必须确保 AGV 在运行过程中的自身安全，以及现场人员与各类设备的安全。一般情况下，AGV 都采取多级硬件和软件的安全监控措施。如在 AGV 前端设有非接触式防碰传感器和接触式防碰传感器，AGV 顶部安装有醒目的信号灯和声音报警装置，以提醒周围的操作人员。对需要前后双向运行或有侧向移动需要的AGV，则需要在 AGV 的四面安装防碰传感器。一旦发生故障，AGV 自动进行声光报警，同时采用无线通信方式通知 AGV 监控系统。

4）导引装置。导引传感器加上地标传感器，接受导引系统的方向信息，通过转向装置产生转向动作，来实现 AGV 的前进、后退、分岔、出站等动作。

5）通信装置。实现 AGV 与地面控制站及地面监控设备之间的信息交换。

6）信息传输与处理装置。对 AGV 进行监控，监控 AGV 所处的地面状态，并与地面控制站实时进行信息传递。

3. AGV 的工作原理

AGV 的导引是根据 AGV 导向传感器所得到的位置信息，按 AGV 的路径所提供的目标值计算出 AGV 的实际控制命令值，即给出 AGV 的设定速度和转向角，这是 AGV 导引控制技术的关键。简而言之，AGV 的导引控制就是 AGV 轨迹跟踪。

AGV 导引有多种方法，比如说利用导向传感器的中心点作为参考点，追踪引导磁条上的虚拟点就是其中的一种。其控制目标就是通过检测参考点与虚拟点的相对位置，修正驱动轮的转速以改变 AGV 的行进方向，尽量让参考点位于虚拟点的上方。这样 AGV 就能始终跟踪引导线运行。

当接收到物料搬运指令后，控制器系统就根据所存储的运行地图、AGV 当前位置及行驶方向进行计算、规划分析，选择最佳的行驶路线，自动控制 AGV 的行驶和转向，当 AGV 到达装载货物位置并准确停位后，移载机构动作，完成装货过程。然后 AGV 起动，驶向目标卸货点，准确停位后，移载机构动作，完成卸货过程，并向控制系统报告其位置和状态。随之 AGV 起动，驶向待命区域。待接到新的指令后再做下一次搬运。

4. AGV 的特点

AGV 是采用先进控制技术的现代物流设备，随着现代技术水平的进步，AGV 朝着智能化方向发展，主要具有如下特点。

（1）无人驾驶

AGV 上装备有自动导引系统，可以保障系统在不需要人工导向的情况下就能够沿预定的路线自动行驶，将货物或物料自动从起始点运送到目的地，方便快捷。

（2）较好的柔性和系统拓展性

AGV 自动化程度和智能化水平高，行驶路径可以根据仓储货位要求、生产工艺流程等的改变而灵活改变，并且运行路径改变的费用与传统的输送带和刚性的输送线相比非常低廉。智能传感器开发，除采用传统的位置、速度、加速度等，还应用机器视觉、力觉传感器来决策控制。

（3）运载能力强

载物平台可以采用不同的安装结构和装卸方式，能满足不同产品运送和加工的需要，物流系统的适应能力强。

（4）工作效率高

AGV 可实现自动充电功能，在有安全冗余考虑的前提下，可以实现 24h 连续运转，大大提高产品物料等搬运效率。AGV 实现全数字化管理，可以有效规避人为因素，提高管理水平。

（5）安全性能好

可装置多种声光报警系统，能通过车载障碍探测系统在碰撞到障碍物之前自动停车。当其队列行驶或在某一区域交叉运行时，具有避免相互碰撞的自控能力，不存在人为差错。因此，AGV 系统比其他物料搬运系统更安全。

AGV 具有较完善的安全防护能力，有智能化的交通路线管理、安全与避碰多级警示、紧急制动、故障报告等，能够在许多不适宜人类工作的场合发挥独特作用。

（6）利用率高

与传统的物料输送系统在车间内固定设置的不可变更相比，现代物流系统的设置因 AGV 而柔性更强，并可以充分利用人行通道和叉车公共区域，从而改善车间地面利用率。

（7）环保性好

AGV 依靠自带的蓄电池提供动力，运行过程中无噪声、无污染，可以应用在许多要求工作环境清洁的场所。

（8）可靠性高

相对于人工搬运的低效率，叉车及拖车路径、速度、安全的未知性，AGV 的行驶路径和速度可控，定位停车精准，从而大大提高了物料搬运的效率，同时，AGV 中央管理系统可以对 AGV 进行全程监控，可靠性得到极大提高。

5. RGV、IGV 与 AMR

随着智能制造在全世界大范围兴起，随即引发的第四次工业革命也使得智能制造产业取得了飞速发展，作为智能物流核心设备之一的移动搬运机器人近年来呈现了爆发式的增长。除了常见的 AGV 之外，有轨制导车辆（RGV）、智慧引导运输车（IGV）也是自动化物流体系中不可或缺的一分子。

AGV、RGV 和 IGV 都是用来实现物料的自动搬运和转载，但就自动化及智能化方面而言，IGV 较高，AGV 次之，RGV 最差。AGV、RGV 和 IGV 因其各自的特点在不同的应用场合各自发挥着不可替代的作用。

（1）有轨制导车辆（Rail Guided Vehicle， RGV）

有轨制导车辆，又叫有轨穿梭小车。RGV 常用于各类高密度储存方式的立体仓库，小车通道可根据需要设计任意长，并且在搬运、移动货物时不需要其他设备进入巷道，速度快、安全性高，可以有效提高仓库系统的运行效率。

RGV 在物流系统和工位制生产线上都有广泛的应用，如出入库站台、各种缓冲站、输送机、升降机和线边工位等，按照计划和指令进行物料的输送，可以显著降低运输成本，提高运输效率。

RGV 由于是有轨行驶，其应用场合相对简单，可按照两种方式进行分类识别，一是按照功能分为装配型和运输型两大类型，主要用于物料输送、车间装配等；二是根据运动方式分为环形轨道式和直线往复式，环形轨道式 RGV 系统效率高，可多车同时工作，直线往复式一般只有一台 RGV，做直线往复式运动，效率相对环形 RGV 系统比较低。

在结构上 RGV 主要由车架、驱动轮、随动轮、前后保险杠、链条输送机、通信系统、电气系统及各罩板组成。由于 RGV 结构简单，对外界环境抗干扰能力强，对操作工要求也较宽泛，运行稳定性强，故障发生相对较少，整体维护成本相对较低，可靠性高。

也正因为 RGV 只能在轨道上行走，RGV 路线一经确定后再进行改造就比较困难、成本高，因此对使用场所的适应性和自身扩展性方面比较差。

（2）智慧型引导运输车（Intelligent Guided Vehicle，IGV）

IGV 是最近几年出现的。和传统 AGV 相比较，IGV 柔性化程度更高，不需要借助任何固定标记物就能行驶，并且路径灵活多变，可根据实际生产需求灵活调度。

作为 AGV 不断革新和发展的成果，IGV 主要在精度、安全性、柔性、环境适应性等方面实现了进一步提升。柔性导引方面传统 AGV 仍然需要借助二维码、反射板等标记，而 IGV 采用新的导航方式，依靠实时场景地图，不需要其他固定标记物，路径更改简单、灵活。

IGV 适用于柔性化要求更高的场合，在满足常规搬运功能的基础上，还可以根据客户的工艺流程，选择性搭载不同的功能模块，满足一车多用的目的。

（3）自主移动机器人（Automatic Moving Robot，AMR）

与传统 AGV 的自动导引不同，AMR 更强调机器人的自主性和灵活性。这种物流搬运设备的"车辆"属性正在被弱化，机器人属性更加凸显。因此称其为自主移动机器人。

相比于传统 AGV 需要预设标识规划路线导航，AMR 通过其软件在现场构建的地图或预先加载的设施图纸实现导航。此功能可以类比一辆装有 GPS 和预装地图的汽车。当被告知主人的家和工作地址时，它会根据地图上的简单位置生成最直接的路径。这类似于 AMR 被设定位置来取放零件的方式。

AMR 使用来自摄像头、内置传感器、激光扫描仪的数据以及相应的软件，使其能够探测周围环境，并选择最有效的路径到达目标。它完全自主工作，如果叉车、货盘、人或其他障碍物出现在它前面，AMR 将使用最佳替代路线安全地绕过。这将确保物料流动保持在计划之内，从而优化了生产力。

AMR 只需要简单的软件调整就可以改变它的任务，所以同一个机器人可以在不同的位置执行各种不同的任务，自动调整以满足不断变化的环境和生产需求。其任务可以通过机器人的界面进行控制，也可以通过车队控制软件对多个机器人进行配置，这些机器人可以根据位置和可用性自动确定订单的优先级，以及最适合执行给定任务的机器人。一旦建立了任务，员工就不必花时间协调机器人的工作。

此外，如果需要对产品或生产线进行修改，AMR 的灵活性与要求敏捷性和灵活性的现代制造环境十分契合。如果移动了生产单元或添加了新的单元或流程，则可以快速上载新的构建地图或者在现场重新映射，立即将其用于新任务。与传统 AGV 相比，AMR 在应用场景的布置更加简单，随着业务需求的发展，应用端可以轻松地自行重新部署机器人，优化生产。

10.2.2　AGV 分类

AGV 可以按用途分类，也可按其路径不同进行分类，还可以按其导引的方式、驱动方式不同分类。

1. 按 AGV 用途分类

按 AGV 的用途和机构分类，又称为按移载方式（执行机构）分类，可分为叉式 AGV、牵引式 AGV、推挽式 AGV、辊道式 AGV 等几类。

（1）叉式 AGV

叉式自动导引车又叫自动叉车、自动导引叉车，实际上是一种无人驾驶叉车。叉式 AGV 与人工叉车在式样上基本类似，有侧叉式、正向叉式、落地叉式、三向叉式等多种车型。

叉式 AGV 大多采用托盘堆放货物进行作业，目前正随着物流产业标准托盘的逐步推广而迅速发展。叉式 AGV 主要由电池提供动力。如果装载能力要求较大，亦可采用发动机驱动。如图 10-11a 所示。

（2）牵引式 AGV

牵引式自动导引车又叫自动牵引车、自动拖车，是将 AGV 作为牵引动力，自身不具有承载能力，主要用于牵引运载车辆，类似于火车的牵引车，通过拖挂带轮的箱体或容器完成对物料的运送。适合用挂斗和拖车运送物料的场合，如行包运送、化学品运送、废料收集等。

牵引式自动导引车主要功能是自动牵引装载货物的平板车，仅提供牵引动力。当牵引小车带动载货平板车到达目的地后，自动与载货平板车脱开。牵引式可分为单向潜伏牵引式、双向潜伏牵引式以及全向潜伏牵引式，如图 10-11b 所示。

a)　　　b)　　　c)　　　d)

图 10-11 按驱动方式分类的 AGV

a) 叉式　b) 牵引式　c) 推挽式　d) 辊道式

（3）推挽式 AGV

推挽式自动导引车又叫自动搬运车，类似于电动汽车，其自身具有载货能力，用于仓库内运输。通过自身的推挽机构与地面的无动力辊道站台实现装卸货物。

作业时，AGV 停靠在站台侧边，通过推挽机构左、右侧向移动伸臂推拉完成装卸货物，货物在 AGV 辊道与地面站台辊道之间滚动，载荷转移巧妙，地面站台不需要连锁信号和动力传动，适合同高度站台之间的搬运场合。

推挽式 AGV 对作业点的定位精度以及与移载系统关联的部分要求较高，特别是多辆车和多个站台的场合，要保证其可靠性难度较大。推挽式 AGV 常用于平面托盘的物料搬运。如图 10-11c 所示。

（4）辊道式 AGV

辊道式自动导引车又叫自动倒运车，其自身具有载货能力，用于生产线间的运输。其装卸货物是通过自身辊道与地面站台辊道对接之后实现。

地面站台是带动力传动的辊道，AGV 准确停靠在地面站台侧边，车上和站台上的辊道对接无误后同步传动完成移载，故要求滚动体规范，传动高度一致，传动速度吻合。AGV 可左、右双向装卸托盘货物，作业效率高，安全性好。移载机构原理简单，可靠性好，但站台需要有连锁信号和动力传动。辊道式 AGV 常用于可滚动的各式托盘或物体的移载场合，包括大的纸箱、木箱、板材、集装箱等，特别适用于重载物料的搬运，如图 10-11d 所示。

2. 按 AGV 路径分类

AGV 根据有无固定导向线可分为固定路径型和自由路径型两大类。

（1）固定路径型 AGV

固定路径型 AGV 是采用传感器获得 AGV 方位信息，并与预定方位比较，得到 AGV 方位角的偏差和对于路径的横向偏差信号，以此为基础对 AGV 转角和驱动轮速度进行控制。

在事先规划好的运行路线上设置导向的信息媒介，如导线、光带等，通过 AGV 上的导向探测器检测到导向信息（如频率、磁场强度、光强度等），对信息实时处理后，用以控制车辆遵循规定地运行线路行走地导引方式。其设计既有常规设计（如优化 PID），又有自适应和模糊控制设计，如图 10-12a 所示。

a)   b)

图 10-12 按路径分类的 AGV

a) 固定路径型 AGV   b) 自由路径型 AGV

（2）自由路径型 AGV

自由路径型 AGV 没有设置固定的运行路径，AGV 自主依据搬运任务要求的起讫点位置，计算机管理系统优化运算最优路径后，由控制系统控制各个 AGV 按照指定的路径运行，完成搬运任务，如图 10-12b 所示。其控制设计原理与固定路径型 AGV 类似，但自由路径型 AGV 确认方位较难获得。

目前对自由路径型 AGV 的研究重点不在控制方面而在导向技术与定位方式上。其中，以光码盘作为传感器，通过检测车轮回转的方法，是较经济的导向与定位方法。其缺点是后车轮打滑、变形以及累计误差会影响跟踪精度。

3. 按 AGV 导引方式分类

AGV 按照导引方式不同，可分为电磁感应导引式、激光导引式、视觉导引式等方式。

（1）电磁感应导引式 AGV

一般是在地面上，沿着预先设定的行驶路径埋设电线，当高频电流流经导线时，导线周围产生电磁场，AGV 上左右对称安装有两个电磁感应器，它们所接收的电磁信号的强度差异可以反映 AGV 偏离路径的程度，如图 10-13a 所示。

（2）激光导引式 AGV

在 AGV 上安装有旋转的激光扫描器，在运行路径沿途的墙壁或支柱上安装有高反光性反射板的激光定位标志。AGV 依靠激光扫描器发射激光束，然后接收由四周定位标志反射回的激光束，车辆计算机计算出车辆当前的位置以及运动的方向，通过和内置的数字地图及逆行对比来校正方位，从而实现自动搬运，如图 10-13b 所示。

（3）视觉导引式 AGV

视觉导引式 AGV 是一种正在快速发展和日渐成熟的 AGV，该种 AGV 上装有 CCD 摄像机和传感器，在车载计算机中设置有 AGV 欲行驶路径周围环境图像数据库，如图 10-13c 所示。

a)   b)   c)

图 10-13　按导引方式分类的 AGV

a) 电磁感应导引式 AGV　b) 激光导引式 AGV　c) 视觉导引式 AGV

4. 按 AGV 的驱动方式分类

按照 AGV 的驱动方式可将其分为单轮驱动式、双轮差速驱动式、双轮全向驱动式、多轮驱动式。

（1）单轮驱动式 AGV

单轮驱动式 AGV 主要为三轮 AGV，包含一个具有转向功能的驱动轮和两个固定从动轮（分布在车体轴线的两边）。单轮驱动式 AGV 即可以前进、后退，又可以左右转弯（转角小于 90°）。因三轮结构的抓地性好，对地表面要求不高，适用于广泛的环境和场合，如图 10-14a 所示。

（2）双轮差速驱动式 AGV

双轮差速驱动式 AGV 常有三轮和四轮两种，包含两个分布在车体轴线的两边固定驱动轮，一个（三轮式）或两个（四轮式）从动自由轮。转弯则靠两个驱动轮之间的速度差实现。这种车型可以前进、后退、左右转弯、原地自旋，转弯的适应性比单轮驱动强。若是三轮式车型，对地表面的适用性和单轮驱动类似；若是四轮式车型，因容易造成其中某一个轮悬空而影响导航，故对地表面平整度要求较高，适用范围受到一定限制，如图 10-14b 所示。

（3）双轮全向驱动 AGV 式

双轮全向驱动 AGV 主要为四轮式车型，包括两个驱动兼转向轮和两个从动自由轮。这种车型可以前进、后退、全方位（万向）行驶。其特点是可以在行驶过程中控制车身姿态的任意变化，适用于狭窄通道或对作业方向有特殊要求的环境和场合；缺点与双轮差速驱动的四轮车型类似，对地表面平整度要求较高，适用范围受到一定限制，如图 10-14c 所示。

（4）多轮驱动 AGV 式

多轮驱动 AGV 主要指的是八轮式 AGV。包括四个驱动兼转向轮和四个从动自由轮。这种车型可以前进、后退、全方位行驶，应用于重载行业输送，结构复杂，成本较高，如图 10-14d 所示。

图 10-14　按驱动方式分类的 AGV

a) 单轮驱动式　b) 双轮差速驱动式　c) 双轮全向驱动式　d) 多轮驱动式

10.2.3　AGV 自动导引系统组成

AGV 的特点是无人驾驶，可以保障系统在不需要人工导航的情况下能够自动行驶，柔性好、自动化和智能化水平高。AGV 可以根据仓储货位要求、生产工艺流程等改变而灵活配置，并且运行路径改变的费用与传统的输送带或刚性的传送线相比更加低廉。

为了能够解决好这些问题，AGV 系统的构成也必然复杂。图 10-15 是 AGV 自动导引控制系统的构成与信息流示意图。

图 10-15 AGV 自动导引控制系统的构成与信息流示意图

AGV 自动导引控制系统分为地面（上位）控制系统、车载（单机）控制系统及导航/导引系统，其中，地面控制系统指 AGV 系统的固定设备，主要负责任务分配、车辆调度、路径（线）管理、交通管理和自动充电等功能；车载控制系统在收到上位系统的指令后，负责 AGV 的导航计算，实现导引、车辆行走、装卸操作等功能；导航/导引系统为 AGV 单机提供绝对或相对位置及航向。

AGV 自动导引控制系统是一套复杂的控制系统，加之不同项目对系统的要求不同，更增加了系统的复杂性，因此，系统在软件配置上设计了一套支持 AGV 项目从路径规划、流程设计、系统仿真（Simulation）到项目实施全过程的解决方案。上位系统需要提供可灵活定义 AGV 系统流程的工具，可根据用户的实际需求来规划或修改路径或系统流程；而下位系统也需要提供可供用户定义不同 AGV 功能的编程语言。

1. AGV 中心控制系统

（1）AGV 调度系统

调度系统主要用于运输路线较多且运输较频繁和复杂的场合。可配合点料系统使用，也可独立使用，使物料运输系统更加人性化、自动化、无人化。

点料系统配合 AGV 使用，在生产和物流方面可实现真正的无人化、自动化运输。点燃系统分为按钮点料盒式和触摸屏式两种。按钮点料盒式点料系统是针对单种物料的点料进行设计的；触摸屏式点料系统可同时对多种物料进行点料，点料点与上料点之间信息传达准确、迅速，工作人员通过显示屏即可清晰地知道各工位的缺料信息。

（2）AGV 交通管制系统

AGV 交通管制系统是为适应较复杂的 AGV 运行路线、避免多台 AGV 因为路径（主要在路线交叉口）而发生冲突的现象来设计的。

该功能就像红绿灯的功能一样，只不过 AGV 之间是通过无线通信进行互相管制的，该功能的出现解决了生产物流系统中多台 AGV 通过路线交叉口时发生"打架"的现象，使 AGV 在生产物流系统中的运用更加顺畅，更加人性化、自动化和无人化。

（3）AGV 远程调度系统

AGV 远程调度系统除了可以实施交通管制功能，避免多台 AGV 运行时在交叉及转弯"撞车"的现象之外，还可以实时动态显示 AGV 的位置信息；在线远程控制，实时改变 AGV 的各种参数；实时显示 AGV 功能状态信息。

AGV 远程调度系统还能与企业的 ERP 系统对接，实现实时自动更改路线、站点功能。

2. AGV 车上设备

（1）AGV 控制器

AGV 控制器是用于控制 AGV 的直行、转弯、停止的控制设备。通常包括速度控制与选择、线路轨道分岔控制功能，还具有无线通信功能，便于与 AGV 控制中心设备进行通信。AGV 控制器带自动牵引杆，能对被牵引装置进行自动牵引，还能控制 AGV 在缺电时自动充电。

（2）AGV 障碍物传感器

为了安全起见，障碍物接近检测装置最好是多级的接近检测装置。通常，障碍物接近检测装置有两级以上的安全保护设置，如在一定距离范围内，它将使 AGV 降速行驶，在更近的距离范围内，它将使 AGV 停车，当解除障碍物后，AGV 将自动恢复正常行驶状态。

AGV 障碍物传感器是障碍物接触式缓冲器的辅助装置，在规定有效作用范围内，它将带给 AGV 合适的运行速度，是先于障碍物接触式缓冲器发生有效作用的安全装置。

（3）AGV 导航传感器

按照电磁导引、光学导引、磁带导引、激光导航、坐标或地理信息识别导航、视觉导航等方式的不同，在 AGV 车体内安装导航传感器。如电磁导航传感器、光学传感器、磁导航传感器、GPS 或 GIS 导航传感器、视觉导航传感器等。

这些 AGV 导航传感器，能够精确检测出线路上或区域内微弱的导航所用的敏感参数，通过信号的输出，可以向 AGV 上的控制器指示出线路上或区域内 AGV 线路设备相对于导航传感器的位置，从而控制 AGV 按照既定路线或命令行驶。AGV 导航传感器主要应用在自动导引车、立体仓库无轨移动车的运动导航上。

（4）AGV 地标传感器

AGV 地标传感器主要应用于线路导航式 AGV、自动手推车 AGC，以及物流拣选等行业。地标传感器采用一路采样点，能够检测并区分地理标志位置，并通过输出送给 AGV 控制器，以做出地理位置区分指示和控制。

（5）AGV 蓄电池

AGV 的主要动力来源是蓄电池。对于 AGV 来讲，适用于 AGV 等电动车的蓄电池，必须具有大电流快速充电，耐过充电、过放电能力强，对于短时间内大电流的负载要求，能量密度比高、结构紧凑、内阻低、可靠性高、容量高、工作寿命长和出色的低温工作性能等特点。同时还要具有储存时间预估计算功能，支持集中监控等。

3. AGV 线路设备

无论是电磁导引、光学导引、磁性导引、激光导航、坐标或地理信息识别导航、视觉导航，都需要给 AGV 一个活动线路或活动区域，在活动线路或区域预先设置的线路识别设备或区域识别设备，就是线路设备。下面就以磁性导航为例，AGV 磁性导航原理如图 10-16

所示。

磁性导航方式的 AGV 沿着地面铺设的磁条行驶。AGV 地标传感器安装在 AGV 车体侧面的底部，距离磁条表面为 20～40mm，磁条宽度为 30～50mm，厚度为 1mm。AGV 的运行路径是由多条路段首尾连接而成，地标磁带作为路段的首尾端点，用来指示 AGV 进入哪个运行路段，从而控制 AGV 加速、减速、停车等。实际使用中，地标磁带垂直于导航磁条方向，贴在导航磁条旁边的地面上。

图 10-16　AGV 磁性导航原理

10.2.4　AGV 自动导引系统的关键技术

AGV 自动导引控制系统需解决的问题就如同人类哲学的三个终极问题："我在哪里？（Where am I？）我要去哪里？（Where am I going？）我怎么去？（How can I get there？）"。

这三个问题归纳起来就是 AGV 控制系统中的三个关键性技术：AGV 的导航、AGV 的路径规划、AGV 的导引控制。AGV 从发明至今，其技术已有突破性进展，特别是在关键技术方面的进步，使 AGV 具备了当今机器人的技术特征。

1. AGV 的导航技术

AGV 的导航（Navigation）用以决定 AGV 运行方向和路径。目前常用的 AGV 导航方式主要有车外预定路径导航方式和非预定路径导航方式两种。

车外预定路径导航方式，又叫固定路径导航方式，是指在行驶的路径上设置导航用的信息媒介物，AGV 通过检测其信息而得到导向的导航方式。如电磁导引、光学导引、磁带导引（又称磁性导引）等。

非预定路径导航方式，又叫自由路径导航方式，是指 AGV 不预先确定行驶路径，AGV 根据调度要求，在运行过程中通过方位识别确定行驶路径。如激光导航、坐标或地理信息识别导航、视觉导航、路径规划等。

AGV 之所以能够实现无人驾驶，导航和导引对其起到了至关重要的作用，随着技术的发展，目前能够用于 AGV 的导航技术主要有 7 种。

（1）直角坐标导航

用定位块将 AGV 的行驶区域分成若干坐标小区域，通过对小区域的计数实现导引。一般有光电式和电磁式两种形式，光电式是将坐标小区域以两种颜色划分，通过光电传感器进行计数；电磁式是将坐标小区域以金属块或磁块划分，通过电磁感应传感器计数。

直角坐标导航优点是可以实现路径的修改，导引的可靠性好，对环境无特别要求。缺点是地面测量安装复杂，工作量大，导引精度和定位精度较低，且无法满足复杂路径的要求，如图 10-17 所示。

（2）电磁导引

电磁导引是较为传统的导引方式之一，目前仍被许多系统采用，它是在 AGV 的行驶路径上埋设金属线，并在金属线中加载导引频率，通过对导引频率的识别来实现 AGV 的导引。

电磁导引的优点是引线隐蔽，不易污染和破损，导引原理简单而可靠，便于控制和通信，对声光无干扰，控制成本较低；缺点是路径难以更改和扩展，复杂路径的局限性大，如图 10-18 所示。

图 10-17　直角坐标引导

图 10-18　电磁引导

（3）光学导引

在 AGV 的行驶路径上涂漆或粘贴色带，通过对摄像机采集的色带图像信号进行简单处理而实现导引。光学导引的灵活性比较好，地面路线设置简单易行，但对色带的污染和机械磨损十分敏感，对环境要求过高，使导引可靠性较差，精度较低，如图 10-19 所示。

（4）激光引导

激光导引是在 AGV 行驶路径的周围安装位置精确的激光反射板，AGV 通过激光扫描器发射激光束，同时采集有反射板反射的激光束，来确定其当前的位置和航向，并通过连续的三角几何运算来实现 AGV 的导引。

激光导引技术的最大优点就是 AGV 定位精准、地面无需其他定位设施、行驶路径可灵活多变，能够适合多种现场环境，它是国外许多 AGV 生产厂家优先采用的先进导引方式；缺点是制造成本高，对环境要求较相对苛刻（外界光线、地面要求、能见度要求等），不适合室外环境（尤其是易受雨、雪、雾的影响），如图 10-20 所示。

图 10-19　光学引导

图 10-20　激光引导

（5）惯性导航

惯性导航是在 AGV 上安装陀螺仪，在行驶区域地面上安装定位块，AGV 可通过对陀螺仪偏差信号（角速率）的计算及地面定位块信号的采集来确定自身的位置和航向，从而实现导引。

惯性导航技术在军方较早运用，其主要优点是技术先进，较之有线导引，地面处理工作量小，路径灵活性强。其缺点是制造成本较高，导引的精度和可靠性与陀螺仪的制造精度及其后续信号处理密切相关。

（6）视觉导航

视觉导航即通过视觉摄像头捕捉图像信息，以获取移动物体在空间中所处的位置、方向和其他环境信息，并用一定的算法对所获信息进行处理，建立环境模型，进而寻找一条最优或近似最优的无碰路径，实现安全移动，到达目的地，如图 10-21 所示。

视觉摄像机和人工智能算法是视觉导航技术的两大核心，其中前者主要用于获取环境信息，后者则用来分析数据，提取特征量，从而为下一步的行动提供决策依据。

视觉定位导航技术让 AGV 有了识别感知功能，可以完成更多更复杂的工作，例如，识别物体种类和位姿、无人分拣、无人装箱等。

和其他的导航方式不同，视觉导航 AGV 的优势是允许无固定参照物，为了获得更高的定位精度，除视觉导航外，可用其他的导航或定位系统作为辅助，以保证能够获得更好的定位精度和安全性。

图 10-21　视觉导航

（7）GPS 导航

GPS（全球定位系统）导航是通过卫星对非固定路面系统中的控制对象进行跟踪和制导，目前此项技术还在发展和完善，通常用于室外远距离的跟踪和指导，其精度取决于卫星在空中的固定精度和数量，以及控制对象周围环境等因素，如图 10-22 所示。

图 10-22　GPS 导航

2. AGV 路径规划

随着柔性制造系统的广泛应用和物流自动化运输系统的快速发展，AGV 技术得到了快速发展。从一开始对单台 AGV 的研究，发展到了对多台 AGV 组成的物流系统的研究。而多台 AGV 的路径规划会直接影响系统整体性能。所以，关键是如何有效地共享系统路径，并解决多台 AGV 最优路径问题。

AGV 路径规划在智能控制系统中具有重要作用，对于保证工作的安全性来说具有重要意义。在有障碍物的环境下，机器人如何寻找到目标，也就是如何选择合适的路径规划。智能控制下的 AGV 路径规划分为两种形态：静态环境中的路径规划以及动态环境中的路径规划。

（1）静态环境中确定的路径规划

静态环境下的路径规划是假定在环境信息未被完全掌握的情况下，机器人是通过怎么样的路径感知环境，并且运用局部区域传播算法。因此这种路径一般会在环境中仅存在静态已知障碍物的情况下被采用。

要分析静态环境中的路径规划，需要解决的一个问题是：在这种环境中什么样的路径才能够被认为是合理的。总而言之，能够使 AGV 系统实现控制的就是合理路径。

合理的路径由路径的平滑程度决定，路径越趋于平缓，则 AGV 系统将会更容易实现。因此，如果规划的曲线不仅具有连续性的特点，还能在切线方向保持连续性，就是较为合理的路径规划，会很容易被 AGV 系统控制，因此一般情况下常常被采用。

（2）动态环境中确定的路径规划

在动态复杂环境中的路径规划不同于静态环境中的路径规划。因为环境变化之后，很多信息无法被掌握，要保证最优性在这种情况下是无法被实现的。在较为复杂的环境下，不管采用何种性能指标，都必须要考虑目标吸引、动态安全性以及时间约束三个方面的内容。

3. AGV 的导引

AGV 的导引是根据 AGV 导航所得到的位置信息，按 AGV 的路径规划所提供的目标值，计算出 AGV 的实际控制命令值，即给出 AGV 的设定速度和转向角，这是 AGV 控制技术的关键。简单看来，AGV 的导引控制就是 AGV 轨迹跟踪。这对有线式的导引（电磁、磁性等导引方式）不会有太多的问题，但对无线式的导引（激光、惯性等导引方式）却不是一件容易的事。

AGV 的路径规划是根据 AGV 运行的实际环境设计出 AGV 运行的路径轨迹，AGV 单机按照地面控制系统下发的段表中的路径（段）属性自动行驶。AGV 的导引控制算法就是解决段表下发后，AGV 的参考点如何沿着既定轨迹行走，一般需要实现直线段和四次方曲线的导引控制。对于不同驱动方式的 AGV 来说，由于它的运动学模型不一样，对应的导引控制算法也是不同的。这里简单讨论驱动兼转向型 AGV 的导引算法，如图 10-23 所示。

控制目标是 AGV 的参考点，目的是使 AGV 能很好地沿着既定轨迹行走。对该类型 AGV 来说，可以控制的只有 AGV 前轮的转角和速度，通过运动模型可知：参考点的运行轨迹只和前轮的转向角有关，所以，要实现对参考点轨迹跟踪的控制，实际上就是对前轮转向角的控制。

在具体的设计过程中，利用一种"追踪导引方法"，即在 AGV 的运行过程中使参考点始终追踪着路径轨迹上的虚拟点，这个虚拟点 AGV 永远追不上，但又永远在 AGV 前面不远的地方；AGV 前进的方向始终指向虚拟点，通过这样周期性的调节，就可以使 AGV 以很小的误差沿着路径轨迹行走。

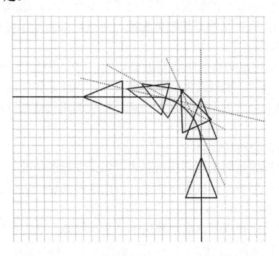

图 10-23　驱动兼转向型 AGV 运行路径的轨迹

10.2.5　AGV 实例

本例中的 AGV 由深圳市佳顺机器人工业有限公司生产，该公司是一家专业研发、生产、销售 AGV 的国家高新技术企业，已成为民族 AGV 产业的推动者和领导者。

1. 标准型牵引式 AGV

标准型牵引式 AGV 到达指定地点后，人工把料车挂在牵引钩上，AGV 通过磁条导引读取地标指令，把料车牵引到指定位置后，料车取下，如图 10-24 所示。

图 10-24　标准型牵引式 AGV

标准型牵引式 AGV 一次可牵引多台料车，因此，此车有多站点选择功能。广泛应用于汽车和家电等行业的物料及成品搬运。其工作路径示意如图 10-25 所示。

图 10-25　标准型牵引式 AGV 工作路径

标准型牵引式 AGV 的性能指标如表 10-3 所示。

表 10-3　标准型牵引式 AGV 的性能指标

外形尺寸	L×W×H 为 1400mm×400mm×350mm
走行方式	磁条导引
走行方向	前进，左右转，分岔
通信功能	无线局域网（可选）
驱动方式	差速驱动
驱动电源	DC 24V、 DC 48V
牵引能力	300kg、500kg、750kg、1000kg（或定制）
本体机种	标准型牵引式
行走速度	30～45m/min（或定制）
转弯半径	最小可达 300mm（磁带路线铺设半径）
导航精度	±10mm
工作方式	24h
爬坡能力	3～5°
停止精度	±10mm
充电方式	手动充电（可选自动充电）
安全感应范围	≤3m，可调，紧急制动距离小于 20mm
报警形式	声光报警
蓄电池	免维护充电电池，连续放电次数>300 次
安全防护	前方障碍物检测传感器+机械防撞机构双重防护
设计寿命	>10 年

2. 其他牵引式 AGV

（1）潜伏牵引式 AGV

潜伏牵引式 AGV 做单向运动，较低的车体可以潜伏在料车底部进行自动挂扣和脱扣；尾部的牵引装置可拖挂多个料车。潜伏牵引式 AGV 通过磁条导引读取地标指令，可以根据设定站点进行停靠。该车多用于汽车和家电等行业的物流配送，如图 10-26 所示。

双驱双向潜伏式 AGV 应用于受限的空间，单通道行驶，AGV 潜伏到工装车下，利用电动升降棒上的挂钩牵引台车，通过磁条导引读取地标指令，到达指定位置后，AGV 自动和台车分离，然后钻到空台车的下面，把空的台车拖走，进行往复运动。

（2）单向背负牵引式 AGV

标准型单向背负牵引式 AGV，可在 AGV 车体上放置托盘、料架、料箱等货物并进行搬运，或在 AGV 尾部牵引料车。AGV 由磁条导引通过识别地标选择目的地，如图 10-27 所示。

图 10-26　潜伏牵引式 AGV

图 10-27　单向背负牵引式 AGV

3. 其他形式 AGV

（1）台车式 AGV

单向运动型台车式 AGV 可以直接运载物料，比传统式台车更加简单易用，通过磁条导引读取地标信息，进行站点停靠，适合电子厂和汽车配件厂使用，如图 10-28 所示。

（2）SMT（表面组装技术）专用 AGV

该款 AGV 用来搬运 PCB 料框，并输送到指定的上板机或下板机上面，实现空的 PCB 料框回收或满料框的搬运。为了适应空间紧凑和线体间距狭小，因普通 AGV 不能很好地实现转弯与上、下板机的对接，于是开发出一款 PCB 料框搬运专用 AGV，该 AGV 具有前进、后退、左右转、分叉功能，并且有横向移动功能，与设备对接时采用两次定位，保证了 5mm 内的定位精度，实现了与设备的完美对接，如图 10-29 所示。

（3）背负滚筒式 AGV

背负滚筒式 AGV 车顶部安装滚筒，通过与线体的通信，可以轻松实现与外部设备的自动对接及物品的自动上下料，并具备双向运行的功能，如图 10-30 所示。

（4）举升式 AGV

举升式 AGV 用来搬运物料，将其输送到指定的接料平台上，并且具有横向移动功能，可以满足线体间距狭小、空间紧凑，普通的 AGV 不能很好实现对接的环境，同时剪叉式升降台对于不同站点、不同高度可以实现自动对接，且通过平台上的滚筒可实现物料的自动运输。如图 10-31 所示。

（5）叉车式 AGV

叉车式 AGV 是在传统的电动叉车基础上增加智能导航和控制系统，叉车式 AGV 可以在无人工控制情况下，通过磁条导引、读卡器读取地面 RFID 卡上的功能信息，使叉车按照设定运行路线行驶、站点停靠，不但可以前进、后退双向运动，还具有左转弯、右转弯、货叉自动升降等功能，可顺利地完成物料转运任务，如图 10-32 所示。

图 10-28　台车式 AGV

图 10-29　SMT 专用 AGV

图 10-30　背负滚筒式 AGV

图 10-31　举升式 AGV

图 10-32　叉车式 AGV

10.2.6 AGV 的应用

随着 AGV 性能不断地完善，AGV 的应用已经进入到一个相当普遍的阶段，几乎适用于物流、码头、仓储、制造、邮局、图书馆、港口、机场、烟草、医药、食品、化工、危险场所和特种行业等各种场合。AGV 不仅能够帮助这些行业降低成本，还能够提高这些行业在市场上的竞争力。

对于工业用途，如果配有装卸机构，AGV 还可以与其他物流设备自动对接，实现货物或物料装卸与搬运全过程自动化。此外，AGV 还具有生产清洁的特点，依靠自带的蓄电池提供动力，运行过程噪声低、无污染，可以应用在许多工作环境要求清洁的场所。

1. 物品仓储领域

AGV 的最初应用于物品仓储领域。1954 年世界上第一台 AGV 在美国的 Mercury Moto Freigh 公司的仓库内进行运营，用来自动搬运进入仓库的货物。

2021 年，世界上大约有 2 万多台 AGV 忙碌于各种大大小小的仓库，他们为仓储业自动化，集成化发展做出了不可磨灭的贡献。韩国三星公司于 2002 年投产运行的全自动化立体仓库，由 15 台 AGV 组成了一个自动搬运柔性的库内系统，成功地完成了每天 25600 单出入库货物和零部件地搬运任务。我国京东公司正着力打造的智慧物流中心，是以"无人仓"作为载体的全新一代智能物流技术，其核心特色体现为数据感知、机器人融入和算法指导生产，全面改变目前仓储的运行模式，从商品入库、存储到拣货、包装、分拣、装车的环节都无需人力参与，形态各异的机器人成了无人仓的主角，使库房拥有极高的效率和出色的灵活性。

在狭窄货架间运转自如的料箱穿梭车（RAV）是实现高密度存储、高吞吐量料箱进出的关键。它在轨道上高速运行，将料箱精准放入存储位或提取出来，送到传送带上，实现极高的出入库速度。

从立体货架取出的料箱会传送到一个机器人处进行拣选，并迅速把商品置入相应的包装箱内。这种灵巧、迅捷的机械手是并联机器人，具备精度高、速度快、动态响应好、工作空间小等特色，它用令人眼花缭乱的动作迅速进行拣货，保证了整个无人仓生产的高效率。

无人仓中有大量貌似"扫地机"的机器人托着料箱有条不紊地工作着，AGV 通过地上的二维码定位进行导航，并结合系统的调度，实现了整个仓库的合理安排。相较于传统的输送线的搬运方案，使用 AGV 具有更高的灵活性，如图 10-33 所示。

图 10-33 京东无人仓中的 AGV

运用传统的六轴机器人可实现拆码垛，就是堆放和移动商品。在码垛算法的指导下，每种商品都可以自动生成个性化的垛型，由机器人自动适配对每种商品进行自动码垛。

在盘点时，视觉传感器拍摄库存照片，通过图像处理技术来分析实际库存和系统库存的差异，形成最终的盘点结果。在图像处理、认知感知等领域进行的大量研发，可以迅速将传感器获取的信息转化为有效数据，而这些数据将成为系统感知整个仓库各个环节状态的依据，通过京东仓储管理系统的大数据、人工智能等模块，更好地生成决策指令，指导库内作业单元工作。

除了丰富及时的数据和高效执行的机器人，集结着人工智能的核心算法才是京东无人仓的"软实力"所在。例如在上架环节，上架算法将根据上架商品的销售情况和物理属性，自动推荐最合适的存储货位；在补货环节，补货算法的设置让商品在拣选区和仓储区的库存量分布达到平衡；在出库环节，定位算法将决定最适合被拣选的货位和库存数量，调度算法将驱动最适合的机器人进行货到"人/机器人"的搬运，以及匹配最合适的工厂进行生产。

丰富的数据感知、人工智能算法决策和机器人系统组成了京东无人仓的眼睛、大脑和四肢，面对大量货品的流动，无人仓能进行有条不紊地冷静调配和操作。与传统的仓储模式相比，京东无人仓在运营效率、灵活性、吞吐量等方面跨上了一个新的台阶。不仅推动着京东自身物流技术的蜕变，更是树立了中国物流界的里程碑，成为行业引领者。

2. 生产制造领域

由于 AGV 自身的优点，AGV 在制造业生产线或装配线上得到了完美发挥。AGV 能够快速准确、高效灵活地完成生产物品的搬运任务。多台 AGV 可以联合作业，在一个厂房运输不同的产品，特别是仓储业，甚至可以完成几十种产品的运输，AGV 大幅度降低了生产成本，并且很大程度上提高了企业的产品竞争力。

1978 年德国的大众公司轿车采用 AGV 作为运输的基本工具，构成了一个柔性的装配车间，大大提高了车间的生产效率。该装配线由多台可转运轿车的 AGV 组成，投入使用后，装配所用时间减少了 25%，装配时产生的故障减小了 40%，投资费用回收时间减小 45%，投入劳动力减小了 8%。

目前，AGV 在世界的汽车大厂（如美国通用、日本丰田等）的制造和装配线上得到了广泛应用。其典型应用为变速箱装配 AGV 和柴油机装配 AGV。

（1）变速箱装配 AGV

变速箱装配型 AGV 是在各种类型变速箱装配线中进行变速箱输送、装配的 AGV 产品，根据系统装配工艺要求分为平置式变速箱装配型 AGV、纵翻式变速箱装配型 AGV 和横翻式变速箱装配箱 AGV。

由变速箱装配型 AGV 产品及周边设备构成的 AGV 系统分别进行变速箱的装配、输送，其具有分段停止、放行功能，可实现在任何装配工位对变速箱进行静态装配。导航方式采用磁导航，改变导航磁条可以适应生产工艺变更的要求，如图 10-34 所示。

（2）柴油机装配型 AGV

柴油机装配型 AGV 是沈阳新松公司根据柴油机装配的工艺要求而制造的。AGV 集升降、翻转、盘车功能于一体，AGV 在设计好的环形路线中依次经过各个工艺停车点（工位），操作工人按 AGV 上的工艺显示终端进行相应工艺内容的装配工作，完成全部预定的工作内容后，AGV 再停靠到指定的站点，由人工将柴油机吊放到测试输送线上，完成一个工作循环。该系统柔性强，可满足多型号、小批量生产要求，如图10-35所示。

图10-34　变速箱装配AGV　　　　　　　　图10-35　柴油机装配AGV

3. 邮政与物流公司

邮局、物流及和快递等行业的操作对象品种多样，运输路线经常变化，而AGV的特点正好与其相符。1983年，瑞典的第一邮局应用了AGV。1988年，AGV又在日本东京的邮局体系得到使用。1990年，AGV在上海邮局开始使用。

图10-36所示为北京邮局上线的智能机器人。这种AGV主要用在标准化作业方面，能够提升场内处理速度。它们整体看上去比较大，驮着装满了包裹的栅栏箱有序前进，前进的依据主要是地面上的那些不起眼的二维码贴，不过其功能还有很多。该机器人正式投产运行后，北京中心局将停用60辆点动搬运车和80位搬运车驾驶员，大大节省了人力成本和投入成本，简化了分拣搬运流程，提高了效率。

4. 图书馆

在图书馆，图书的归还、分类、上架这些工作要耗费大量的精力与时间。工作人员要推着小车到不同的图书归还处，将书收集回来，分类并重新上架。在图书馆高峰期，有些书箱在半个小时至一个小时内便会装满，需要频繁往复进行搬运。由于搬回来的图书种类繁多，管理员需要对这些图书按照馆外图书、分馆图书、总馆图书进行分类，并对总馆图书按照各功能区域分类，最后再按照索书号进行排列。所有的分类工作做完后，再将分好的图书运到不同的书架上架。

深圳宝安图书馆将物流分拣技术运用到了图书分拣中（如图10-37所示），32台AGV组成的智能分拣并还书系统忙碌而有序地在工作台上下穿梭。据了解，宝安图书馆高峰期日还书量达到1万册次以上，完成分拣并重新上架需要2天时间，使用智能分拣系统后每小时就可分拣图书2000册，大大节省了图书分拣的时间。

智能分拣还书系统分为分拣区和换箱区。分拣区分上下两层，上层有28台名为"小智"的分拣机器人，下层有4台名为"若愚"的搬运机器人。

读者自助还书后，分拣台将读取图书RFID芯片，识别图书信息。后台管理系统负责控制和调度所有"小智"机器人，可根据系统指令接收图书，并根据算法为每个机器人安排最优路径进行图书投递。在分拣过程中，"小智"还可以"完美地"实现自动避让、避障、自主充电等，完全不需要人工干预，自行前往指定格口投放。

平台下方的"若愚"搬运机器人自重200kg，体格虽大但反应迅速。接到指令后，"若愚"迅速地把满满的书箱"背"起，搬运至换箱区与工作人员交接。同时另外一台载着空箱的"若愚"会迅速前往该格口下方补位。

图 10-36　中国邮政速递物流中的 AGV　　　　图 10-37　宝安图书馆中的 AGV

与人工分拣相比，智能分拣还书系统不仅省时省力，帮助工作人员减少了四处收书、大批量人工分类的环节，而且分拣差错小、系统可靠性高和拓展性强等优点。分拣机器人采用静态卸载，只要图书面单信息正确，理论上分拣差错率为零。系统由众多独立运行的分拣机器人组成，单台机器人故障不影响整个系统的运行。

5. 港口码头和机场

在荷兰最大的港口，80 辆 AGV 每天完成从船上卸载集装箱并运送到几千米外的仓库这项工作。这种重复性工作比较繁重，很适合应用 AGV。

自动化码头计算机系统自动安排集装箱在堆场上的位置。码头作业后，计算机控制系统一键式发送指令，现场的桥吊、AGV、轨道吊全部到达指定位置。例如，将船上某个集装箱要卸到堆场指定位置：从船上开始取箱，通过全自动化双小车桥吊，主小车自动定位锁具的四个锁孔，自动化运输到桥吊的作业平台，副小车根据指令抓取箱子，直接放到桥吊下自动等候的 AGV，然后送达堆场。AGV 会不断优化指令，防止碰撞和摩擦。

计算机控制系统包含几大功能：信息感知系统用于对整个生产系统的作业环节实时感知采集并反馈；作业自动化控制系统用于对现场所有的机械设备实现无人操作；调度并指挥的智能化系统用于对采集到的码头整个作业信息，动态计算，优化配置岸桥、AGV 和场桥资源。

图 10-38 所示为青岛港所使用的集装箱搬运 AGV。在青岛港一二期自动化码头中，一共应用了 78 台大型自动引导车（L-AGV），AGV 自重 20～30t，再加上集装箱的重量，全车最多可达 70t，但其起停位置十分精确，停车误差不超过 2mm。码头地面埋设了几万个磁钉，AGV 的位置由它们记录下来，传给后台，再由软件精确计算行驶路径，防止碰撞和刮擦。

6. 过程工业

前述的制造业生产线或装配线，属于离散工业，而烟草、医药、食品、化工等领域主要是不可中断的工艺过程，因而被称为过程工业或流程工业。

对于生产环境要求较高的烟草、食品、医药等专业，AGV 自动化转运系统就为其提供了一个完美的解决方案。许多国内的卷烟厂，如青岛颐中集团、红河卷烟厂、云南玉溪卷烟厂都应用了激光导引式 AGV 完成托盘货物的搬运工作。

图 10-38　青岛港集装箱搬运 AGV

图 10-39 所示为红河卷烟厂中所使用的 AGV。图 10-40 所示为某生物制药企业所使用的昆船 AGV。

图 10-39　红河卷烟厂中的 AGV

图 10-40　某生物制造企业的 AGV

7. 危险场所和特种行业

在核电厂、军工企业中的许多危险场合，有了 AGV 的稳定、安全搬运，可以让生产与试验安全进行。特别是对一些需要黑暗环境中作业的，人员作业就显得特别危险，而此时，AGV 的优势就很明显。黑暗对其没有影响，只要控制系统的程序编写准确，那么 AGV 就可以按照路线完整完成任务。

10.3　复合型机器人

在机器人领域，通用工业机器人被称为机械臂，用以替代人胳膊的功能；而 AGV 则用以替代人腿脚的功能。为了使机器人更加智能化、柔性化，同时具备腿和手的功能，AGV+机械臂的复合机器人应运而生。

在电子、半导体、医疗、日化品、机加工等行业的特定应用场景中，AGV +各类机械臂的组合得以成熟应用，其中，机械臂包含了多关节机器人、直角坐标机器人、SCARA 平面多关节机器人以及协作机器人等。

10.3.1　复合型机器人定义及组成

1.　复合型机器人定义

AGV+机械臂的机器人常称为复合型机器人，也有人称其为移动式机器人。由于协作机器人的独特优点，复合型机器人中的机械臂常常采用协作机器人。AGV +协作机器人使操作更为精细化，能够适用更复杂、高精度的环境，备受市场关注。

复合型机器人（AGV + 协作机器人）可快速布局于自动化工厂、仓储分拣、自动化货物超市等诸多场景，为物料的自动搬运、物品的上下料，以及物料的分拣提供自动化、柔性化的作业支持。

2.　复合型机器人存在的问题

在机器人领域，机器人的机械臂代替的是人的手，AGV 移动小车取代的是人的脚，但这种取代过于单一，所以，诞生了 AGV +机械臂这种复合型机器人，期望组成 1+1＞2 的效果。AGV、机械臂、相机、末端执行器这么多的子单元，因其具备更多的功能模块，能移动、抓取、识别、检测等；同时也意味其更高的技术难度和成本。

首先，从技术难度上来讲，复合型机器人主要由 AGV、机械臂、相机、末端执行器几部分构成，业内常见的复合型机器人是机器人系统集成商通过采购不同公司的产品，进行组装和二次开发。这就导致了机器人的结构较为复杂，由于各个子单元的控制器不同，其内部通信协议等不同，集成商的二次开发较为复杂，用户的维护和系统升级也非常困难。其次是产品的价格高。集成商的二次开发，相应的投资费用是累加起来的，而在全球产业链调整的当下，企业对于设备投资十分谨慎。需求方希望找到一家能提供机械臂、AGV、视觉等一站式采购服务的供应商，于是就有了复合型机器人的"升级版"——移动 AGV 协作机器人。这种机器人不需要集成商再去二次开发，直接用一个控制器解决所有部件，一步到位。

3.　复合型机器人的组成形式

不是所有的复合型机器人都配合协调，"AGV+机械臂"不直接等同于复合型机器人，复合型机器人也不完全等同于移动 AGV 协作机器人。根据 AGV 与协作机器人的集成深度，复合型机器人有三种组成形式。

（1）物理拼接

物理拼接的复合型机器人实际上就是把独立的 AGV 和独立的协作机器人从物理上拼接在一起，加上外部的 PLC 等协调控制系统来分别控制，这种复合型机器人缺乏柔性、难以协调、不易统筹，成本高昂，如图 10-41 所示。

（2）简单组合

简单组合的复合型机器人就是把独立 AGV 的中控计算机和独立的协作机器人的控制箱用通信协议组合在一起，用移动端的计算机作为上位机协调控制，这种复合型机器人控制分散、有延迟性、系统稳定性差，成本较高，如图 10-42 所示。

（3）一体化集成

一体化集成的复合型机器人是把 AGV 和协作机器人的功能一体化设计，由一个控制系统同时控制作为底盘的 AGV 和作为上身的协同机器人，实现全身同步协调控制，可以全身运动规划，达到超高精度定位，降低采购和运行成本，如图 10-43 所示。

图 10-41　物理拼接形式　　　　　图 10-42　简单组合形式　　　　　图 10-43　一体化集成形式

10.3.2　复合型机器人的核心技术

由于复合型机器人具备抓取、移动、检测识别等多功能模块，所以复合型机器人不是为单一工位而生，它应用于那些用一台机器人取代多个人工或者多台机器人的应用场景，尤其是取消了传送带的孤岛式柔性制造产线，例如 CNC、3C 电子产品、服装、汽车等的孤岛式作业产线；另外，对于一些高风险环境下的操作人员，也可以用单臂或双臂复合机器人取代。

国内的同类型产品大部分属于 AGV 与机械臂的简单组合，并非移动协作机器人。这是因为除了合作双方要在某些技术难题上开诚布公合作外，真正一体化集成设计的移动协作机器人，对整体的控制算法要求非常高。

以终端控制为例，目前较为流行的操作方式是示教编程，也就是拖着机器人先演示一遍动作，但是对于复合型机器人而言，并不能实现。因为现在的 AGV，普遍定位精度为±（5～10）mm，往往只能将机械臂送到一个大概的位置，也就是说机械臂每次来的地点不一样，所以集成商一般会用视觉进行辅助定位，这大大增加了计算难度和成本。

有些厂家在做 CNC 车间项目时，用的是双视觉辅助定位法，因为 AGV 只能将机械臂运送到大概的位置，但是视觉与视野范围有关，精度越高视野范围越小。所以必须做粗略、精确两级定位。整个的流程控制需要 PLC 协调处理，需要对视觉和软件进行二次开发。

目前国内专门做新型移动协作机器人的厂商，其移动机器人底盘使用麦克纳姆轮，它能够做到±1mm 的重复定位精度。对于操作位置固定的应用，如机床上下料、组装等，±1mm 的精度已经满足大部分场景的精度要求，此时无需视觉进行二次定位，可直接把移动协作机器人上的机械臂当作固定机械臂来用，可提升生产效率，同时为客户省去视觉模块的成本。但是麦克纳姆轮由于材料问题，导致造价、维修成本过高，而一般的本体构造精度又难以满足，所以工业场景广泛应用还在等待技术突破。

10.3.3　复合型机器人的实际产品

深圳动进智能公司的复合机器人由 AGV 移动机器人和协作机器人集成，采用激光导航技术，配备内置传感器、相机和成熟的软件，AGV 移动机器人可识别周围环境，采取到达目的地最有效的路线，安全避开障碍物和人员。该机器人采用 SLAM 算法，配备完善的安全系统及模块化的工装配件，兼具协作机器人安全、操作简单、作业灵活等多重优势，大幅度简化现场应用过程，极大地提升了使用的经济性，如图 10-44 所示。

图 10-44　动进智能复合机器人

1．产品特性

1）360°扫描视角激光扫描技术，安全性高。

2）AGV 移动机器人前部携 3D 相机，可以检测托盘且扫描范围为地面 3cm~2m，更安全。

3）AGV 移动机器人能自主导航选择最佳路径，有避障功能，自动调整路线。

4）协作机器人作业负载为 3~16kg，AGV 移动机器人负载为 100~200kg，应用广泛。

5）复合机器人配有视觉系统，作业精度达±0.03mm，更可靠。

6）拖曳示教编程，降低使用门槛，易操控。

2．产品规格

动进复合机器人由 AGV 移动机器人+协作机器人而成，其产品规格参数如表 10-4 所示。

表 10-4　复合机器人产品规格

项　目		规格参数
车体尺寸		890mm×580mm×352mm
车身重量		67kg
工作速度	移动速度	前向：1.5m/s (5.4km/h)；后向：0.3m/s (1.08km/h)
工作负载	机器人负载	3~16kg
	移动负载	100kg
作业精度		±0.03mm
停车精度		±0.5mm
运行方向		前进、后退、转弯
爬坡能力		最大 15%坡度

（续）

项　　目	规格参数
导航方式	激光导航
电池	Li-NMC，24V，40Ah
满载运行时间	10h
充电时间	仅需2h
充电方式	手动/自动
通信方式	WiFi：双频无线 AC/G/N/B 蓝牙：4.0LE，范围：10～20m I/O：USB 和以太网

3．产品应用

复合机器人可用于加工工件的抓取、组装、搬运、装卸等作业；也可快速布局于自动化工厂、仓储分拣、自动化货物超市等诸多场景，为物料的自动搬运、物品的上下料，以及物料的分拣提供自动化、柔性化的作业支持，使厂内物流可以实现真正的"无人搬运"。

半导体行业在部分生产环节上，由于工艺流程间隔大，操作员有时需要具有较好移动性的机器人帮忙进行作业。此时协作机器人就能很好地对应这一需求。

比如，通过 AGV 移动机器人+协作机器人实现晶圆的无人搬运，灵活且方便。其优势如下。

1）协作机器人每个关节都可以 360°旋转，超高的灵活度便于安装在任意角度的支架或平台上，满足不同方向抓取的需求。由于独特的模块化关节设计，协作机器人的工作空间是以基座为中心的球体，可以部署任意方向的工位，大大增加了工作范围。

2）协作机器人+AGV 搭载可自动构建地图的导航特性，可实现大范围空间内的物料抓取和小车移动的物流传递。

3）协作机器人的低功耗也延长了 AGV 的工作时间。协作机器人的典型功率只有 100 多瓦，搭载常规移动小车时一般一次充电可运行超过 10h。

4）协作机器人可以通过半导体行业认可的 TuV 等专业安全认证，结合移动小车距离或视觉的检测，使运行期间安全得以保障。

10.3.4　复合型机器人的解决方案

1．国外复合型机器人的解决方案

（1）KUKA 的移动机器人 iiwa（KMR iiwa）

KMR iiwa 是一种新型的智能化移动助手机器人，它将灵敏、顺从的 KUKA 轻型机器人 LBR iiwa 和 KUKA 的全向移动行驶平台结合在了一起。不但自动化程度更高，而且具有更短的反应时间和更高的灵活度。

（2）FANUC 的协作机器人+AGV

在钣金加工自动化生产线中，为了将生产线上各独立运行的单元串联起来，实现物料的传输及智能无人化生产，采用了一台 FANUC 最新款人机协作型机器人 CR-7iA/L、一台 AGV 和一个配备了 3 个托盘和 1 个换手台的工作台。

通过将机器人与 AGV 组合，使得机器人不再局限于某一个单元、区域及工种，而是升级为生产线团队中的"自由机器人",不仅可以在各工序间做搬运和调度,而且能够根据生产扩展需要,将机器人调配到任意一个工位中共同参与生产,或者在特定安全区域与操作人员进行协同工作。

(3)优傲的机器人+AGV

为了提高优傲机器人的灵活度,优傲机器人+AGV 用于生产线及车间之间的循环工作或物料搬运。

优傲机器人结合移动小车搭载可自动构建地图的导航特性,可实现大范围空间内的物料抓取和小车移动的物流传递。而优傲机器人的低功耗也延长了移动小车的工作时间。UR5 的典型功率只有 150W,一般一次充电可运行超过 10h。优傲机器人通过了 TuV 专业安全认证,结合移动小车距离和视觉的检测,使运行期间的安全得以保障。

2. 国内复合型机器人的解决方案

(1)艾利特和库柏特的智能远程医疗机器人

艾利特公司联合武汉库柏特公司研发的智能远程医疗机器人提供的是一个远程无人操作平台,拥有自主性强、智能化程度高、平台扩展性好的特点,能够快速扩展部署,实现消毒、配送、身份识别、医疗检测等功能。

智能远程医疗机器人由自主移动小车、六自由度协作机器人、中控计算机、算法软件和远程通信核心部件构成,根据实际需要可快速接入虹膜、红外热像仪、检测及消毒等设备,实现一机多用、快速部署和调整。

(2)节卡机器人的 AGV 协作机器人

1)产线应用。节卡机器人的 AGV 协作机器人与产线终端进行连接,解决物料无缝供应问题。AGV 通过 5G 高速网络与车间的十余条生产线实时交互,实时了解产线的状态信息。

当 AGV 系统判定某条产线原料即将用完时,开始向智能仓储系统移动;同时,通过网络向仓库发送需求信息,仓库开始准备物料;AGV 到达仓库后,通过协作机器人抓取物料,暂存于 AGV 上;协作机器人配置电动夹爪,能够自适应抓取多种规格产品;取料完成后 AGV 移动到相应产线,由协作机器人将物料卸载到生产线。

整套流程快速响应,稳定性高。

2)防疫应用。节卡机器人的 AGV 协作机器人组成复合防疫机器人。由自主导航底盘、六轴关节型协作机械臂、机器视觉、云调度平台与应用库、远程操作终端组成。配合可选测温设备、喷淋消毒设备、紫外线消毒设备、防疫物资暂存柜、电动夹爪等作业设备,具备良好的后续开发扩展性,能够完成街边巡逻、哨岗测温、主干道消毒、室内消毒、物品消毒、物品配送、有害医疗垃圾自动搬运等工作。

(3)大族的移动机器人 Star

Star 机器人是手、脚、眼三项功能集于一身的新型机器人。通过 AGV 与机械臂、视觉软件的整合,机器人可以移动、视觉识别物体,可以用来抓取工装、货物、搬运等,打通了数字化工厂仓库到产线的最后一环。

Star 机器人的出现,很好地解决了自动化改造中柔性差的问题。Star 机器人主要应用在电子、机加工的无人车间,通过 AGV 代替人员的搬运、移动动作,通过机械臂代替人员的抓取动作,先进的视觉算法给了机器人一双眼睛。整合之后,彻底解放了工人的手、脚、眼,可以方便地将工装、治具等在几个工站之间进行识别、切换与交替,完全取代人工的操作，为进一步实现数字化工厂提供可能。

（4）新松的复合机器人 HSCR5

新松复合机器人是智能型复合协作机器人，机器人负载为 20kg，移动负载高达 100kg。它基于智能移动机器人、协作机器人、视觉识别等技术的综合应用，可快速布置于自动化工厂、仓储分拣、自动化货物超市，实现物料自动搬运、自动上下料、自动分拣等功能。

10.4　智能机器人

近年来，各种传感器以及人工智能的发展推进了智能机器人的发展。智能机器人是工业机器人从无智能发展到有智能、从低智能水平发展到高度智能化的产物。

我们知道，视觉、触觉、听觉、味觉等对人类是极其重要的，因为这些感觉器官对我们适应周围的环境变化起着至关重要的作用。同样的，对于智能机器人来说，相应的传感器也是十分重要的。

10.4.1　智能机器人的概念

当今世界有不少科学家研究人工智能和智能机器人，人们对人工智能和智能机器人的要求是不断提高的。

1. 智能机器人的定义

机器人按其智能程度可分为一般机器人和智能机器人。一般机器人是指不具有智能，只具有一般编程能力和操作功能的机器人。目前通常认为的智能机器人是具有感知、思维和动作的机器人。也就是说，智能机器人应该是具有对本身状态和环境状态的感知能力，具有根据外界环境变化而自主做出决策的思维能力，并根据自身的思维决策做出相应动作的机器人。

感知能力，即指机器人发现、认识和描述外部环境和自身状态的能力。如装配机器人需要在非结构化的环境中认识障碍物并实现避障移动，它需要找到和识别所要的工件，为智能机器人的运动找到道路，发现并测量障碍物，并能够自主地回避障碍物。这依赖于智能机器人的感觉系统，即各种各样的传感器。感知能力是智能机器人的重要组成部分。

思维能力，是指机器人自身具有的解决问题的能力。比如，装配机器人可以根据要求为设备找到零件的装配办法及顺序，指挥执行机构，即指挥动作执行部分完成这部机器的装配。

动作执行部分是指机器人具有的可以完成作业的机构和驱动装置。

由于人们对自身智能行为的认识还很不够，人工智能的能力还十分有限，感知环境的能力也有限，所以对机器人的智能，或者智能机器人的能力要求也必然是随着技术的进步而不断提高的，目前不能对机器人的智能期望过高。对能在一定程度上感知环境，具有一定适应能力和解决问题本领的机器人，就称之为智能机器人。

2. 智能机器人的分类

智能机器人根据智能程度的不同可分为以下三类。

1）传感型机器人——具有利用传感信息（包括视觉、听觉、触觉、接近觉、力觉和红外、超声及激光等）进行信息处理、实现控制与操作的能力。

2）交互型机器人——机器人通过计算机系统与操作员或程序员进行人机对话，实现对机器人的控制与操作。

3）自主型机器人——在设计和制作之后，机器人无需人的干预，能够在各种环境下自动完成各项拟人任务。

10.4.2　智能机器人的控制

1．智能机器人的体系结构

智能机器人的体系结构表明了一个智能机器人系统各部分之间的相互关系和功能，反映一个智能机器人或多个智能机器人系统的信息流通关系和逻辑结构。整个体系结构分为坐标变换与伺服控制、动力学计算、基本运动、单体任务、成组任务和总任务 6 层，依照信息处理的顺序排列，所有模块共享一个全局数据库。

第一层：坐标变换与伺服控制层。它把上层送来的载体要达到的几何坐标，分解变换成各关节的坐标，并对执行器进行伺服控制。

第二层：动力学计算层。这一层工作于载体坐标系或绝对坐标系。它的作用是给出一个平滑的运动轨迹，并把轨迹上各点的几何坐标位置、速度、方向定时地向第一层发送。

第三层：基本运动层。这层工作在几何空间内，也可以工作在符号空间内。其结果是给出被控体运动时各关键点的坐标。由于上述三层是对一个分系统的控制，各分系统工作性质不同，各层工作也有相应不同。上述是以控制被控体运动而言的。

第四层：单体任务层。这一层是面对任务的，把整个单体任务分解成若干子任务串，分配给各个分系统，这一层又叫作任务分解层或任务层。

第五层：成组任务层。它是把任务分解成若干子任务串，分配给不同的机器人。

第六层：总任务层。它把总任务分解到由各组机器人完成的子任务并分配给各机器人组。

2．智能机器人的控制系统

根据应用的目的不同，智能机器人的系统构成不尽相同，其典型硬件结构如图 10-45 所示。

智能机器人的系统综合运用了多种智能模拟技术，其目的是建立起一个类似"人"的模型。

机器人的视觉是它最主要的感觉手段，视觉装置可以获取目标物的明暗、距离和颜色等信息，机器人据此识别目标物的形状、姿态、位置和颜色等特征参数。

人类智能的一个特点是具有相当高的灵巧程度，它是通过较多的关节实现的。与工业机器人相比，智能机器人的"手"需要增加自由度，而且需要配备接触觉、压觉、滑觉和力觉等传感器以便产生灵活、可靠的动作，完成复杂的作业，而且触觉信息本身就可以用来配合或代替视觉识别物体。

人类智能的另一个特点是能够自由移动。机器人的移动功能是与传统机械的一大区别。人类智能的又一个特点就是能够进行信息的交流，较高级别的智能机器人能够与人类进行信息交流。

整个智能机器人是一个多级控制系统，计算机担负着运动、感知、人机通信这四种机能所涉及的信息处理和管控任务，它必须具有大容量内存，以便建立包括环境模型、对象数据、推理机制等内容的知识库；具有并行实时处理能力，以便改善下属各子系统之间存在的时间不平衡性，高速实现协调行为。目前智能机器人领域顺序型理论基础的计算机尚且不够，正在探索以非顺序型理论为基础的新型计算机。

图 10-45　智能机器人的硬件结构

10.4.3　智能机器人的人工智能

人工智能是研究如何用人工的方法和技术，即通过各种自动机器或智能机器来模仿、延伸和扩展人类的智能，实现某些"机器思维"或脑力劳动自动化。因此可以说人工智能的研究对象是机器智能。

在人工智能的研究中，主要探讨以下三个方面的问题。

1. 机器感知——知识的获取

它是研究机器如何直接或间接获取（自动或半自动）知识，这些知识是输入自然信息（文字、图像、声音、语言、物景）。如机器视觉（文字、图像识别、物景分析）、机器听觉（语音识别、语言理解）、机器触觉、机器嗅觉以及其他机器感觉（力感觉、平衡感觉等）。其中，最重要的是机器视觉，因为人从外界获得的信息有80％以上是依靠视觉输入的，其次是听觉。

2. 机器思维——知识的处理

它是研究在机器中如何表示知识，如何积累与存储知识，如何组织与管理知识，如何进行知识的推理和问题的求解，如机器记忆、联想、学习、推理和解题等。

知识表达技术（如产生式规则、谓词逻辑、语义网络）即知识的形式化、模型化方法，用于建立相应的符号逻辑系统。

知识积累技术，如知识库、数据库的建立、检索与管理、扩充与删改的方法，其中涉及学习与联想的问题。

知识推理技术包括启发推理和算法推理、归纳推理和演绎推理。涉及专家系统、定理证明、自动程序设计、学习机和联想机等问题。

3．机器行为——知识的运用

它是研究如何运用机器所获取的知识，通过知识信息处理，做出反应，发挥知识效应，进行各种智能机器和智能系统设计和实现，如基于知识库的人工智能专家系统、智能控制与智能管理系统、进行知识信息处理的智能机等。

10.4.4 新型驱动器

智能机器人除了传统的电动机驱动、液压驱动、气压驱动等方式外，由于结构及尺寸的不同，还常采用新型驱动器，如静电驱动、形状记忆合金驱动、压电驱动及磁致伸缩驱动等。

1．静电驱动器

静电驱动器利用电荷间引力和斥力的互相作用顺序驱动电极而产生平移或旋转运动。因静电作用属于表面力，作用力大小和元件尺寸的二次方成正比，在尺寸很微小时，能够产生很足的电量。

静电驱动器有回转型和直线型两种，如图10-46所示。驱动时，将转子当作接地电极，长方形或扇形定子作为另一极，通过顺次移动加在定子上的电压，从而使定子与转子间产生引力与斥力，就可以实现回转或直线移动。静电驱动器的位置和速度控制需要转子位置检测电路实现。

图10-46 静电驱动器

a) 回转型 b) 直线型

2．形状记忆合金驱动器

形状记忆合金（SMA）驱动器是利用形状记忆合金加热形状恢复（形状记忆效应）时恢复力对外做功的特性来产生动作和力的热驱动器。

形状记忆合金之所以可用作驱动器，首先是由于其具有形状记忆效应。一般金属材料受到外力作用后会发生弹性变形，达到屈服极限后产生塑性变形，应力消除后，留下永久变形。而形状记忆合金在发生塑性变形后，加热到某一温度之上时，能够恢复到变形前的形状，这就是形状记忆效应。

近年来，随着形状记忆合金（SMA）的发展，形状记忆合金驱动器正在各领域得到广泛应用。SMA驱动器已成功应用于医疗、航空航天、管接头及家用电器中。

3．压电驱动器

某些物质在外力作用下不仅几何尺寸发生变化，而且内部出现极化——表面上有电荷出现，形成电场；当外力消失时，材料重新回复到原来的状态，电场也随即消失，这种现象即称为压电效应。与此相反，如果将这些物质置于电场中，其几何尺寸也发生变化。这种由于外电场作用导致物质产生机械变形的现象称为逆压电效应。

压电材料有很多优点，如易于微型化，控制方便，采用低压驱动，对环境影响小以及无电磁干扰等，因此在小型智能机器人方面具有广阔的应用前景。由于压电超声波驱动器存在着许多其他驱动方式没有的优点，这种新型驱动器的研究日益增多，人们正在试图在某些领域实现它的规模化生产以取代传统的电磁驱动器。

4．磁致伸缩驱动器

磁致伸缩效应是指铁磁材料和亚铁磁材料磁化状态的改变导致其长度发生微小的变化，与此相反，当材料受到压力或张力作用而使材料长度发生变化时，材料内部的磁化状态也随之改变，这种现象称为磁致伸缩逆效应。

超磁致伸缩材料具有伸缩应变大，机电耦合系数高，响应速度快，输出力大等特点，因此，它的出现为新型驱动器的研制与开发又提供了一种行之有效的方法。利用超磁致伸缩材料棒作为驱动元件的磁致伸缩驱动器，驱动器定子采用管状非磁性材料，并与圆柱形超磁致伸缩棒具有相同的直径，当移动线圈通入电流且位置发生变化时，超磁致伸缩棒运动部分分别在纵向和径向方向上产生磁致伸缩应变，使超磁致伸缩棒交替伸缩，像虫子一样蠕动前进。

5．人工肌肉

为了更好地模拟生物体的运动功能，目前已经研制出了各种不同类型的人工肌肉，如利用高分子凝胶、形状记忆合金等材料制成的人工肌肉。其中应用最为广泛的是气动人工肌肉。

练习与思考

1. 协作机器人与传统的机器人有哪些相同点和不同点？
2. 协作机器人的特点有哪些？
3. 何种场合适合用协作机器人？何种场合适合用普通工业机器人？
4. 协作机器人通常运用何种技术达到与人协作又不会给人带来伤害的？
5. 你了解哪些协作机器人的典型产品？
6. 你对哪家的协作机器人感兴趣？为什么？
7. 何为AGV，与RGV、IGV、AMR有何区别？

8．AGV 都有哪些种类？主要用于何种场合？

9．AGV 基本结构有哪些？

10．AGV 自动导引系统的组成有哪些？

11．AGV 自动导引系统的关键技术有哪些？

12．典型 AGV 自动导引系统的参数有哪些？

13．举例说明 AGV 的应用领域和类型。

14．什么是复合型机器人？主要特征是什么？

15．复合型机器人有哪些组成形式？各有何种优缺点？

16．复合型机器人的关键技术有哪些？

17．举例说明在工业产线场合和服务医疗场合复合型机器人的应用方案。

参 考 文 献

[1] 张宪民. 机器人技术及其应用[M]. 2版. 北京：机械工业出版社，2019.

[2] 董春利. 机器人创新实训教程[M]. 北京：机械工业出版社，2020.

[3] 周德卿. 机电一体化技术与系统[M]. 北京：机械工业出版社，2019.

[4] 董春利. 传感器与检测技术[M]. 2版. 北京：机械工业出版社，2018.

[5] 陈哲. 机器人技术基础[M]. 北京：机械工业出版社，2011.

[6] 肖南峰. 服务机器人[M]. 北京：清华大学出版社，2013.

[7] 郑笑红，唐道武. 工业机器人技术及应用[M]. 北京：煤炭工业出版社，2004.

[8] 张玫. 机器人技术[M]. 北京：机械工业出版社，2011.

[9] 柳桂国. 机器人技术[M]. 北京：电子工业出版社，2009.

[10] 董春利. 传感器技术与应用[M]. 北京：中国电力出版社，2013.

[11] 韦巍. 智能控制技术[M]. 北京：机械工业出版社，2003.

[12] 梁建和. 液压与气动技术[M]. 广州：华南理工大学出版社，2008.

[13] 罗蓉. 液压与气压传动[M]. 北京：中国电力出版社，2009.

[14] 刘金琨. 智能控制[M]. 北京：电子工业出版社，2005.

[15] 孙兵. 气液动控制技术[M]. 北京：科学出版社，2008.

[16] 全国自动化系统与集成标准化技术委员会. GB/T 36008—2018 机器人与机器人装备 协作机器人[S]. 北京：计划出版社，2018.

[17] 全国自动化系统与集成标准化技术委员会. GB 11291.1—2011 工业环境用机器人 安全要求 第 1 部分：机器人[S]. 北京：计划出版社，2013.

[18] 全国自动化系统与集成标准化技术委员会. GB 11291.2—2013 机器人与机器人装备 工业机器人的安全要求 第 2 部分：机器人系统与集成[S]. 北京：计划出版社，2013.

[19] 全国自动化系统与集成标准化技术委员会. GB/T 12643—2013 机器人与机器人装备 词汇[S]. 北京：计划出版社，2013.

[20] 任志刚. 工业机器人的发展现状与趋势[J]. 装备制造技术，2019（3）.

[21] 彭鹏访，蒋亚宝. 工业机器人在汽车轨道交通中的应用[J]. 金属加工，2011（16）.

[22] 柳桂国，葛鲁波. 超声波测距系统在教学用机器人中的设计[J]. 电工技术，2004（6）.

[23] 陈旻，毛立民. 变位四履带足机器人行走机构的越障性能研究[J]. 东华大学学报，2005（3）.

[24] 王耀南，孙炜. 基于模糊神经网络的机器人自学习控制[J]. 电机与控制学报，2001（2）.

[25] FANUC. FANUC Robot Catalogue[Z]. 2018.

[26] KUKA 公司. KUKA 机器人培训资料[Z]，2018.

[27] 安川公司. 安川机器人培训资料[Z]，2018.

[28] ABB 公司. ABB 机器人培训资料[Z]，2019.